BERUFSGLÜCK

W0177553

Julia Glöer

BERUFSGLÜCK

Der etwas andere Weg,
den wirklich passenden Job zu finden

Campus Verlag
Frankfurt/New York

ISBN 978-3-593-51105-4 Print
ISBN 978-3-593-44220-4 E-Book (PDF)
ISBN 978-3-593-44221-1 E-Book (EPUB)

Copyright © 2019 Campus Verlag GmbH
Umschlaggestaltung: Zeichenpool, München
Umschlagmotiv: © Shutterstock: stockcreations
Illustrationen: Ralf Haake und Julia Glöer
Satz: Fotosatz L. Huhn, Linsengericht
Gesetzt aus Minon Pro, Myriad Pro und Verveine
Druck und Bindung: Beltz Grafische Betriebe GmbH, Bad Langensalza
Printed in Germany

www.campus.de

Inhalt

Für alle Unterstützer

Wenn du dich jetzt angesprochen fühlst,
dann bist du sicher auch gemeint.
Und für meine Oma, die das nicht mehr lesen kann:
Du bist auch mit eingeschlossen!

Unvermittelbar

»Herzlichen Glückwunsch …« Meine Lieblingslehrerin prostete mir zu und mit ihrer vom Sekt schon ein wenig schweren Zunge fuhr sie fort, »und willkommen im Klub. Im Klub der Leute, die in einer kalten Werkstatt stehen und Sachen vor sich hinbasteln, von denen sie noch nicht einmal die Heizkosten bezahlen können.« Sie leerte ihr Glas mit einem Zug.

Da hat es mich gefröstelt.

Es war der Abend der Vernissage, an dem wir Glasdesign-Studenten in einer Abschlussausstellung unsere Werke präsentierten. Und diese deprimierenden Worte kamen ausgerechnet von der Frau, die als erfolgreich galt und mich am meisten inspiriert hatte.

Was soll aus dem Kind nur werden?

Ich hatte ohne ein bestimmtes Ziel Abitur gemacht – getreu dem Motto: Mit Abi kannst du alles werden. Was das aber war, davon hatte ich keine Ahnung.

»Mach was Solides!«, hatten meine Eltern mir zum Glück nie gesagt. Dennoch gab es nicht besonders viel, was sie zum Thema Berufswahl beizusteuern hatten. Scherzhaft meinte mein Vater: »Im Grunde gibt es nur die Wahl zwischen einem Jura-, Medizin- oder Theologiestudium.« Das sagte er mit einem Augenzwinkern und gerade das mit der Theologie meinte er nicht wirklich ernst. Aber dass man mit solch einer Studienwahl wirklich ein gutes und glückliches Leben führen konnte, das lebte mein Vater mir tagtäglich vor. Er war Arzt und sein ganzes Berufsleben lang ein begeisterter und leidenschaftlicher Mediziner.

Und nichts wünschten sich meine Eltern mehr für meine Geschwister und mich, als dass wir genauso glücklich würden. Ihrer Meinung nach müssten wir dafür studieren.

Also bewarb ich mich halbherzig für ein Medizinstudium und bekam prompt keinen Platz. Aber in mir tickte auch ein Revoluzzerherz und das riet: »Kehr zurück zu den Wurzeln. Lerne ein Handwerk. Mach was mit den Händen!«

Irgendwas anderes

Nur welche Ausbildung? Woher sollte ich das wissen? Ich hatte keinen Schimmer, wie ich herausfinden könnte, was wirklich zu mir passte. Die Eltern einer Freundin wohnten auf dem Land und hatten ein tolles altes Reetdachhaus. So wollte ich auch später leben. Also, so meine naive Vermutung, muss ich doch einfach nur deren Fußstapfen folgen, dann ende ich auch in so einem Haus. So bestimmte eine schöne Bauernkate meine Berufsentscheidung.

Die beiden waren Glaskünstler, sie Glasmalerin, er Kunstglaser. In einem Ausstellungskatalog fand ich Informationen zu ihrer Berufsbiografie. Detektivisch entdeckte ich, dass die beiden ihre Ausbildung an einer Glasfachschule in Hessen gemacht hatten. Die Vorstellung, mit den beiden über ihre Arbeit zu reden, um ihnen zu erzählen, dass ich es ihnen jetzt nachmachen würde, fand ich peinlich.

Ich recherchierte weiter und fand heraus: Die Schule gibt es noch! Super! Also bewarb ich mich und landete in *the middle of nowhere* – in Hadamar.

Dort lernte ich technisches Glasblasen – sprich Glasapparatebau. Ich trat die Lehre an, ohne mir zu überlegen, was man damit eigentlich am Ende ist, nämlich Glasbläserin. Und ohne mich zu fragen, was man dann wohl macht, nämlich Glasblasen. Der Glasbläserkurs entwickelte sich zum Glas-Bootcamp mit einem rigiden Ausbilder. In dieser Zeit zeichnete ich mich nicht durch meine künstlerischen Fähigkeiten aus, sondern nur durch eines: Ich hatte die meisten Fehlstunden. Und Unbehagen! Das wurde immer stärker, von einem Ziehen in der Magengrube zu einem Orkan in meinen Kopf.

Ein halbes Jahr vor Abschluss fing ich an, mich zu fragen, ob Glasblasen in Deutschland überhaupt gebraucht wird. Die Antwort lautete: Nein! Gar nicht! Null Jobs! Kein einziger! Das war fatal. Kein Mensch in Deutschland würde mich brauchen. Selbst wenn ich irgendwo einen Job gefunden hätte, fand ich Glasblasen schlimm, todlangweilig bis körperlich anstrengend. Schon die Ausbildung war eine einzige Quälerei.

Getraut, die Ausbildung abzubrechen, hätte ich mich nie. Ich hatte gehört, das Schlimmste, was auf meinem Lebenslauf stehen könne, sei eine abgebrochene Lehre. Irgendwo hatte ich auch aufgeschnappt: Mit einer abgebrochenen Ausbildung bekommst du dein Leben lang keinen Job. Das wird jeden Arbeitgeber davon abhalten, dich einzustellen. Also gab es nur Durchhalten!

Ich hatte nicht die Stärke, nicht das Vertrauen, nicht die Erfahrung, meinem Herzen und meinem Instinkt zu folgen. Wohin auch? Denn die Frage, die mir überall auflauerte, war: *Was will ich wirklich?* Ich hatte keine Ahnung. Kein Ziel und keinen Plan. Nur das sichere Gefühl, vier Jahre meines Lebens verschwendet zu haben.

Willkommen im Klub

Mit einem völlig unbrauchbaren Gesellenbrief in der Tasche überlegte ich: Was nun? Ich war überzeugt: Jetzt bin ich schon so alt, da kann ich unmöglich die Richtung wechseln. Der Zug für etwas ganz Neues schien abgefahren. Und zweitens dachte ich: Meine Eltern hatten Recht. Ein Studium wäre doch gut, die Ausbildung war eine einzige geistige Unterforderung.

Die logische Konsequenz aus diesen beiden Überzeugungen hieß: *Jetzt studierst du – und zwar Glasdesign!*

Dazu musste ich nach England. Und wieder hatte ich mir nur den nächsten Schritt überlegt und überhaupt nicht das Ergebnis. Was wird man wohl mit so einem Studium? Die Antwort hätte gelautet: Glasdesignerin! Und ich überlegte auch nicht, wer das wohl braucht? Die Antwort wäre gewesen: Kein Mensch!

Sieben Jahre später war ich Glasdesignerin. Und wer brauchte das? Niemand!

Ich schlug mich durch, mit Glasblasen auf Weihnachtsmärkten und Kunst und Arbeitslosigkeit. Eigentlich am Boden zerstört. Und ich hatte keine Idee, wie ich das ändern könnte.

Bis eines Tages ein rettender Anruf einer Freundin kam: »*Ich sag' dir, Julia, Computer sind die Zukunft. Mach was damit – die werden kommen! Du bist doch kreativ!*« Damals war ich so verzweifelt. Der Anruf kam mir vor wie eine Stimme aus dem Off: *Ja, genau, Computer! Das wird kommen. Das braucht die Welt.* Ich machte, was meine Freundin mir riet, und schaffte es tatsächlich, ein Praktikum in einem Verlag zu ergattern. Ich wurde als Projektmanagerin übernommen. Ob diese Richtung zu mir passt, fragte ich mich nicht. Ich wollte an diesem Punkt einfach nur überleben und Geld verdienen. Ein Job, der mich erfüllt, war ein Luxus, den ich mir nicht leisten konnte.

Und ich hatte Angst: »*Also gelernt hast du das ja nicht. Eigentlich kannst du das hier ja gar nicht. Dafür hast du doch keinen Schein.*« Also machte ich nebenher einen Master in Interaktiven Medien. Das beruhigte mich ein wenig, hatte ich doch gelernt: Ohne Schein geht nichts in der Berufswelt!

Drei Jahre später kehrte ich England den Rücken. Ich wollte in die Heimat zurück. Ich quasselte mich in ein Praktikum in einer Hamburger Medienfirma und wurde auch dort übernommen und wieder Projektmanagerin für Neue Medien. Der Job war anfangs schön, ich hatte ein spannendes Projekt: Ich entwickelte ein Detektivspiel für Kinder. Dann kam das Internet und unsere Firma mutierte zu einer Online-Werbeagentur. Die Inhalte waren todlangweilig bis bedenkenswert, bei zugleich extremen Arbeitsbedingungen. Wenn ich ausnahmsweise mal um 19 Uhr das Büro verließ, wurde ich gefragt, ob ich seit Neustem einen Halbtagsjob hätte.

Der Job machte mich krank. Ich bekam chronische Migräne und hatte nun im Alter von 38 Jahren eine amtlich bescheinigte Schwerbehinderung. Fast zur selben Zeit platzte die Dotcom-Blase, die weltweit um die Technologie- und New-Media-Unternehmen entstanden war. In Hamburg wurden über Nacht mehr als 20 Firmen geschlossen. Wie Hunderte andere Mitarbeiter stand ich auf der Straße.

Stellen im Medienbereich gab es nicht. Ich galt sowieso als viel zu alt für die Branche. Mit Schwerbehinderung war ich noch »unvermittelbarer« als sowieso schon. Die Berater von der Agentur für Arbeit und von der Krankenkasse empfahlen mir unisono: »*Beantragen Sie die Rente! Das wird nichts mehr!*« Und ganz genauso kam es mir auch vor. Mein Berufsleben schien am Ende. Und ich tat, was sie mir rieten. Doch dann kam alles anders. Denn ich entdeckte: Berufsglück ist möglich …

Die Beispiele, die ich in diesem Buch verwende, stammen aus meinen Seminaren und Beratungen. In Fällen, in denen mir nicht die ausdrückliche Genehmigung des Teilnehmers vorliegt, habe ich die Namen und Informationen so verändert oder zusammengeführt, dass weder bestimmte Personen gemeint sind, noch sie einzelnen, real existierenden Person zugeordnet werden sollten. Falls sich dennoch jemand in den geschilderten Beispielen wiedererkennen sollte, bitte ich um Verständnis für die Veränderungen, die ich vorgenommen habe.

Die Benutzung der männlichen Form im Text ist nicht genderkorrekt. Dennoch habe ich aus Gründen der Lesbarkeit diese im Text häufig gewählt. Ich meine damit natürlich immer die Angehörigen aller Geschlechter. Gerade Begriffe wie »Chef« sind immer als Unisextitel zu verstehen.

KAPITEL 1

Berufsglück ist möglich

Montagmorgen. Ich bin bei der Post, weil ich ein Paket abholen muss. Der Mitarbeiter hinterm Schalter sucht danach. Währenddessen kommt sein Kollege durch die große Eingangstür gestapft und ruft unvermittelt quer durch den Raum: »Und, Erwin, wie lange noch?«

Erwin schaut kaum auf und antwortet laut vernehmlich: »Noch sechs Jahre!«
Für eine Sekunde steht mir der Mund offen. Ich bin sprachlos über die Selbstverständlichkeit, mit der Erwin die Frage seines Kollegen versteht. Auch keine andere Person in der ellenlangen Schlange hinter mir scheint die Antwort von Erwin zu überraschen.

Mir dämmert: Es ist komplett normal, dass Menschen ihre Jahre bis zur Rente zählen.

Ich hoffe, Sie sind fest entschlossen, schon *vor der Rente* ein schönes Leben zu haben und sich nicht mit einer Arbeit abzufinden, die Sie anstrengt, auslaugt, nervt und belastet. Träumen Sie davon, sich aus den Zwängen Ihres aktuellen Jobs zu befreien und stattdessen eine Beschäftigung zu finden, die Sie wirklich erfüllt?

Na dann halten Sie genau das richtige Buch in der Hand! Denn ich bin überzeugt: Berufsglück ist möglich!

Das sage ich nicht nur, weil ich Sie motivieren will. Nein, das sage ich aus Erfahrung.

In den vergangenen 15 Jahren habe ich im Laufe meiner Arbeit als Beraterin und Trainerin Hunderten Menschen dazu verholfen, ihr Berufsglück zu finden. Menschen in den unterschiedlichsten Positionen, Berufen und Altersgruppen: vom Jugendlichen ohne Schulabschluss bis zur Historikerin mit Doktortitel, von der Ergotherapeutin bis zum Maschinenbauingenieur, vom wissenschaftlichen Mitarbeiter an der

Philosophischen Fakultät bis zur selbstständigen Grafikdesignerin, von der Mathematikerin bis zum Sozialpädagogen und vom 18-jährigen Abiturienten, der keine Ahnung hatte, welchen Berufsweg er einschlagen soll, bis zur 60-jährigen Möbelexpertin, die sich für unvermittelbar hielt und dann doch noch den Job ihres Lebens fand.

Auf diese Weise habe ich die unterschiedlichsten Charaktere und Biografien kennengelernt. Doch so unterschiedlich die Menschen und ihre Lebensläufe sind, sie haben alle eines gemeinsam: die Notwendigkeit oder den Wunsch nach einem beruflichen Betätigungsfeld, in dem sie einen Sinn sehen und sich wohlfühlen. Und dem Weg dahin zu folgen – das ist mutig.

Endlich Wochenende

Der freudlose Blick von Erwin vom Postschalter auf seine Arbeit hat die Menschen, die hinter mir in der Schlange standen, deswegen nicht verwundert, weil er so weit verbreitet ist. Schalten Sie mal Freitagmittag das Radio an und hören Sie ein paar Minuten zu. Ich wette, dass unabhängig vom Sender ein Hinweis kommt mit dem Tenor:

»Liebe Zuhörerinnen und Zuhörer, es ist Freitag! Gleich haben wir es geschafft. Endlich Wochenende!«

Ich habe noch nie gehört, dass jemand empört beim Radiosender anruft und sich beschwert. Etwa so:

»Hey, was soll das? Ich gehe gerne zur Arbeit. Was erzählt ihr da eigentlich?«

Nein, es scheint, als wären sich alle einig: Arbeiten ist lästig. Ein notwendiges Übel. Etwas, das man nicht ändern kann, sondern hinnehmen muss. Ich raufe mir bei solchen Sprüchen immer die Haare und möchte über den Äther allen zurufen: Nein, Ihr könnt etwas dagegen tun – Jobfrust muss nicht sein!

In unserer Gesellschaft scheint Erfüllung bei der Arbeit ein Traum für Idealisten zu sein. Oder zumindest eine große Ausnahme.

Wenn Sie etwas dagegen unternehmen möchten, werden Sie nicht so leicht auf Verständnis stoßen oder Unterstützung finden. Denn wenn Sie sich mit Ihrer Familie, Ihren Freunden und Bekannten unterhalten, treffen Sie schnell auf die weit verbreitete Angst vor Veränderungen und auf andere Jobunzufriedene. Dann bekommen Sie folglich so etwas zu hören wie:

»Was willst du denn sonst tun?«

Oder:

»Stell dich nicht so an. Bei uns im Geschäft läuft es auch nicht besser!«

Oder:

»Du müsstest mal meinen Chef sehen. Schlimmer geht es nicht!«

Solche Reaktionen sind kein Wunder, denn Ihre Gesprächspartner leiden mit Ihnen. Die drohende berufliche Ungewissheit erzeugt Angst und viele reagieren deshalb abwehrend.

Schon die gedankliche Suche nach positiven Alternativen wird Ihnen in unserer Gesellschaft durch pessimistische Grundhaltungen wie *»Arbeit ist nicht zum Vergnügen da«* oder *»Das Leben ist kein Ponyhof«* drastisch erschwert.

Das Ertragen mieser Chefs, langweiliger Jobs und kräftezehrender Arbeitszeiten ist seit Jahren ein Volkssport. Das ist nicht nur ein subjektiver Eindruck, sondern ein durch Studien belegter Fakt. Der Gallup Engagement Index (Deutschlands umfangreichste Studie zur Arbeitsplatzqualität) zeigt, dass 71 Prozent der deutschen Beschäftigten im Jahr 2018 Dienst nach Vorschrift machten und weitere 14 Prozent sogar schon innerlich gekündigt hatten. Nur 15 Prozent der Arbeitenden gehen hierzulande ihrer Arbeit mit Freude nach!

Überlegen Sie mal, was das in der Praxis bedeutet: Beinahe die gesamte arbeitende Bevölkerung dieses Landes macht ihre Arbeit ungern! Mit anderen Worten:

Deutschland ist ein Land der Jobunzufriedenen! In der Schweiz und in Österreich verhält es sich übrigens ähnlich.

Aber warum ist denn die Jobunzufriedenheit so extrem?

Enttäuschung im Paradies

Was die Vielfalt der Berufe angeht, die Wahlfreiheit der Karrierewege und die Möglichkeiten, sich zu qualifizieren, herrschen paradiesische Zustände.

In Deutschland beispielsweise haben wir über 300 anerkannte Ausbildungsberufe, dual und nicht dual. Schon 2015 hatten wir über 18 000 Studiengänge, staatlich oder privat, wir haben Fortbildungsinstitute und Weiterbildungsträger jeglicher Richtung und vor allem haben wir eine riesige Vielfalt an Wirtschaftsunternehmen. Wir haben BAföG, wir haben Stipendien, wir haben Förderprogramme von Vereinen und Stiftungen, wir haben die Möglichkeit, während des Studiums zu jobben – kurz: Wahnsinnig viele Aus- und Weiterbildungsoptionen stehen bereit.

Und wer sich die Joblandschaft in Deutschland anschaut, stellt einen Reichtum an unterschiedlichen Berufsfeldern fest, in dem doch eigentlich jeder das finden sollte, was ihn zufrieden macht. Es gibt Kleinbetriebe und Mittelständler ebenso wie internationale Konzerne. Es gibt alteingesessene Familienunternehmen und börsengelistete Konzerne ebenso wie eine florierende Start-up-Szene, in der die Arbeit sich ständig verändert. Es gibt staatliche Förderungen für die Weiterbildung und es gibt Beratungsstellen für Existenzgründer und junge Unternehmer. Alle könnten hier ihren Platz finden: Sicherheitsorientierte ebenso wie Freiheitsliebhaber, Ordnungsbewusste und kreative Andersdenker, Strukturierte und Spontane.

Deutschland scheint, was Verwirklichung im Beruf angeht, das Land der unbegrenzten Möglichkeiten! Umso seltsamer ist es, dass so wenige Menschen einen Job haben, der sie erfüllt und glücklich macht.

Aber wohin?

Es gibt ganz unterschiedliche Gründe, warum Menschen in ihrem Job verharren, obwohl er droht, sie krank zu machen. Ein typisches Beispiel ist mein Freund Ralf: Er hatte Zahntechnik gelernt – weil sein Vater das wollte. Über die Jahre war er in diesem Bereich zur Führungskraft aufgestiegen, war Geschäftsführer und Mitgesellschafter innerhalb einer Konzernstruktur und für einen Stab von rund 150 Mitarbeitern verantwortlich.

Als er schließlich merkte, dass sein Job an jeder Ecke zwackte und zwickte, konnte er nicht die Reißleine ziehen. Als Begründung nannte er mir:

»Ich konnte mich nicht irgendwo anders als Geschäftsführer bewerben, weil ich dort nur über Glück reingerutscht war und keinerlei formale Nachweise über meine Qualifikation für diese Position besaß. In meinen gelernten Job als Zahntechniker konnte und wollte ich nicht zurück. Viel zu lange hatte ich dort nicht mehr praktisch gearbeitet. Gleichzeitig dachte ich, dass ich mich realistisch gesehen nur in der Dentalbranche bewerben könne – das war ja das einzige Feld, in dem ich Erfahrung vorweisen konnte. Doch es war ja gerade die Branche, die mir am meisten zusetzte.

Durch den gut bezahlten Job hatte ich mich darüber hinaus in vielerlei Hinsicht finanziell abhängig gemacht: die Kredite für Immobilien oder Gesellschafteranteile, der Unterhalt für meine Tochter, der gehobene Lebensstandard, an den ich mich gewöhnt hatte. Das waren nur einige Punkte auf einer ganzen Liste von finanziellen Verpflichtungen.«

Ralf besuchte ein Seminar bei mir. Inzwischen hat er der Zahntechnik den Rücken gekehrt und eine erfolgreiche Beratungsfirma. Wenn er heute über seine damalige Situation nachsinnt, meint er:

»Damals habe ich viel zu schnell jede Idee im Keim erstickt. Ich war überzeugt zu wissen, was geht und was nicht. Dadurch war mein Horizont total eingeengt. Ich hatte überhaupt keine Vorstellung, wie ich mich tatsächlich beruflich umorientieren könnte. Ich dachte, die einzige Möglichkeit, einen anderen Job zu finden, wäre, mich bei einer Firma schriftlich zu bewerben. Doch wo sollte ich meine Bewerbungsunterlagen hinschicken außer in die ungeliebte Zahntechnik? Dass der Arbeitsmarkt ganz anders tickt, mir eigentlich jede Menge Optionen offen stehen, davon hatte ich schlichtweg keine Ahnung.«

Unabhängig von der Ursache des Jobfrusts entwickeln die Betroffenen die Überzeugung: Eine wirkliche Alternative zu ihrer jetzigen Jobmisere gibt es nicht. Sie geben sich mit einem C-Job zufrieden, statt nach ihrer beruflichen Bestimmung zu suchen. Die Mehrheit hat gar keine Idee für eine Sinn stiftende und zugleich Erfolg versprechende andere Lösung. Und falls doch, wissen sie nicht, wie sie die Idee realisieren können. Sie bleibt eine Fantasie.

Und wissen Sie, was mit den meisten Menschen passiert, wenn sie einige Zeit in solchen Verzweiflungsmomenten und Träumen gefangen sind? Sie zwingen sich, auf den Boden der Tatsachen zurückzukommen. Dann ist die Stimme der Vernunft am Zuge. Nicht nur die eigene, sondern auch die der Familie, der Freunde und Kollegen. So war es auch bei Sabine über viele Monate und Jahre.

Sie hasste ihren Job, wusste aber: Wenn sie sich für einen ganz anderen Job schriftlich bewerben und sich gegen andere Mitbewerber durchsetzen wollte, brauchte sie Berufserfahrung. Aber die konnte sie in einem neuen Bereich ja noch gar nicht haben! Also blieb sie besser dort, wo sie war. Und versuchte, es sich selbst gegenüber schönzureden: »Ach, so schlimm ist es doch gar nicht! Wenigstens verdienst du gutes Geld.«

Und stimmt das denn nicht etwa? Bei aller Unzufriedenheit gibt es auch ganz gute Momente. Manchmal haben Sie ein richtig interessantes Gespräch mit einem Kollegen, telefonieren mit einem überdurchschnittlich netten Kunden. Hin und wieder gibt es Aufgaben, bei denen Sie die Zeit vergessen, und manchmal ist sogar die Chefin annehmbar. So annehmbar, dass Sie sich fragen:

Wieso beklage ich mich eigentlich? Und wer weiß, ob andere Jobs wirklich so viel besser sind? Im Freundeskreis beklagen sich auch alle über irgendetwas: die Arbeitszeiten, die Kollegen, die Entscheidungswege, den Vorgesetzten … Den perfekten Job scheint es einfach nicht zu geben.

Also reden Sie sich Ihre aufkeimende Unzufriedenheit schön und ignorieren die Warnhinweise einer Joberkrankung, so gut es eben geht. Vielleicht üben Sie auch Kompensationsstrategien ein, um den regelmäßigen Missmut auszugleichen. Möglicherweise belohnen Sie sich hin und wieder mit einer Tafel Schokolade, einer Massage oder einem tollen Urlaub. Und bestimmt versuchen Sie sich mit positiven Gedanken zu motivieren, um der zunehmend schlechten Stimmung Einhalt zu gebieten.

Diese Reiß-dich-zusammen-Strategie funktioniert am Anfang sogar. Aber nach einer Zeit greift sie nicht mehr. Das Stück Schokolade oder die Massage reichen nicht mehr, Sie spüren immer öfter, dass Sie sich immer weniger gegen Ihre Lustlosigkeit zur Wehr setzen können. Ihre anfänglich vagen Gefühle werden zur Gewissheit:

Und Sie wissen, wenn Sie so weitermachen, wird es garantiert nicht besser. Nur leider haben Sie keine Idee, wie Sie aus der Jobmisere aussteigen können.

Raus aus der Jobmisere

Die gute Nachricht ist: Ihre gefühlte Ausweglosigkeit beruht auf einem schlichten Irrglauben. Denn in Wahrheit gibt es ungeahnte und wunderbare Alternativen auch für Sie. Der Weg in die Freiheit aus der aktuellen Arbeitsunzufriedenheit ist möglich, das habe ich tausendfach erlebt. Und dieser Weg besteht aus drei einfachen Schritten:

1. Sie ermitteln systematisch Ihr Ziel: Wo möchten Sie hin?
2. Sie überprüfen methodisch Ihr Ziel auf seine Machbarkeit.
3. Sie wenden die richtige Strategie an, um Ihr Ziel zu erreichen.

Und genau diese drei Schritte beschreibt Ihnen dieses Buch: So finden Sie Ihr Ziel, so machen Sie den Realitätscheck und so bewegen Sie sich direkt auf das Ziel zu, das zu Ihnen passt. Nicht zu Ihrer Familie, zu Ihren Freunden, zu irgendeiner Firma, sondern nur zu Ihnen.

Damit landen Sie auch garantiert nicht im Wolkenkuckucksheim, sondern da, wo Sie hinwollen: in Ihrem ganz persönliches Berufsglück.

KAPITEL 2

Warum Bewerbungen überschätzt werden

Früher oder später kommen viele Menschen an diesen Punkt: Sie meinen, sie müssen sich jetzt bewerben! Meist passiert es, wenn das Fass schon zum Bersten voll ist: mit jahrelanger Arbeit unter suboptimalen Bedingungen, mit unzähligen unbezahlten Überstunden, mit zu wenig Wertschätzung für die geleistete Arbeit und manchmal sogar mit Mobbing und Burnout. Erst wenn sie realisieren, dass sie schon längst über ihre Grenzen gegangen sind und sich in einem für sie toxischen Umfeld befinden, kommt für die meisten Arbeitnehmer der Augenblick, in dem sich aus diesem ewigen Hin und Her des Abwägens eine Entscheidung formt.

Manche kündigen aus dem Affekt heraus, sofort, ohne Plan B in der Tasche, ja sogar komplett ohne Idee, was sie als Nächstes machen wollen (was ich Ihnen auf gar keinen Fall empfehle). Andere setzen sich genervt vor den Rechner, googeln die Online-Jobportale und sagen zum Lebenspartner: *»Mir reicht's! Jetzt bewerbe ich mich!«*

Die Reißleine zu ziehen, finde ich goldrichtig: besser früher als später. Aber wenn Sie glauben, mit einer Bewerbung kämen Sie dem Berufsglück näher, dann seien Sie sich gewiss: Das geht völlig an der Realität vorbei. Wieso? Weil gute Jobs meist ganz anders vergeben werden.

Wie Entscheider suchen

Versetzen Sie sich mal in die Lage eines potenziellen Arbeitgebers. Stellen Sie sich vor, Sie sind ein Mäuschen, das sich im Büro eines Entscheiders versteckt, der gerade bemerkt hat, dass ihm Mitarbeiter fehlen. Und Sie können ihn ganz unbemerkt bei seinen Überlegungen beobachten. Die Frage ist: Wie sucht er nach neuen Leuten? Was stellen Sie fest?

Es ist ziemlich egal, in welcher Branche Sie unterwegs sind und in was für einer Organisation Sie anheuern möchten. Da ist eine Führungsperson, die wenig Zeit hat und viel zu tun. Obwohl sie schon ein gutes Team hat, gibt es Aufgaben, die regelmäßig liegen bleiben. Aber die Aufgaben sind wichtig. Sie müssen erledigt werden. Die Frage ist nur: von wem?

Wenn Sie das Gedankenspiel machen, werden Sie in jedem Fall etwas Ähnliches beobachten. Der erste Gedanke, der aufploppt, ist: »*Kann ich Mitarbeiter umbesetzen oder Aufgabenfelder bündeln?*« Sprich: »*Kann das Unternehmen das Problem intern lösen, ohne jemanden Neuen einzustellen?*« Jedem Geschäftsführer und jedem Abteilungsleiter ist schließlich bewusst, dass eine Neueinstellung nicht nur zusätzliche Kapazitäten für das Unternehmen einbringt, sondern auch zusätzliche Gehaltskosten. Bei einer Fachkraft sind es im bundesdeutschen Durchschnitt rund 45 000 Euro im Jahr, hinzu kommen die Kosten für die Sozialversicherung und die Nebenkosten wie Büromiete, Raumbewirtschaftung, Arbeitsplatzadminstration, IT-Bereitstellung und Weiterbildung. Und die müssen erstmal erwirtschaftet werden!

Wenn der Entscheider aber feststellt, dass der Job nicht durch bestehende Mitarbeiter abzudecken ist und das Unternehmen genügend abwirft, um sich eine weitere Arbeitskraft zu leisten, wird er sich die nächste Frage stellen: »*Wie finde ich jemanden, der diese Aufgaben zuverlässig erledigt?*« Was glauben Sie: Schaltet dieser Entscheidungsträger sofort eine Stellenanzeige auf www.monster.de? Bleiben Sie Mäuschen und beobachten Sie ihn genau.

Ich war über viele Jahre selbst in der Position, Einstellungen vorzunehmen. Und ich habe viele Geschäftsführer, Inhaber und Führungskräfte mit Personalverantwortung zu diesem Thema befragt. Jeder Einzelne von ihnen würde einen Teufel tun, sich gleich an die Personalabteilung zu wenden, die dann die Stelle ausschreibt. Erstens sind Stellenanzeigen extrem teuer. Zweitens bedeutet der Selektionsprozess, der durch Stellenanzeigen ausgelöst wird, einen immensen Arbeitsaufwand. Drittens, und das ist der wichtigste Punkt: Bei schriftlichen Bewerbungen von fremden Personen ohne persönliche Referenzen verlieren Entscheider jegliche Gewissheit, dass die Person wirklich gut genug und geeignet für den Job ist. Auf dem Papier machen die meisten Bewerber einen tollen Eindruck. Und in einem Vorstellungsgespräch punkten zuweilen Bewerber mit einer blendenden Performance, zeigen dann aber nach der Einstellung Schwächen, die vorher einfach nicht zu erkennen waren. Eine Einstellung nur auf Basis einer Bewerbung und eines Bewerbungsgespräches ist für jeden Entscheider also ein hohes Risiko! Deswegen wünschen sie sich persönliche Referenzen, daher suchen sie über Kontakte: Damit sie eine Sicherheit haben, dass die Person gut ist! Der Entscheider inseriert also nicht, sondern fragt sich als Nächstes:

»Kenne ich jemanden, der den Job übernehmen kann?«

Er scannt folglich seinen beruflichen und fachlichen Bekanntenkreis nach geeigneten Kandidaten. Dort hat er den direkten Draht, er kennt die Menschen, deren Expertise, und hat sofort ein Gefühl dafür, ob sie ins Team passen oder nicht. Wenn ihm selbst eine geeignete Person einfällt, spricht er sie an. Stellt er fest, dass diese verfügbar ist, macht er ihr mit größter Wahrscheinlichkeit ein Angebot. Auf diesem Weg kann er sich den ganzen aufwändigen Prozess der Sichtung der Lebensläufe, Vorauswahl, Vorstellungsgespräche und Probearbeiten sparen. Er hat mit nur einigen Gesprächen sein Ziel erreicht und die Gewissheit, dass die Person passend für sein Unternehmen ist!

Wenn er unter seinen persönlichen Kontakten keinen geeigneten Kandidaten findet, dann schaut er in seinem Netzwerk nach Multiplikatoren. Frei nach dem Prinzip *»Kenne ich jemanden, der jemanden kennt?«* sucht er sich die Menschen heraus, denen er vertraut und die das Arbeitsfeld gut kennen. Diese informiert er über seinen Bedarf.

Das können Kollegen oder Mitarbeiter sein, die er schätzt, andere Führungskräfte, mit denen er gut zusammenarbeitet, befreundete Unternehmer aus derselben Branche, Uniprofessoren aus den passenden Fachgebieten, die talentierten Nachwuchs ausbilden, oder Fachleute aus relevanten Vereinen und Verbänden, die mit Potenzialträgern in Kontakt kommen. Solche Kontakte sind wertvolle Filter: Weil sie Experten in der Branche sind und den Entscheider kennen, können sie ziemlich gut einschätzen, wer für den Job infrage kommt und wer nicht. Sie schauen dabei sowohl auf die fachliche Eignung als auch auf die Persönlichkeit. Kurz: Sie haben eine ganzheitliche Vorstellung, ob Kandidat und

Arbeitgeber zusammenpassen. Und diese Passung ist Gold wert, weil sie den Einstellungsprozess enorm beschleunigt und Erfolg garantiert.

Erst wenn der Entscheider auf solchem Weg nicht fündig wird, muss er in den sauren Apfel beißen, die Personalabteilung informieren und die Stelle ausschreiben. Zusammengefasst bedeutet das: Arbeitgeber suchen neue Mitarbeiter *zuletzt* über Anzeigen. Aber wie ist es bei den Arbeitnehmern? Da ist es genau umgekehrt: Für die ist die Stellenanzeige immer noch der bekannteste und bevorzugte Weg der Suche, den sie *zuerst* angehen. Was denken Sie: Was sagt uns das wohl über die Effektivität der konventionellen Jobsuche mit schriftlicher Bewerbung?

Welcher Weg führt nach Rom?

Der Weg der schriftlichen Bewerbung als Reaktion auf eine Stellenausschreibung ist nicht nur der langsamste Weg zum Ziel. Sondern es ist auch der unwahrscheinlichste, so einen neuen tollen Job zu finden.

Einzige Ausnahme: Wenn Sie in einer Branche mit Fachkräftemangel unterwegs sind. Dort führt sogar die klassische Bewerbung ziemlich sicher zum raschen Erfolg. Wenn eine Firma in München eine Ingenieurstelle ausgeschrieben hat und Sie am besten männlich sind, um die 30 Jahre alt und sechs bis acht Jahre Berufserfahrung mitbringen, dann brauchen Sie höchstwahrscheinlich nur Ihre Unterlagen per E-Mail oder Post versenden. Und schon können Sie davon ausgehen, dass Sie den Job haben. Klar, es gibt noch ein Pro-forma-Vorstellungsgespräch, bei dem abgeklopft wird, ob Sie nicht wider Erwarten ein sozialer Totalausfall sind. Aber wenn Sie qualifiziert sind und sich angemessen benehmen, werden Sie in so einer Branche mit diesen Kriterien wahrscheinlich sofort ein Jobangebot erhalten.

Anders sieht es schon aus, wenn Sie die gleiche Qualifikation mitbringen, im gleichen Alter, aber weiblich sind und es noch ein bis zwei männliche Mitbewerber gibt. Da kann es sein (und es fällt mir jetzt wirklich schwer, Ihnen das zu sagen), dass Sie leer ausgehen. Viele Arbeitgeber fürchten nämlich die Kosten durch Schwangerschaft, Mutterschutz und Elternzeit bei weiblichem Personal, das die Familienplanung noch nicht abgeschlossen hat. Das würde natürlich kein Arbeitgeber zugeben, aber glauben Sie mir, das ist gelebte Wirklichkeit! Im Zweifel setzt sich der Bewerber durch, der die sicherste Bank fürs Unternehmen ist.

Dennoch stehen Ihre Chancen in einer Branche mit Fachkäftemangel vergleichsweise fantastisch gut. Hier haben die Arbeitgeber bereits alle persönlichen Kontakte ohne Erfolg aktiviert und kommen daher ohne Stellenannoncen schlicht nicht weiter. Deswegen können Sie sich, wenn Sie die notwendigen formalen Qualifikationen mitbringen, schriftlich bewerben. Und woran erkennen Sie, dass Fachkräftemangel herrscht? Ganz einfach: Wenn Sie sofort kontaktiert werden und Ihnen der rote Teppich zum Vorstellungsgespräch ausgerollt wird. Naja, es ist nicht ganz so, aber fast …

Wenn das aber bei Ihrer bisherigen Suche noch nicht der Fall war, dann suchen Sie höchstwahrscheinlich nicht in einer Branche mit Fachkräftemangel. Und wenn Sie bisher aufgrund Ihrer Bewerbungen noch nicht mit Einladungen zu Vorstellungsgesprächen überschüttet wurden, dann können Sie davon ausgehen, dass sich das künftig auch nicht ändern wird. Wenn eine Methode nicht funktioniert, ist es Irrsinn zu glauben, Sie müssten genau diese Methode nur einfach noch mehr und und noch häufiger anwenden, um Erfolg zu haben. Glauben Sie mir: Es wird nichts passieren! Außer: Sie ändern Ihre Strategie.

Der offene Stellenmarkt

Dazu möchte ich eines vorwegschicken: Wenn Sie noch nicht von künftigen Arbeitgebern umworben wurden, dann liegt es garantiert *nicht* daran, dass Sie nicht gut genug sind, mit Ihnen irgendetwas nicht stimmt oder Sie Ihre Unterlagen optimieren müssten. Es liegt schlicht daran, dass Sie mit der ungeeignetsten Methode, die es gibt, in einem überfischten Teich fischen. Diesen Teich nennen Fachleute den »offenen Stellenmarkt«.

Das ist der Arbeitsmarkt, den alle kennen und den die meisten für den einzigen halten. Seine hohe Bekanntheit rührt daher, dass in diesem Markt die Stellen sichtbar und für jeden leicht zugänglich sind. Er besteht aus Anzeigen in Branchenblättern, Internetportalen, Zeitungen und Firmenwebseiten. Das heißt: Er ist nur einen Klick entfernt vom heimischen Sofa.

Und das ist auch schon sein größter Vorteil: Jobsuchende haben ganz bequem Zugang dazu. Sie können einfach am Laptop die Jobportale durchsuchen, ihre Bewerbungsunterlagen zusammenstellen und per Mail oder eben manchmal noch per Post versenden. Immer mehr Unternehmen fordern inzwischen ausdrücklich Online-Unterlagen an. Das ist sowohl für den Arbeitgeber als auch für den Bewerber einfach und kostengünstig. Der Arbeitgeber spart sich Arbeit und Porto, indem er die Unterlagen nicht mehr wie früher zurücksenden muss, und der Bewerber freut sich, dass er keine Zusatzkosten hat für Mappen, Papier, Briefumschläge und Porto.

Doch die Einfachheit rächt sich. Gerade weil es so einfach ist, werden die Unternehmen, die Stellen öffentlich ausschreiben, von Jobsuchenden förmlich überrannt. Je nach Arbeitsstelle, Größe und Bekanntheit des Unternehmens steigt somit die Konkurrenz drastisch. Ich habe recherchiert und bei mir bekannten Personalern nachgefragt – um hier nur einige beispielhafte Zahlen zu nennen:

- Der Dax-notierte Autobauer Daimler erhält jährlich eine sechsstellige Anzahl an Bewerbungen,
- eine Position im Innendienst bei einer Versicherung: 300 bis 1500 Bewerber,
- eine Position in der Personalentwicklung einer Bank: 200 Bewerber,
- eine Position in der Verwaltung eines Pflegeheims: 120 Bewerber,
- ein Volontariatsplatz in einem Museum ohne Übernahmegarantie: 200 Bewerber.
- Besonders hoch ist die Konkurrenz auf dem offenen Arbeitsmarkt unter den Geisteswissenschaftlern: Da gibt es im Durchschnitt zwischen 200 und 400 Bewerber.

Aber: Es ist es ja nur eine Stelle zu vergeben. Von den paar hundert Bewerbern werden deswegen meist maximal zehn überhaupt zu einem Vorstellungsgespräch eingeladen. Und nur einer von diesen zehn Kandidaten erhält ein Jobangebot. Alle anderen können noch so kompetent, schlau und überzeugend sein: Sie bekommen zwangsläufig eine Absage.

Und wissen Sie was? Manchmal ist sogar auch diese eine Stelle schon besetzt und die Bewerbungsgespräche sind reine Alibiveranstaltungen!

Warum das so ist? Weil hinter Ausschreibungen oft nur Bürokratie steckt. In einigen Unternehmen wie dem öffentlichen Dienst oder in Betrieben mit einem etablierten Betriebsrat gibt es nämlich die Vorschrift, freie Arbeitsstellen vor ihrer Besetzung neben der internen Ausschreibung auch öffentlich auszuschreiben. Wenn dies der Fall ist, steht der Wunschkandidat in Wahrheit oft schon fest. Nicht selten wird das Stellenprofil dann deshalb exakt auf den Lebenslauf des Kandidaten zugeschnitten, so dass den Mitbestimmungsorganen gar nichts anderes übrig bleibt, als genau ihm zuzustimmen. Stimmt, das ist eine Farce, aber sehr verbreitet! Und sie wird auch noch gerne damit gekrönt, dass parallel tatsächlich hoffnungslose Bewerbungsgespräche mit gleichermaßen ahnungslosen wie hoffnungsvollen externen Kandidaten geführt werden.

Es ist auch gang und gäbe, dass Unternehmen Stellen nur deswegen ausschreiben, um auf den Jobplattformen präsent zu sein und um den Markt darauf zu sondieren, welche Arten von Bewerbern gerade auf der Suche sind. Oder sie tun dies, um wirtschaftliche Stärke zu demonstrieren gegenüber Geldgebern, Banken und der Konkurrenz. Ganz schlimm wird es, wenn die eigenen Mitarbeiter durch Fake-Inserate verunsichert oder zu höherer Arbeitsleistung motiviert werden sollen. Dann findet plötzlich ein Arbeitnehmer seine eigene Position im Netz.

Viele Scheinausschreibungen stammen auch von Zeitarbeitsfirmen und Headhuntern. Denn für die ist es grundsätzlich wichtig, Kontakte zu wechselwilligen und interessanten Fach- und Führungskräften zu knüpfen und vor allem zu vermehren. Dafür werden dann gerne mal erfundene Jobs angeboten.

Die Wahrscheinlichkeit, mit Bewerbungen zum Ziel zu kommen, ist also verschwindend gering. Das ist schon ärgerlich genug. Noch viel ärgerlicher aber ist, dass Sie in diesem Prozess Nerven aus Stahl brauchen, um nicht das Selbstvertrauen zu verlieren. Je mehr Bewerbungen Sie verschicken, desto mehr Absagen bekommen Sie. Das liegt in der Natur der Sache: wegen des hohen Wettbewerbs und der vielen pro forma ausgeschriebenen Stellen. Doch welcher Bewerber ist wohl so in sich gefestigt, dass er auch die 30. Absage mit einem Lächeln hinnimmt?

Noch schlimmer!

Dann sind da noch die Unternehmen, die nicht absagen, sondern sich gar nicht melden. Noch schlimmer! Stellen Sie sich vor, Sie gehen in einen Wald, rufen »*Halloooooo!*« und nach Stunden des Wartens hören Sie immer noch kein Echo. Wie verwirrend ist das denn?

Egal, wie Sie es drehen und wenden: Die Suche auf dem offenen Arbeitsmarkt kann ganz schön mürbe machen. Erstens ist es ein Glück, überhaupt ehrlich gemeinte und interessante Stellen in der eigenen Region zu finden, bei denen Sie auch das Gefühl haben, gute Chancen zu haben. Und zweitens bleibt die Enttäuschung einfach nicht aus, wenn Sie auf Ihre Bemühungen hin nur Ablehnung erfahren oder keine Antwort bekommen.

Falls Ihnen diese Schilderungen bekannt vorkommen und Sie deswegen auch nur für eine Minute in Selbstzweifel verfallen sind, möchte ich Ihnen jetzt versichern: Die Absagen haben nichts mit Ihnen zu tun!

Bitte tun Sie mir den Gefallen: Werten Sie die Reaktion der Unternehmen nicht als Feedback auf Ihre Person.

Ich kenne Jobsuchende, die sind so frustriert von dem Bewerbungsprozess, den sie durchlaufen, dass sie beginnen zu denken: »*Ich kriege einfach keinen Job.*« Und das bedeutet übersetzt so viel wie:

- »Scheinbar habe ich mich überschätzt! Ich bin nicht gut genug!«
- »Offensichtlich bin ich doch nicht so gut ausgebildet/intelligent/fähig/talentiert. Ich kann nichts!«
- »Meine Leistungen sind wohl einfach nicht gefragt. Niemand braucht meine Fähigkeiten! Vielleicht habe ich ja auch keine!«
- »Meine Qualifikation ist nicht die richtige. Ich habe das Falsche gelernt oder studiert!«
- »Meine Arbeitserfahrung reicht nicht aus.«
- »Wahrscheinlich bin ich zu alt, zu jung, zu unerfahren, zu teuer, zu dick, zu dünn, zu dunkelhaarig, zu blauäugig …«

Wenn Sie in die Selbstzweifel-Spirale geraten, dann beginnen Sie, sich jeden Unsinn einzureden, den Sie irgendwo aufgeschnappt haben oder in den schlimmsten Momenten von sich denken. Und das ist nicht gesund! Tun Sie das nicht. Es ist nur eine Reaktion Ihres Gehirns auf die – zugegeben – zermürbende Situation.

Das Scheitern Ihrer Bemühungen hat einen ganz anderen Grund. Es liegt ganz einfach daran, dass Sie sich auf ungünstigem Gelände tummeln. Sie fischen, wie gesagt, im überfischten Teich.

Die gute Nachricht ist: Es gibt noch einen ganz anderen Teich. Es ist ein Teich, der abseits der großen Straßen liegt. Und in dem sich ein riesiges und reichhaltiges Biotop an großen und kleinen Fischen gebildet hat. Sein Name: der verdeckte Stellenmarkt!

Der verdeckte Stellenmarkt

Auf diesem Markt läuft der Einstellungsprozess genau umgekehrt: Die Stellen werden besetzt mit Menschen, die im Unternehmen mit Namen und Gesicht bekannt waren, bevor sie ihren Lebenslauf eingereicht haben.

Klingt nach Vitamin B? Nach pfui Teufel? Mag sein, doch es könnte nicht weiter davon entfernt sein. Der Faktor *Bekanntheit* spielt hier eine große Rolle, das ist richtig. Doch einem Entscheider *bekannt zu sein*, ist etwas vollkommen anderes, als einen Job über Beziehungen zu bekommen.

Einen Job über Vitamin B zu besetzen, ist natürlich unseriös und überhaupt keine nachhaltige Strategie, weder für den Arbeitgeber noch für den Bewerber. Denn es bedeutet schlicht und ergreifend: Da wird jemand eingestellt, obwohl er für die Stelle ungeeignet ist. Ja, das kommt vor. Aber viel seltener als angenommen.

Es passiert nur, wenn der Arbeitgeber jemandem etwas schuldet oder sich in emotionaler Abhängigkeit von einer Person befindet. Am ehesten müssen Personaler zu dieser Methode greifen, wenn sie vom Vorgesetzten dazu angehalten werden. Da ist zum Beispiel der Sohn eines Kunden, dem der Chef noch etwas schuldet, und nun muss für diesen Sohn ein Job besorgt werden. Oder wenn ein Bereichsleiter ständig erzählt, dass er sich Gedanken um die berufliche Zukunft seiner Tochter macht: Dann kann ein Personaler sich genötigt fühlen, diese Tochter für eine Trainee-Stelle vorzuschlagen. Das sind die sogenannten »Gefallen«, die Unternehmen sich für die KuKis (Kunden-Kinder) oder die MiKis (Mitarbeiter-Kinder) einfallen lassen. Doch nachhaltig und von Erfolg gekrönt sind solche »Vermittlungen« oftmals nicht. Ganz abgesehen davon, dass sie den Rest der Belegschaft belasten und nicht dem langfristigen Unternehmensinteresse dienen.

Die hingegen nachhaltigste aller Methoden, einen Job zu besetzen, ist jene, die ich bereits zu Beginn des Kapitels vorgestellt habe: wenn geeignete Kandidaten über persönliche Kontakte zum Arbeitgeber finden. Das sehen übrigens auch namenhafte Forschungsinstitute wie das Institut für Arbeitsmarkt- und Berufsforschung (IAB) so. Das stellt in seinen Kursberichten wiederholt fest: Der persönliche Kontakt beziehungsweise die Empfehlung über eigene Mitarbeiter sei der erfolgreichste Weg bei Stellenbesetzungen.

Was sind die Gründe dafür? Erstens ist der gemeinsame Kontakt ein hervorragender Filter. Denn kein ernstzunehmender Geschäftsmann würde eine Empfehlung aussprechen und mit seinem Namen für jemanden einstehen, wenn er nicht überzeugt wäre, dass es ein guter Match ist. Zweitens hat Arbeit viel mit Vertrauen zu tun. Und einer Empfehlung von jemandem, den der Arbeitgeber selber gebeten hat, die Augen und Ohren offen zu halten, traut er viel mehr als einem unbekannten und somit noch vollkommen ungeprüften Bewerber.

Studien zeigen, dass die Hälfte bis zu zwei Drittel aller Arbeitsstellen auf diese Weise vergeben werden. Das heißt: auf dem verdeckten Arbeitsmarkt. Machen Sie sich mal klar, was das bedeutet: Bis zu zwei Drittel aller Jobs, die besetzt werden, werden gar nicht inseriert oder nur, nachdem der geeignete Kandidat schon feststeht. Wenn Sie auf dem offenen Markt nicht fündig werden, ist das also überhaupt kein Wunder. Dort sind zu wenig interessante Stellen pro Bewerber zu finden. Wenn Sie aber den Teich wechseln und sich auf den verdeckten Arbeitsmarkt begeben, eröffnen sich Ihnen ungeahnte Möglichkeiten.

Im anderen Teich

Selbst wenn Sie bisher gute Erfahrungen mit schriftlichen Bewerbungen gemacht haben, kommen Sie eventuell in eine Situation oder Lebensphase, in der Sie sich diesem anderen Teich zuwenden sollten: Wenn Sie in Ihrem Beruf die Richtung ändern möchten, wenn Sie auf einem Feld anfangen möchten, auf dem Sie noch keine Arbeitserfahrung haben, wenn Sie eine Teilzeitstelle suchen, wenn Sie schon etwas älter sind oder wenn Sie andere Einschränkungen haben, dann können Sie den offenen Arbeitsmarkt vergessen. Auch ein Berufswechsel, also der Quereinstieg in ein neues Arbeitsfeld, ist dort schlicht nicht möglich. Solange es andere Bewerber mit Berufserfahrung gibt, werden Sie schriftlich niemals erklären können, warum Sie etwas anderes machen möchten und warum der Arbeitgeber Sie bevorzugen sollte.

Auf dem verdeckten Arbeitsmarkt hingegen sieht es ganz anders aus. Da haben Sie sogar richtig gute Chancen.

So erging es auch Alex. Als IT-Experte wurde er von allen seinen Arbeitgebern für seine Programmierkünste geschätzt. Jobwechsel waren gar kein Problem für ihn. Sobald er sich schriftlich bewarb, erhielt er auch schon eine Einladung zu einem Gespräch. Obwohl er in seinem Fach sehr gut war, quälte ihn sein Job. Dieses tagelange vor dem Computer Sitzen ohne Austausch mit Kollegen zerrte an seinen Nerven. Er entwickelte die Idee, sich als agiler Projektmanager zu bewerben – Fortbildungen in diesem Bereich hatte er schon besucht. Wieder bewarb er sich – nichts geschah. Plötzlich erhielt er keine Einladungen mehr. Das Problem: Er konnte keinerlei Arbeitserfahrungen nachweisen. Also änderte er seine Strategie und suchte sich die neue und ihn erfüllende Anstellung über sein Netzwerk. Dort kannte man ihn und traute ihm auch diesen neuen Tätigkeitsbereich zu.

Nüchtern betrachtet bedeutet dies, dass nahezu jeder Mensch schon einmal im verdeckten Arbeitsmarkt gelandet ist. Manche Berufstätige haben sich über ein Praktikum, ein Volontariat oder eine Hospitation in ihren ersten Job hineinmanövriert. Andere saßen mit Freunden in einer Kneipe und plötzlich erzählte jemand, dass ein Bekannter jemanden für seine Firma sucht. Wieder andere haben einen spontanen Anruf von einem Kumpel bekommen, der fragte, ob sie nicht Interesse hätten, die Stelle zu wechseln – ein befreundeter Unternehmer suche nach jemandem mit genau ihrem Background. Und so weiter und so fort.

Eine Geschichte, die ich neulich in diesem Zusammenhang hörte, geht so:

Nina suchte über Monate verzweifelt einen neuen Job. Sie arbeitete als Redakteurin und das über 60 Stunden in der Woche. Weil sie schwanger wurde, träumte sie von einer Beschäftigung mit weniger Stundenbelastung. Aber die Suche gestaltete sich schwierig.

Als die Geburt schon bald bevorstand, ging sie mit ihrem Mann einen Kinderwagen kaufen. Im Babywunderland bestaunten sie völlig ratlos eine riesige Wand mit über 100 Modellen. Dabei standen sie neben einem Paar, das genauso ratlos dreinschaute. Die beiden Frauen kamen ins Gespräch und verstanden sich gut. Ein paar Tage darauf trafen sie sich zufällig im Geburtsvorbereitungskurs wieder. Sie wurden Freundinnen.

Ein paar Monate nach der Geburt bekam Nina einen Anruf. Der Mann ihrer neuen Freundin suchte eine Produktionsassistentin für seine kleine Fernsehfirma. Nina erhielt für den nächsten Tag einen Termin. Als sie abends nach Hause kam, strahlte sie ihren Mann an: »Ich habe einen neuen Job! Das Gespräch war ganz klasse. Alle trauen mir die Aufgaben zu und finden, dass ich ins Team passe!«

Die Wege auf dem verdeckten Arbeitsmarkt sind vielfältig, doch sie haben alle etwas gemeinsam. Erstens: Wir erleben sie als Glück und Zufall und sie erscheinen uns somit nicht wiederholbar! Wenn Nina nämlich nun wieder einen neuen Job bräuchte, dann könnte sie wohl kaum erst einmal erneut schwanger werden und sich im Kinderwunderland vor die Babywagen stellen und hoffen, dass ein nettes anderes Pärchen vorbeikäme …

Und zweitens: Sie werden nicht von uns initiiert, sondern vom Arbeitgeber.

Wenn das Zufallsangebot eines beliebigen Arbeitgebers Sie im Jobfrust oder in der Arbeitslosigkeit trifft, sagen Sie dankend ja und freuen sich, dass Sie eine neue Arbeit haben! Oder dass Sie überhaupt wieder eine Arbeit haben. Oder dass Sie eine Arbeit haben, bei der Sie etwas besser verdienen. Oder die Ihnen nicht mehr so dröge vorkommt.

So gut sich das kurzfristig anfühlt und so sehr Ihnen das vorkommt wie ein glücklicher Zufall: Dieses Vorgehen hat auch zwei Nachteile.

Nachteil Nummer 1: Sie stufen das Ereignis als Glück und Zufall ein.

Deshalb können Sie gar nicht bemerken, dass hinter dem Zufall ein System auf Sie wartet. Und dass das System dahinter eigentlich eine sehr Erfolg versprechende Akquisestrategie ist, die Sie auch selbst aktiv anwenden können.

Nachteil Nummer 2: Sie treiben nicht selbst, sondern lassen sich treiben.
In dem Moment, in dem Sie zum überraschenden und vielleicht auch schmeichelhaften Angebot eines Arbeitgebers ja sagen, steht was im Vordergrund? Ja, genau: die Bedürfnisse des Arbeitgebers! Diese befriedigen Sie mit Ihrer Zusage.

Wenn Sie allerdings vorher Ihre eigenen Ziele, Wünsche, Idealvorstellungen *nicht* ermittelt haben, dann bringt Sie die an sich erfreuliche Jobofferte höchstwahrscheinlich von Ihrem eigenen Weg ab. Es läuft ja nicht immer so gut wie bei Nina. Ja, Sie folgen dann einem »glücklichen Zufall«. Aber es war das Glück des Arbeitgebers, nicht Ihres.

Was können Sie also tun, um Ihres eigenes Glückes Schmied zu werden?

Was Ihnen das Buch bringt

Sie können lernen, das System hinter diesen vermeintlichen Zufällen zu nutzen und selbst solche »glücklichen Zufälle« für sich und Ihre eigenen Ziele zu generieren.

Der verdeckte Arbeitsmarkt bietet unerschöpfliche Chancen, das Berufsglück zu finden. Dafür müssen Sie erstens ganz genau wissen, wohin Sie wollen! Und zweitens werden tolle Stellen über Kontakte vergeben, und das bedeutet: Beziehungsarbeit. Das ist aufwändiger, als Bewerbungen zu schreiben, und Sie können das auf gar keinen Fall flächendeckend tun. Nur wenn Sie Ihr Ziel wirklich gut kennen, kann Ihre Beziehungsarbeit treffend und auf den Punkt sein. Mit einer schwammigen Idealvorstellung werden Sie auch nur schwammige Ergebnisse erreichen.

Dieses Buch hilft Ihnen, eine ganzheitliche und sehr wahrscheinlich für Sie überraschende Wunschvorstellung zu entwickeln. Nehmen Sie sich die Zeit, das Ziel umfassend zu definieren. Dann müssen Sie sich »nur noch« in den Kreisen, die Sie interessieren, persönlich bekanntmachen.

Falls Sie jetzt denken: »*Hilfe! Ich hasse sowas! Ich kann nicht netzwerken! Smalltalk-Veranstaltungen sind nichts für mich! Und mich selbst verkaufen? Vergiss es!*« – dann will ich Sie beruhigen. Es geht hier überhaupt nicht darum, als jemand aufzutreten, der Sie nicht sind. Mit meiner Methode lernen Sie, auf authentische und völlig natürliche Weise mit Menschen in Kontakt zu kommen, für die Sie ehrliches Interesse haben. Sie müssen überhaupt nicht »so tun, als ob«, und ich möchte Ihnen völlig davon abraten, sich aufzuplustern oder Strategien anzuwenden, die nicht zu Ihnen passen.

Ja, Sie werden hier lernen, den verdeckten Stellenmarkt zu betreten. Aber ganz ohne Guerilla-Methoden und ganz ohne den Druck, sich bei irgendjemandem anzubiedern.

Im Gegenteil: Die Beziehungsarbeit, die ich meine, ist die natürlichste Art, einen Job zu finden. Es ist eine Art, die Sie mit allerhöchster Wahrscheinlichkeit bereits vielfach in Ihrem Leben angewendet haben – aber weil sie so selbstverständlich ist, war sie Ihnen nicht bewusst. In diesem Buch lernen Sie wieder, ganz normal mit potenziellen Arbeitgebern zu reden. Kein gestelztes Bewerbungsgetue, keine Floskeln, kein »*Wie kommt es wohl an, wenn ich das sage?*«. Mit meiner Methode müssen Sie sich nicht verstellen – und Sie werden nicht *trotzdem*, sondern *gerade deshalb* erfolgreich.

Lassen Sie uns also beginnen, indem Sie zunächst prüfen, wo Sie gerade stehen und wo der Berufsschuh drückt …

KAPITEL 3
Wo stehen Sie wirklich?

Jetzt wird es Zeit, dass Sie sich einmal ganz auf sich konzentrieren. Die folgende Reflexion führen Sie am besten an einem ruhigen Plätzchen durch, an dem Sie ungestört sind. Denn Sie werden Ihre aktuelle berufliche Situation mit wachen Augen einschätzen.

Vielen Jobunzufriedenen ist nämlich klar: *»Irgendetwas stimmt nicht mit meinem Job. Ich habe da so ein ungutes Grummeln im Bauch …«*

Wodurch aber das Grummeln konkret ausgelöst wird, das können die wenigsten sagen. Und genau das finden Sie nun heraus, um am Ende dieses Kapitels die »Grummelverursacher« ganz klar benennen zu können.

Wozu das nötig ist? Ich zeige es Ihnen an einem kleinen Gedankenexperiment: Stellen Sie sich vor, Sie haben Hunger. So richtig nagenden Hunger, der ganz unten in der Magengrube vor sich hingrummelt und dringend bedient werden möchte. Also ziehen Sie los in die Fußgängerzone und erreichen schon bald die ersten Restaurants und Imbissbuden. Hm, lecker, die Pizza duftet bis hier! Und sofort signalisiert Ihr Magen: »Pizza ist super! Ich fühle mich schon ganz schwach vor Hunger, her mit der Calzone!«

Sie haben die Hand also schon am Türdrücker, als Ihr Verstand dazwischengrätscht: »Bist du blöd? Pizza liegt dir jedes Mal so schwer im Bauch und schaltet dich komplett aus. Und abnehmen wolltest du sowieso. Wie wäre es mal mit einem Salat?«

Bauch und Verstand senden unterschiedliche Handlungsimpulse. Gleichzeitig! Jeder zieht in eine andere Richtungen, und egal, wie Sie sich entscheiden, wird Ihre letztendliche Wahl positive und negative Aspekte mit sich bringen. Diese Art der Ambivalenzen ist völlig normal. Ich will sie Ihnen aber dennoch deutlich machen, denn: Wenn Sie sich für oder gegen eine Pizza entscheiden, sind gemischte Gefühle durchaus erträglich und die negativen Aspekte einer Entscheidung verkraftbar. Aber wenn Jobfragen auf den Tisch kommen – dann werden sie ganz schnell unglaublich erdrückend.

Bauch oder Verstand?

Bis Sie in Ihrem derzeitigen Job gelandet sind, haben Sie bereits jede Menge gewichtige Entscheidungen getroffen:

- Studiere ich lieber Mathe oder Theaterwissenschaften?
- Möchte ich lieber in Buxtehude bleiben oder in München leben?
- Beginne ich jetzt mit der Familiengründung oder später?

Diese Entscheidungen spielen auf der Suche nach Ihrem Berufsglück eine solch elementare Rolle, weil Sie sie nicht oder nur schwer korrigieren oder gar rückgängig machen können. Entsprechend quälend kann die Entscheidungsfindung sein.

In etlichen Lebensratgebern werden Sie eine simple Empfehlung finden: *Hör auf dein Herz, hör auf deinen Bauch!* Das ist mir zu kurz gegriffen. Im Berufsglück landen Sie mit dieser Strategie dann eher nur zufällig. Zum Fällen von wichtigen Entscheidungen gehören nämlich immer zwei: Ihr Bauch und Ihr Verstand.

Jeder Entscheidung, die Sie treffen, geht eine Bewertung voraus, bewusst oder unbewusst, rational oder emotional. Ohne Bewertung keine Entscheidung. Das Problem: Ihr Bauch und Ihr Verstand haben völlig unterschiedliche Vorgehensweisen, um Sachlagen einzuschätzen.

Das Bauchgefühl arbeitet von Ihnen meist völlig unbeobachtet im Unbewussten und bewertet nicht nach Fakten, sondern auf Basis von Emotionen und Körpersignalen. Es sucht für seine Einschätzung von neuen Situationen und Entscheidungen immer nach abgespeicherten Erinnerungen von früheren, vergleichbaren Erfahrungen. Alle Menschen besitzen nämlich unterhalb der Großhirnrinde im limbischen System eine Art riesige Bibliothek, in der Erlebtes gespeichert ist.

Die Erfahrungen sind dort nicht einfach abgelegt, sondern wurden mit einer Bewertung versehen. Hat das Erlebte einen positiven Eindruck auf Ihr Wohlbefinden hinterlassen, wird es mit einem *Gut, wieder ma-*

chen markiert – hat es ein negatives Befinden hinterlassen, wird es mit einem *Schlecht, künftig vermeiden* markiert. Die Speicherung der Daten beginnt schon in den ersten Lebenswochen im Mutterleib, so dass Sie im Unbewussten ein Ihr ganzes Leben umfassendes Gedächtnis besitzen. Der Hirnforscher Gerhard Roth bezeichnet dieses System daher auch passend als »emotionales Erfahrungsgedächtnis«. Kommt nun etwas Neues auf Sie zu und eine Entscheidung steht an, dann erzeugt Ihr Gehirn zunächst Vorstellungsbilder, die wie innere Filme unbewusst in Ihnen ablaufen. Diese Filmchen gleicht Ihr Hirn nun mit Ihren Erfahrungen ab, die in Ihrem emotionalen Erfahrungsgedächtnis gespeichert sind. Wenn etwas Vergleichbares gefunden wird, löst Ihr Hirn automatisch die damit verbundene Bewertung aus. Das erfolgt immer noch nicht über den Verstand, sondern über Körpersignale, die sogenannten *somatischen Marker*. Manche dieser Reaktionen können wir bewusst miterleben. Spürbar sind sie oftmals gerade in der Bauchregion. Dann zieht sich uns der Magen zusammen oder wir empfinden ein wohliges Kribbeln. Daher verwende ich in diesem Buch den Begriff *Bauchsystem* oder *Bauchgefühl*, wenn wissenschaftlich betrachtet eigentlich das emotionale Erfahrungsgedächtnis gemeint ist. Je nachdem, welche Körpersignale auftauchen, fällt Ihr Bauchsystem nun ruckzuck eine Entscheidung:

Positiver somatischer Marker = Ja, damit wirst du dich gut fühlen – mach das!

Oder aber:

Negativer somatischer Marker = Oh nee, bloß nicht. Dabei hast du dich bislang gar nicht gut gefühlt. Lass uns mal schnell verduften und irgendetwas anderes tun.

Je nachdem, wie die Rückmeldung ausfällt, entscheidet das Bauchsystem sich für oder gegen eine Handlung. Denken Sie nur an die Pizza. Wenn Sie einen Mordshunger haben – und Sie in vergleichbaren Situationen mit Pizza bisher gute Erfahrungen gemacht haben –, dann signalisiert Ihr Bauchsystem sofort: »*Ja, super! Als letztes Mal so großer Hunger herrschte, hat diese Mischung aus Kohlehydraten und Fett wunderbar geholfen.*« Dann wird im Unbewussten ein unbändiges Verlangen entfacht, das jedes Diätvorhaben des Verstands in den Wind schlägt.

Das alles passiert, weil das unbewusst arbeitende Bauchsystem nur eins will: Dass Sie sich im Hier und Jetzt in allen Körperfunktionen möglichst schnell wieder in Balance und Harmonie befinden. Mit anderen Worten: Der Bauch sorgt für die Pizza, weil er Ihnen somatisch und emotinal etwas Gutes tun will.

Wenn Sie hingegen spüren: *Mein Bauchgefühl sagt nein*, dann heißt das: Ihr emotionales Erfahrungsgedächtnis warnt Sie vor der Wiederholung einer schlechten Erfahrung, eines schlechten Gefühls. Nichts anderes passiert zum Beispiel, wenn Sie eigentlich die dringend notwendige Bewerbung verfassen sollten, Sie dann aber urplötzlich den großen Hausputz starten. Da bewertet Ihr Bauchsystem die Hausarbeit als angenehmer als die Jobsuche. Die Gründe dafür sind für Sie dabei nicht immer offensichtlich oder nachvollziehbar. Immerhin werden viele unserer Verhaltensweisen unbewusst gesteuert. So erging es auch einer meiner Teilnehmerinnen. In einem Seminar bei mir fand sie heraus, dass Ihre massive Unlust, sich auf Stellensuche zu begeben, daran lag, dass ihr Bauchsystem sie vor einer weiteren schlimmen Joberfahrung schützen wollte. Sie hatte zuvor in mehreren Jobs Mobbing durch Vorgesetzte erleben müssen.

Der Verstand hat im Gegensatz zum Bauchsystem die Möglichkeit, in die Zukunft zu schauen und langfristige Planung zu betreiben. Er bewertet dabei nach den Kriterien *richtig* oder *falsch* und bezieht alle rationalen Überlegungen ein. Verstand und Bauch arbeiten somit deutlich verschieden voneinander und ihre Bewertungen stimmen häufig nicht überein.

Der Verstand mag Ihren aktuellen Job super finden, weil er Ihnen Sicherheit bietet, Sie ein geregeltes Einkommen haben und monatlich Geld in Ihre Altersvorsorge fließt. Ihr Bauch lässt sich aber von all diesen tollen, logischen Argumenten nicht beeindrucken, egal wie oft Sie sich diese täglich in der S-Bahn vorbeten. Sie fühlen sich trotz aller Überredungskünste von Tag zu Tag müder und lustloser, weil Ihr Bauch gar nicht anders kann: Der Gute muss Ihnen geradezu zurückmelden, dass der Verstandesvorsatz »*Ich muss auch heute wieder bei der Arbeit erscheinen*« sich einfach nur schlecht anfühlt.

Und schon sind wir bei dem diffusen, unguten Gefühl, das Ihr Job Ihnen vermittelt: Ihr Bauchsystem meldet Unglück und ringt mit dem Verstand.

Im Ring

Dieses Ringen ist anstrengend und kräftezehrend. Es kann zwar durchaus von Erfolg gekrönt sein – wenn Sie sich endlich an Ihre verhasste Steuererklärung machen oder die ungeliebte Spülmaschine ausräumen, anstatt ins kuschelige Bett zu krabbeln, lohnt es sich ja sogar, dass Ihr Verstand den Bauch überstimmt und Sie zum vernünftigen Handeln anhält. Solche einmaligen »Siege« des Verstands tun nicht weh. Aber in Ihrem Job ist das eine andere Sache: Wenn Sie unglücklich zur Arbeit gehen, würgt Ihr Verstand jeden einzelnen Tag aufs Neue die Impulse, die das Bauchsystem sendet, ab. Das erfordert ein hohes Maß an Selbstkontrolle und ermüdet die Seele und den Körper.

Ihre Gefühle und Ihre Lustlosigkeit über einen langen Zeitraum zu unterdrücken, halten Sie schlicht nicht durch, weil emotionale Spannungen über das Bauchsystem zu somatischen Reaktionen führen und Ihre Körperfunktionen ins Ungleichgewicht geraten. Wenn Sie sich dank Ihres Verstandes immer wieder zur Arbeit schleppen, setzt der Organismus zum Schutz eine Reihe von Bewältigungsmechanismen in Gang – ohne dass Sie irgendetwas dagegen tun könnten. Bis das Unwohlsein des Bauchsystems eine Schwelle übersteigt: Dann äußert sich der Körper massiv, indem Sie jeden Morgen Kopfschmerzen bekommen oder jeden Mittag im Büro mit Übelkeit kämpfen oder oder oder. Wenn Sie jetzt immer noch nicht die Reißleine ziehen, dann könnte es passieren, dass Sie wirklich so krank werden und rein körperlich eines Tages nicht mehr zur Arbeit gehen *können*.

Um wirklich tragfähige Entscheidungen auf dem Weg zu Ihrem Berufsglück treffen zu können, brauchen Sie also beide im Boot, den Bauch und den Verstand. Da sind Sie angekommen, wenn beide Systeme in Ihnen ein klares Ja senden.

Lassen Sie uns also schauen, wie sehr Bauch und Verstand in Ihrem jetzigen Job miteinander ringen – oder auch in seliger Harmonie zueinander stehen. Sich die Ist-Situation bewusst zu machen, wird Ihnen wesentlich bei der Weichenstellung für Ihre berufliche Zukunft helfen.

Petra stand an dem Punkt, dass sie die geschriebene Kündigung quasi schon in der Schreibtischschublade liegen hatte. Als sie mich anrief, wollte sie einen Schluss-

strich ziehen, ihren Job hinschmeißen, einfach nur noch weg! Sie lebt in Bonn und dachte, sie müsse ihre Wohnung verkaufen, raus aufs Land ziehen und ein Café eröffnen, so schlecht und energielos fühlte sie sich in ihrem Job. Aber: Sie konnte nicht konkret sagen, warum …

Ich ging mit ihr Punkt für Punkt die Kriterien durch, die sie und ihren Job ausmachten. Dabei stellte sie fest: Ihre Chefin war super, mit den Kollegen verstand sie sich gut, sowohl die Räumlichkeiten als auch der Standort gefielen ihr. Ihre Arbeitszeiten und die Bezahlung waren überdurchschnittlich gut. Sie arbeitete in einer Firma, die Fair-Trade-Kaffee herstellt und vertreibt. Petra schwärmte in den höchsten Tönen von dem tollen Produkt. Auch musste sie nicht den ganzen Tag am Rechner verbringen, sondern hatte viel Kontakt zu ihren Kollegen. Allerdings ging es in den Gesprächen sehr oft um das Gebiet, für das sie verantwortlich war: Qualitätsmanagement. Daher musste sie mit ihren Kollegen häufig über Unangenehmes sprechen.

Nach 30 Minuten Telefongespräch gab es Verwunderung. Petras Plan zu kündigen war vom Tisch: So schlecht war ihr Job eigentlich gar nicht. Im Gegenteil: Sie mochte ihn sogar sehr. Das Einzige, was ihr nicht gefiel, war: Qualitätskontrolle! Ihre Einsicht: Das muss sich ändern. Petra war erleichtert, als ihr klar wurde: Das war knapp. Sie wäre beinahe ihrem Bauchgefühl gefolgt, ohne mit dem Verstand eine klare Analyse vorzunehmen, und hätte damit einen tollen Job hingeschmissen!

Um Sie vor dieser Gefahr zu bewahren, möchte ich Ihnen ein Tool an die Hand geben, das genau diese Sicherheit erzielt: Aus diffusen, unguten Gefühlen entstehen klare Kriterien, anhand derer Sie Ihren Job beurteilen können. Ich möchte Ihnen zeigen, wie Sie ihn ganz systematisch bewerten und so herausfinden: Zu welchem Anteil ist Ihr Job denn super? Und zu welchem Anteil belastet er Sie?

Sie wissen dann, warum Sie etwas ändern müssen – das ist die wichtigste Voraussetzung, um die notwendigen Schritte einzuleiten!

Das Tool, das ich Ihnen dazu zeigen möchte, ist der *Berufsstern*.

Mit dem Berufsstern arbeiten

Der Berufsstern wird Sie auf Ihrem Weg zu Ihrem Berufsglück treu begleiten. Mit ihm können Sie die große Frage *»Was soll nur aus mir* *werden?*« in handhabbare, kleine Fragen zerlegen. Und dann Schritt für Schritt vorgehen und definieren, was Sie sich wünschen.

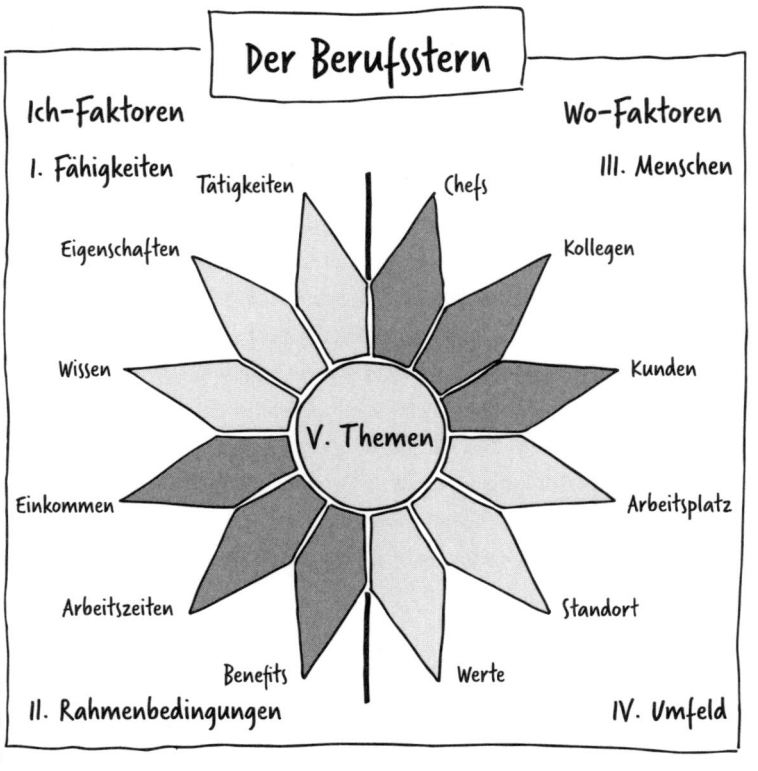

Der Berufsstern[1] teilt sich in eine linke und eine rechte Hälfte. Auf der linken Seite stehen die Ich-Faktoren. Das sind alle Aspekte, die Ihren persönlichen Arbeitsplatz betreffen. Hier werden Sie erkunden, was Sie anbieten möchten: Ihre Fähigkeiten, die Sie besitzen und die Ihnen Freude bringen. Bei denen Sie mit Herz und Bauch sagen können: *Ja, super, dafür lasse ich mich gerne bezahlen.*

---

1 Auch Richard Bolles rät seinen Lesern, die große Frage nach den beruflichen Zielen in Unterkriterien zu gliedern, und zwar mithilfe der sogenannten Blume. Der Berufsstern stellt im Gegensatz zur Blume nicht die Fähigkeiten, sondern die Themen in den Mittelpunkt.

Auf der Seite der Ich-Faktoren sammeln Sie auch, was Sie im Austausch für Ihre Fähigkeiten erhalten möchten: Welches Einkommen benötigen Sie und welche Rahmenbedingungen wünschen Sie sich in Ihrem Job?

Auf der rechten Seite stehen die Wo-Faktoren. Das sind alle Aspekte, die die Organisation, die Firma, das Unternehmen, wo Sie arbeiten möchten, betreffen. Sie werden definieren, wie die Menschen in dem Unternehmen sein müssen, so dass Sie gerne dort arbeiten, und was das Umfeld darüber hinaus bieten sollte, damit Sie ein Maximum an Wohlgefühl erreichen.

In der Sternenmitte geht es um die Produkte oder Dienstleistungen, die Sie und die Firma, in der Sie arbeiten, draußen in der Welt anbieten.

Der Berufsstern deckt damit alle wesentlichen Aspekte eines Jobs ab. Keine Sorge, auch solche Fragen wie zum Beispiel nach den Werten, die im Unternehmen gelebt werden, lässt der Berufsstern nicht außen vor. Wenn Sie sich den Berufsstern einmal erarbeitet haben, wissen Sie genau, was Sie sich wünschen, und haben so Ihr berufliches Ziel vor Augen.

Um den Berufsstern kennenzulernen, nehmen Sie sich aber erst einmal, wenn Sie arbeitssuchend sind, Ihren letzten oder aber, wenn Sie zurzeit berufstätig sind, auch Ihren aktuellen Job vor, nennen wir ihn Ihren Ist-Job.

Mit Hilfe des Berufsterns durchleuchten Sie Ihren Ist-Job jetzt ganz genau und analysieren ihn von vorne bis hinten. Am Ende erhalten Sie ein exaktes Bild, welche Aspekte Sie unglücklich machen und Sie folglich zurücklassen möchten, aber auch welche Aspekte Ihre Laune täglich heben und sich unbedingt in Ihrem nächsten Job wiederfinden sollten. Fangen wir an!

Ihr Job unter der Lupe

Sie gehen den Berufsstern rundherum einmal durch. Nehmen Sie ein paar Blätter Papier und einen Stift zur Hand, denn nun gilt es, Ihre Situation detailliert zu erfassen und festzustellen, warum Ihr Bauch in Ihrem Ist-Job vielleicht an der einen oder anderen Stelle grummelt.

Auf Ihrem Blatt Papier brauchen Sie drei Spalten: die *Kategorie*, die *Einschätzung* und das *Fazit für die Zukunft*. Dann beginnen Sie bei den Ich-Faktoren im Bereich Fähigkeiten.

I. Ich-Faktoren: Fähigkeiten

Zuerst überprüfen Sie im Bereich Fähigkeiten, welche **Tätigkeiten** Ihr Ist-Job Ihnen abverlangt. In Spalte 1 Ihrer Liste notieren Sie, was Sie konkret täglich *tun*. Hier sind also Verben gefragt. Der Liste sind dabei keine Grenzen gesetzt. Sie dürfen sammeln, bis die Aufzählung sich komplett und rund für Sie anfühlt.

Neben jede Tätigkeit notieren Sie in Spalte 2, wie Sie die Tätigkeit finden. Füllen Sie zum Schluss Spalte 3, indem Sie ein Gesamtfazit ür die Zukunft ziehen.

Damit Sie sich das besser vorstellen können, schauen Sie hier meiner Seminarteilnehmerin Cornelia über die Schulter. Sie arbeitet seit vier Jahren als Kundenberaterin für private Baufinanzierungen in einer Bank und hat eine Ausbildung als Bankkauffrau absolviert. Zu ihren Tätigkeiten notierte sie zum Beispiel:

Ich-Faktoren: Fähigkeiten		
Kategorie: Tätigkeiten	**Einschätzung**	**Fazit für die Zukunft**
• beraten	Eigentlich berate ich gerne – ist in jedem Fall viel besser, als Excel-Tabellen zu pflegen! Besonders gerne berate ich persönlich, aber ich muss auch oft Videoberatungen durchführen, weil die Firma das so wünscht.	Ich möchte auch weiterhin beraten und viel mit Menschen zu tun haben, aber Videoberatung möchte ich nicht mehr machen. Ich möchte nur noch ganz wenig vor dem Rechner sitzen.
• Daten eingeben	Puh, das ist wirklich schlimm für mich – überhaupt sitze ich nicht gerne vor dem Computer.	

Alles klar? Sehr gut!

Das gleiche Spiel mit den drei Spalten wiederholen Sie für die **Eigenschaften:** Listen Sie alle Eigenschaften auf, die von Ihnen in Ihrem Ist-Job verlangt werden. Formulieren Sie wie Cornelia Adjektive:

Ich-Faktoren: Fähigkeiten		
Kategorie: Eigenschaften	Einschätzung	Fazit für die Zukunft
• entscheidungsfreudig	Es ist toll, dass ich Dinge selbstständig entscheiden darf, ohne immer das ganze Team oder meine Chefin fragen zu müssen.	Es wäre sehr gut, wenn ich weiterhin selbstständig arbeiten dürfte. Ich arbeite gerne schnell. Und ich würde auch gerne einfach mal sagen können, wenn mir etwas nicht gefällt. Manchmal fühle ich mich unehrlich in meinem jetzigen Job. Ich glaube, ich brauche Kollegen und einen Chef, die sich daran erfreuen, wenn ich mit etwas unorthodoxen Ideen um die Ecke komme, und die versuchen, mich zu verstehen. Das ist in meinem jetzigen Job nicht gefragt. Ich hätte es gerne, dass in der Firma Fehler großzügig gehandhabt werden.
• geduldig	Das ist nicht so mein Ding. Ich hätte es viel lieber, wenn die Kunden sich schneller entscheiden würden. Jetzt muss ich immer die Zufriedenheit unserer Kunden im Fokus behalten.	
• kreativ	Oh, super. Meine Ideen sind gefragt! Und die Kunden freuen sich, wenn ich auf neue Ideen komme.	
• akribisch	Ich habe manchmal Fehler gemacht. In meinem Job geht das nicht und dann bekomme ich natürlich Ärger. Das hat mich verunsichert und eingeschüchtert.	

… und nehmen Sie in Spalte 2 eine Einschätzung zu jeder verlangten Eigenschaft vor, bevor Sie in Spalte 3 Ihr Gesamtfazit für die Zukunft ziehen.

Als Nächstes schauen Sie auf Ihr **Wissen:** Praktisch jeder Job erfordert eine bestimmte Wissensgrundlage, damit Sie ihn ausführen können. Hier geht es um das Wissen, das Sie in Ihrem Ist-Job täglich anwenden müssen. Bei Cornelia war das zum Beispiel:

Ich-Faktoren: Fähigkeiten		
Kategorie: Wissen	**Einschätzung**	**Fazit für die Zukunft**
• Immobilienfinanzierung	Eigentlich interessiert mich der Immobilienmarkt. Mehr und mehr sind dort aber Investoren unterwegs, so dass ich es fragwürdig finde, was dort passiert. Je mehr ich darüber weiß, desto weniger gefällt mir, was im Immobiliensektor passiert.	Ich würde gerne in eine andere Branche wechseln. Und in meinem neuen Job sollte ich nichts mit Excel zu tun haben.
• Investitionsrechnung	Damit kenne ich mich gut aus, aber es langweilt mich. Außerdem sind die Zahlen abhängig von den Entwicklungen auf dem Finanzmarkt und ändern sich fast täglich. Da wird es manchmal schwierig, den Kunden zu erklären, wenn sich Bedingungen von einem auf den anderen Tag verschlechtert haben.	
• Berichtspflichten/ Reporting, insbesondere gegenüber Banken nach §18 KWG	Ich darf Kredite nur nach sorgfältiger Bonitätsprüfung gewähren und muss bei bestehenden Kreditverhältnissen die Bonität des Kreditnehmers laufend überwachen. Dies führt nicht selten dazu, dass Kunden verstimmt sind, weil sie die Anforderungen meines Kreditinstitutes teilweise für übertrieben halten.	
• Computerprogramm Excel	Ich muss jede Menge Kunden- und Auftragsdaten erfassen und kontrollieren. Absolut tödlich für mich. Immer gibt es Updates und ich habe zunehmend keine Lust mehr, mich in neue Software einzuarbeiten. Ich sitze einfach nicht gerne vor dem Rechner.	

Sie wissen, was jetzt kommt: Jedes Wissensgebiet einmal bewerten und ein Gesamtfazit ziehen bitte!

Damit ist das erste Viertel des Sterns schon bearbeitet, und Sie haben gesehen, wie leicht Sie die Liste füllen. Also direkt weiter zum zweiten Teil der Ich-Faktoren: die Rahmenbedingungen.

II. Ich-Faktoren: Rahmenbedingungen

Dass Sie wissen, unter welchen Konditionen Sie tagtäglich arbeiten, bezweifle ich nicht. Dennoch ist es hilfreich, wenn Sie sich die Rahmenbedingungen Ihres Ist-Jobs einmal wirklich bewusst machen, indem Sie sie in Zahlen und konkreten Angaben aufschreiben, schwarz auf weiß. Sie klopfen die drei wichtigsten Eckpunkte ab:

Einkommen: Notieren Sie sich zunächst Ihr Nettogehalt. Aber auch weitere Einschätzungen zu Ihrem Einkommen gehören dazu, um festzuhalten: Wie gut können Sie von Ihrem Job leben? In Spalte 1 steht dann zum Beispiel:

- 2 800 Euro netto
- 13 Monatsgehälter
- unbezahlte Überstunden
- Bonus in Höhe von 2 500 Euro

Spalte 2 könnte lauten:

- Mein Gehalt reicht locker aus. Ich kann mir alles leisten, was ich möchte.
- Ich verdiene weniger als üblich in meiner Branche. Zum Monatsende bekomme ich regelmäßig Existenzängste. Eigentlich würde ich gerne im Biomarkt einkaufen, aber das ist bei meinem Gehalt nicht drin.
- Ich mache häufig Überstunden, auch am Wochenende, die ich nicht bezahlt bekomme. Ich fühle mich ausgenutzt.

Was heißt das für die Zukunft beziehungsweise für Spalte 3? Kann Ihr Gehalt bleiben, wie es ist?

Den nächsten Durchgang widmen Sie Ihren **Arbeitszeiten:** Tragen Sie alles zusammen, was den zeitlichen Umfang Ihrer Arbeit ausmacht. Beispiele für Spalte 1 sind:

- 50 Stunden pro Woche
- 30 Tage Urlaub
- samstags frei
- Gleitzeit

Bewerten Sie jeden Eintrag in Spalte 2 und ziehen Sie ein Fazit in Spalte 3!

Benefits: Unter Benefits fallen alle Extras, die Ihren Lohn anderweitig, abgesehen vom reinen Gehalt, aufbessern. Sammeln Sie diese in Spalte 1. Hier eine Auswahl von Cornelias Einträgen:

- Zuschuss zur Jahreskarte für den ÖPNV
- betriebliche Altersvorsorge
- kostenfreie Weiterbildungsangebote
- Sportangebote

Anschließend folgt die Einschätzung in Spalte 2 und das Fazit in Spalte 3.

Damit haben Sie alle Ich-Faktoren, die Ihren Ist-Job ausmachen, übersichtlich zusammengestellt.

Nun fehlt noch die Frage nach den Wo-Faktoren – also nach allen Kriterien, die Ihre Firma, Ihre Organisation ausmachen. Denn Sie merken es ja täglich: Auch die Menschen um Sie herum und Ihr Arbeitsumfeld bestimmen ganz wesentlich, wie wohl oder unwohl Sie sich in Ihrem Job fühlen.

III. Wo-Faktoren: Menschen

Ihre Chefs, Kollegen und Kunden sehen Sie, zumindest wenn Sie einen Vollzeitjob machen, in aller Regel länger und häufiger als Ihren Partner oder sogar Ihre Kinder. Der menschliche Faktor zählt also eine Menge: Welches Arbeitsklima herrscht in Ihrem Betrieb, wie viel Harmonie spukt durch die Flure, wie groß ist das Gemeinschaftsgefühl im Team? Sie finden es heraus, indem Sie die Menschen beleuchten, mit denen Sie in Ihrem Ist-Job zusammenarbeiten.

Chefs: In diese Sparte gehören alle Menschen, die Ihnen gegenüber weisungsbefugt sind. Schreiben Sie auf, welche Eigenschaften oder auch Verhaltensweisen Ihre Chefs an den Tag legen. Wenn Sie mehr als einen Vorgesetzten haben, dürfen Sie auch für jede Chefin und jeden Chef eine eigene Liste anlegen. Vergessen Sie nicht: Es geht nicht so sehr darum, über das alte Elend zu jammern, sondern vielmehr darum, dass Sie sich klar werden, was genau Sie stört, um so herauszufinden, welche Bedingungen Sie benötigen, damit Sie gerne zur Arbeit gehen. Cornelias Liste enthielt unter anderen folgende Einträge:

- kontrollierend
- sachlich
- kann nicht delegieren
- traut seinem Team wenig zu

Zum Schluss nehmen Sie die übliche Einschätzung in Spalte 2 und das Fazit in Spalte 3 vor.

Kollegen: Das sind alle Menschen, die mit Ihnen auf Augenhöhe arbeiten. Cornelia fand unter anderem folgende Punkte:

- karrierebewusst
- konservativ
- engagiert
- angepasst

Jetzt noch Ihre Einträge in Spalte 2 und 3.

Kunden: Nicht zu unterschätzen: die Menschen, für die Sie im Job etwas tun, Ihre Kunden. Seien sie nun Abonnenten, Konsumenten, Abnehmer, Käufer, Klienten, Mandanten, Patienten, Teilnehmer, Zuschauer oder oder oder. Hier Cornelias Einfälle:

- unentschlossen
- anspruchsvoll
- manchmal aggressiv
- schätzen mein Wissen

IV. Wo-Faktoren: Umfeld

So langsam müssten Ihre Finger warmgeschrieben sein. Zuletzt schauen Sie noch auf Ihr aktuelles Umfeld, in dem sich Ihr Ist-Job abspielt.

Arbeitsplatz: Wie sieht Ihr physisches Umfeld aus? Wie ist es ausgestattet?

* steril
* dunkel
* neueste Computertechnik
* Klimaanlage

Standort: Was bietet der Standort Ihrer Arbeitsstelle?

* zentral im Stadtzentrum
* keine Parkplätze
* gute Einkaufsmöglichkeiten
* kein Grün in der Nähe

Werte: In diesem Teil des Berufssterns sammeln Sie Werte, die in Ihrem Unternehmen gelebt werden, und beschreiben die Firmenkultur. Zugegeben, das ist zunächst ein etwas abstraktes Feld. Lassen Sie sich von Cornelias Wertesammlung inspirieren:

* Gewinnmaximierung
* Gesundheit der Mitarbeiter
* Seriosität

V. Sternenmitte: Themen

Ihr letzter Blick geht direkt in die Mitte des Berufssterns: Um welche zentralen **Themen** dreht sich Ihre Firma und somit, vielleicht auch nur indirekt, Ihr Ist-Job? Diesen Punkt beleuchten wir noch näher in Kapitel 5, weil er bei der Suche nach Ihrem Berufsglück eine essenzielle Rolle spielt.

Für den Moment genügt es, wenn Sie sich überlegen, welches Produkt oder Dienstleistung Ihre Firma anbietet. Oder in anderen Worten: Was wird durch die Aktivitäten Ihrer Firma »mehr« in der Welt? Bei Cornelia steht hier in Spalte 1 der Tabelle: *privates Wohneigentum*.

Dann haben Sie ein letztes Mal die Ehre: Wie bewerten Sie dieses Thema in Spalte 2? Und welches Fazit ziehen Sie in Spalte 3 für Ihre Zukunft?

Cornelia hat in Spalte 2 kommentiert: »*Ich finde es toll, Menschen zu Wohneigentum zu verhelfen. Dennoch ist das Luxus und eben nur für wenige Menschen möglich. Und ich mache genau da mit.*«

Deshalb lautete ihr Fazit in Spalte 3: »*Das Thema privates Wohneigentum finde ich eigentlich gut. Ich würde nur auch gerne Menschen unterstützen, die sich das Wohnen in der Stadt kaum noch leisten können. Vielleicht wäre die Beratung bei einer Genossenschaft etwas für mich.*«

Jetzt ist Ihr Ist-Job-Berufsstern komplett ausgefüllt. Sehr gut! Sie haben nun einen ganzen Haufen Fakten vor sich auf dem Tisch: Das alles beschreibt Ihre momentane Arbeit oder Ihre letzte Arbeitsstelle. Ich hoffe, dass Sie sich mit dieser Übung klarer über Ihr Bauchgrummeln werden konnten und nun die einzelnen Aspekte, die sie mögen oder auch nicht mögen, benennen können.

Zum Abschluss werfen Sie noch einen ehrlichen Blick aufs Jetzt …

Hand aufs Herz: Welche Chancen bietet Ihr Ist-Job?

Beim Füllen Ihrer drei Spalten haben Sie sicherlich unmittelbar erlebt, was Sie vorher gelesen haben: Verstand und Bauch sind nicht immer einer Meinung, wenn es darum geht, Ihren Job zu bewerten. Hinzu kommt, dass Ihr Bauchsystem unbewusst arbeitet, Sie also nicht einfach fragen können: »*Hey, lieber Bauch, sag mal, warum grummelst du so? Was hältst du denn genau von meinem Job?*«

Dennoch gibt Ihr Bauchsystem Ihnen Rückmeldungen und signalisiert ziemlich deutlich: Das ist unangenehm, das da angenehm, dieses finde ich extrem schön, jenes richtig schlimm … Am besten können Sie diese Arbeitsweise Ihres Bauchsystems beobachten, wenn Sie zum Beispiel die Kontakte in Ihrem Handy durchscrollen. Jeder Name, der erscheint, löst unmittelbar eine emotionale Reaktion in Ihnen aus – positiv, negativ, angenehm oder unangenehm. Hier erleben Sie Ihre somatischen Marker in Aktion. Spüren werden Sie auch die unterschiedliche Stärke in der Gefühlsregung: Bei Herrn Meier fühlen Sie direkt einen ärgerlichen Kloß in der Kehle, während Frau Schmidt Sie nur ein wenig grantig stimmt. Svenja lässt Sie über das ganze Gesicht strahlen, und in Ihrem Bauch wird es ganz leicht und warm, während der Name Kai ohne größere Regung an Ihnen vorüberzieht. Ihr Bauchsystem läuft zu Hochtouren auf und bewertet unermüdlich die einströmenden Informationen.

Komplizierter wird es, wenn ein Mensch, eine Situation oder eben auch ein Job ambivalente Gefühle in Ihnen hervorrufen – Sie sich also irgendwie gut und schlecht gleichzeitig fühlen!

Ihr Ist-Job kann solche intensiven ambivalenten Gefühle in Ihnen hervorrufen. Vielleicht sind Sie einerseits wahnsinnig happy mit Ihren Kollegen, verabscheuen aber gleichzeitig Ihr winziges Großstadtbüro. Oder Sie lieben Ihren Chef, kriegen aber jeden Tag aufs Neue das Grauen, wenn Sie sich mit den blöden Produkten Ihres Betriebs beschäftigen sollen.

Auch einen akribischen Kollegen zum Beispiel könnten Sie bewundern und sich darüber freuen, dass er in Ihrem Team ist. Er ist für Sie eine Entlastung, weil Sie sich immer darauf verlassen können, dass er nichts vergisst. Aber ab und zu sind Sie auch genervt von ihm, weil er immer ein Haar in der Suppe findet und seine ewige Prüferei alle Prozesse in die Länge zieht.

Aber wie kommen Sie nun zu einer guten Einschätzung Ihres Ist-Jobs?

Die Psychologin Maja Storch schlägt dazu die Arbeit mit der *Affektbilanz* vor. Mit diesem einfachen Tool bringen Sie Ordnung in eine diffuse Gefühlslage und können neben dem Bauch auch den Kopf zur Entscheidungsfindung heranziehen.

Die Affektbilanz

Keine Sorge, diese Bilanz ist schnell und einfach erstellt: Zeichnen Sie dazu zwei Skalen auf ein Blatt Papier – eine für die unangenehmen, eine für die angenehmen Gefühle. Beide reichen von 0 bis 100.

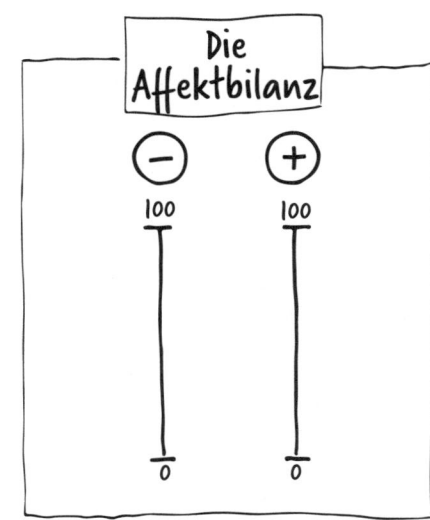

Darüber schreiben Sie ein Stichwort, worum es Ihnen geht, zum Beispiel: *Mein Ist-Job.*

Beginnen Sie mit der Negativ-Skala und setzen Sie spontan, aus dem Bauch heraus und ohne nachzudenken, ein Kreuz auf der Skala.

Alles in allem: Wie schlimm empfinden Sie Ihren Job auf einer Skala von 0 bis 100?

Es geht hier um die Stärke Ihres negativen Gefühls, das Sie in Bezug auf Ihren Ist-Job haben. Anschließend markieren Sie spontan ein Kreuz auf der Positiv-Skala.

Alles in allem: Wie angenehm empfinden Sie Ihren Job auf einer Skala von 0 bis 100?

Nachdem der Bauch gesprochen hat, klopfen Sie nun bei Ihrem Verstand an und fragen ihn: »*Lieber Verstand, was meinst du: Was sind die Gründe für meine negativen Gefühle? Und was sind die Auslöser für meine positiven? Woher kommen meine Emotionen?*« Notieren Sie alle Ihre Ideen jeweils neben den Skalen auf dem Blatt.

Mit diesen Notizen können Sie nun unkompliziert prüfen: Lässt sich etwas an den Ursachen Ihrer Gefühle ändern – und wenn ja, wie? Am besten fangen Sie mit den negativen Gefühlen an und überlegen, wie Sie sie möglicherweise reduzieren können. Danach wenden Sie sich der positiven Skala zu. Haben Sie Ideen, wie sich die guten Gefühle in Ihrem Ist-Job steigern lassen?

Cornelia zum Beispiel setzte ihr Kreuz auf der Negativ-Skala bei 70. In der Reflexion erkannte sie, dass ihr Missmut im Job vor allem durch ihre Chefin ausgelöst wurde. Sie konnte ihren Jobfrust schon deutlich mindern, indem sie sich intern auf eine andere Stelle bewarb und so in eine andere Filiale wechselte. Nicht immer sind die Kündigung und der komplette Neustart die einzigen Optionen.

Wie steht es bei Ihnen? Gibt es die Option, Ihr Berufsglück in Ihrer jetzigen Firma zu finden, oder steht ein Wechsel an? So oder so: Sie können jetzt ganz klar benennen, was an Ihrem letzten oder jetzigen Job für Sie nicht stimmt. Sie wissen also, was Sie von Ihrem Ist-Job auf Ihrer Reise ins Berufsglück mitnehmen möchten und was definitiv zurückbleibt.

> **Tipp: Noch mehr Klarsicht**
> Wiederholen Sie diese Übung nach Lust und Laune auch mit anderen Jobs, die Sie schon einmal hatten. Damit erlangen Sie Schritt für Schritt Klarheit über Ihre berufliche Vergangenheit.

Mit diesem klar geordneten Gepäck machen wir jetzt den ersten Schritt Ihrer Reise: Lassen Sie uns rausgehen …

KAPITEL 4
Offene Türen: Die Startphase

Dass Sie in diesem Kapitel »rausgehen«, meine ich wortwörtlich. Bevor Sie starten, möchte ich Ihnen aber ans Herz legen: Holen Sie sich Weggefährten dazu!

Natürlich können Sie dieses Buch ganz alleine durcharbeiten, aber ich erlebe in jedem Kurs, wie bereichernd es ist, wenn Menschen sich mit anderen austauschen und sich immer wieder Impulse von außen holen.

Alleine ist die Auseinandersetzung mit der beruflichen Zukunft meist mühevoll und belastend. Ja, sicherlich entstehen auch dabei gute Ideen, aber Sie werden selten über Ihren Tellerrand hinausschauen. Um wirklich Ihren persönlichen Vorstellungsrahmen zu sprengen, ist es sinnvoll, dass Sie andere Menschen ganz spielerisch in Ihren Prozess der beruflichen Neuorientierung als Ideengeber und Begleiter miteinbinden.

Überlegen Sie sich also schon jetzt, wer Sie unterstützen kann. Ihre Ratgeber können aus zwei unterschiedlichen Ecken kommen:

Menschen, die Sie gut kennen: Sprechen Sie Menschen aus Ihrem persönlichen Umfeld an, die Ihnen wohlgesinnt sind. Das können Familienmitglieder sein, Freunde, Bekannte oder sogar Kollegen. Wenn Sie an Jobfrust leiden, wird es sicherlich einige Personen in Ihrem Umfeld geben, die Ihnen schon jetzt mit einem offenen Ohr und Ratschlägen zur Seite stehen – also Menschen, die nur darauf warten, hilfreich sein zu dürfen.

Natürlich haben die Menschen aus Ihrem unmittelbaren Umfeld auch manchmal vorgefertigte Meinungen über Sie und werden dann eher zu Bremsern als zu Unterstützern. Eine Frau zum Beispiel, die Pharmareferentin war und dann nach einem Seminar bei mir ihren Jugendtraum von der Schauspielerei mit Mitte 30 umsetzen wollte, erntete große

Bedenken von einer Freundin. Die wollte sie nur vor Enttäuschungen beschützen, aber de facto war sie ihr damit mehr Hindernis als Hilfe. Falls Sie sich also von den Rückmeldungen einer Person irritiert fühlen, fragen Sie beim nächsten Mal jemand anderen und halten Sie sich einfach der ersten Person gegenüber etwas bedeckt, bis Sie am Ziel sind.

Menschen, die Sie nicht so gut kennen, die aber dasselbe Anliegen haben: Menschen, die im gleichen Boot sitzen, sind tolle Unterstützer. Machen Sie sich also auf die Suche nach Menschen, die wie Sie ihr Berufsglück aktiv in die Hand nehmen wollen.

Bei meinen Seminaren und Workshops biete ich immer die Möglichkeit zur Vernetzung an. Sie finden solche Mitstreiter aber auch im Internet und in den sozialen Netzwerken. Nutzen Sie am besten den Kanal, auf dem Sie schon aktiv sind: Sie können Anfragen über Xing starten oder sich Gruppen bei Facebook anschließen. In den meisten Städten gibt es auch Selbsthilfegruppen, in denen Sie vielleicht auf engagierte Helfer treffen.

Eine junge Frau gründete zum Beispiel eine Austauschgruppe über WOL (Working Out Loud) im Internet. Die Mitglieder waren über ganz Deutschland verteilt und »trafen« sich nur online – das war perfekt für die junge Frau, weil sie Mutter von drei kleinen Kindern ist. Die Gruppe unterstützte sie bei der Umsetzung ihrer Geschäftsidee, die sie bei mir im Seminar entwickelt hatte.

Wie Sie mit Ihren Unterstützern zusammenarbeiten, liegt ganz in Ihrem Ermessen: Persönliche Treffen, Telefonate, Chatrooms, aber auch Feedback per E-Mail – alles ist hilfreich. Ein tolles Medium für den schnellen Austausch sind Messengerdienste wie WhatsApp. Je einfacher es für Ihre Unterstützer ist, Ihnen Input zu liefern, umso wahrscheinlicher erhalten Sie schnell eine Rückmeldung.

Dabei ist es egal, ob Sie bei den einzelnen Arbeitsschritten nur eine oder mehrere Personen befragen oder ob Sie bei jedem Schritt neue Personen hinzuziehen oder ein festes Team initiieren, mit dem Sie gemeinsam dieses Buch durcharbeiten. Eine feste Gruppe, die sich regelmäßig trifft, kann Ihre Motivation steigern, wenn Sie sich zum Beispiel Teilziele vornehmen, die Sie bis zum nächsten Treffen erledigt haben wollen. Sie nutzen die anderen als »soziale Kontrolle«. Wenn

Sie hingegen eher freiheitsliebend sind, dann würde die feste Gruppe nur unnötig Druck erzeugen – dann suchen Sie sich besser flexibel Unterstützung.

Sie werden erleben: Das Zusammenwirken von unterschiedlichem Wissen und unterschiedlichen Kompetenzen zaubert neue Gedanken. Und Ihre Motivation wird steigen, sich auf den Weg ins Berufsglück zu begeben.

Also: Seien Sie kein Einzelkämpfer! Suchen Sie sich Weggefährten. Beziehen Sie andere Menschen in die Suche nach dem Berufsglück ein. Ganz egal, an welcher Stelle im Prozess Sie sich befinden: Ob Sie sich noch über Ihre Ziele klar werden, mögliche Berufsfelder zusammentragen oder ob Sie bereits loslegen wollen. Auf all diesen Etappen werden ein Blick von außen und die Unterstützung von anderen Sie schneller und leichter weiterbringen.

Her mit den Informationen!

Haben Sie Ihre Unterstützer erst beisammen, können Sie loslegen. Sie erproben nun eine Strategie in der Praxis, die so gängig ist, dass Sie sie vermutlich schon selbst oft angewendet haben – Sie sind nur noch nicht darauf gekommen, sie auf die Jobsuche zu übertragen. Wie ich das meine, erkläre ich Ihnen am besten an einem Beispiel.

Stellen Sie sich vor, Sie hätten Rückenschmerzen. Mit der Zeit wird das Ziehen und Stechen immer doller, bis Sie sich irgendwann sagen: »Es reicht, ich muss etwas tun!« Also recherchieren Sie im Internet und finden heraus, dass anscheinend viele Menschen ihre Rückenbeschwerden mit Yoga in den Griff bekommen. Nicht schlecht! Yoga wollten Sie ohnehin schon länger mal ausprobieren. Im nächsten Schritt erzählen Sie Ihren Bekannten von Ihrer Idee. Zwei Ihrer Freundinnen machen sogar Yoga. Also fragen Sie nach deren Erfahrungen, als Sie sich das nächste Mal treffen. Schon haben Sie tolle Tipps an der Hand, bei welchem Yogastudio Sie sich anmelden sollten, welcher Kurs für den Rücken geeignet ist und welche Yogalehrerin gleichzeitig Physiotherapeutin ist und professionel auf Rückenprobleme eingeht.

Um das Beispiel zu übertragen: Wenn Sie etwas Neues wollen oder brauchen und sich entscheiden müssen, sammeln Sie Informationen und nutzen Empfehlungen – damit Sie möglichst sicher sein können, dass Sie die richtige Entscheidung treffen. Dieses Prinzip ist so simpel wie natürlich.

Doch ausgerechnet beim Thema Arbeit vernachlässigen etliche Menschen dieses Prinzip.

Bekanntheit zählt

Jobsuchende bewerben sich im Blindflug bei Unternehmen, die sie nicht kennen, um ein Interview mit Arbeitgebern und Personalern zu ergattern, die sie nicht kennen, um in einem Job zu landen, über den sie absolut nichts wissen. Eigentlich ist das der reine Wahnsinn!

Der Karriereberater, dem als Erstes auffiel, dass »normale« Bewerbungen wenig Sinn ergeben, hieß John Crystal.

Im Zweiten Weltkrieg war John Crystal ein amerikanischer Spion. Sein Job war es, so viele Informationen über den Feind zu sammeln wie nur möglich. Nach dem Krieg begann er, Exsoldaten auf ihrem Weg zurück ins zivile Arbeitsleben zu unterstützen. Aus ihm wurde einer der erfolgreichsten Coaches der Nachkriegszeit.

Als ehemaligem Spion fiel ihm dabei auf, dass Menschen bei der Jobsuche versagen, weil sie nicht genügend Informationen über die ausgewählten Unternehmen besitzen, um sich geschickt ins Spiel zu bringen. Also schlug er seinen Klienten vor: Informiert euch schon vor der eigentlichen Jobsuche über Unternehmen!

Plötzlich hatten seine Klienten Erfolg – weit mehr Erfolg als mit herkömmlichen Bewerbungen.

Sie sehen, meine Ideen sind nicht neu. Viele namenhafte Berater, unter ihnen Richard Nelson Bolles und Daniel Porot, haben diesen Ansatz übernommen und weiterentwickelt. Und ab sofort werden auch Sie damit arbeiten. Nur noch ein bisschen besser.

Denn so genial John Crystals Ansatz war, einen wesentlichen Faktor hat er zu wenig beachtet: Neben den Informationen über Ihr Wunschunternehmen benötigen Sie für Ihren Erfolg am Arbeitsmarkt vor allem *Bekanntheit*.

Und damit meine ich, Sie müssen dem Unternehmen mit Namen und Gesicht bekannt sein. Denn unterm Strich zählt das Vertrauen in eine Person viel mehr als reine Informationen. Daher findet eine Einstellung auch immer erst nach dem persönlichen Kennenlernen statt. Sie haben nicht die richtigen Kontakte und Sie sind nicht bekannt genug? Na, dann halten Sie genau das richtige Buch in der Hand.

Der Weg ins Verdeckte

Wie gehen Sie nun also vor, um sich bei Unternehmen bekannt zu machen? Oder in anderen Worten: um in den verdeckten Arbeitsmarkt hineinzukommen?

Ich vergleiche die Jobsuche gern mit einem Unternehmen, das ein neues Produkt an den Markt bringen will. Wenn Sie einen Job suchen, sind Sie doch eigentlich nichts anderes als ein »Produkt«, das einen »Käufer« sucht, oder? Und wenn Sie dieser Analogie folgen: Das, was erfolgreiche Unternehmen tun, wenn sie ein neues Produkt an den Mann oder die Frau bringen wollen, ist *Marktforschung*. Und das ist auch Ihre erste Aufgabe: Sie sammeln Informationen. Ziel ist es, den Bedarf zu entdecken.

Und wo bekommen Sie die besten Informationen über eine neue Jobidee her? Ganz einfach: von genau den Leuten, die schon in diesen Jobs arbeiten!

Sie müssen also mit den Leuten sprechen, die bereits dort angekommen sind, wo Sie noch hinmöchten. Denn die wissen, wie man überhaupt das wird, was Sie werden wollen. Die können Ihnen mitteilen, ob und welche Qualifikationen Sie für das neue Berufsfeld mitbringen müssen, und auf Grundlage dieser Informationen können Sie entscheiden, ob und mit welchem Aufwand ein Karrierewechsel für Sie möglich ist. In diesen Gesprächen können Sie klären, ob Ihre Idee auch für Sie in Frage kommt. Und natürlich auch, ob der Job wirklich so begehrenswert ist, wie Sie glauben. Ob Sie davon leben können. Ob es Bedarf und auch langfristig freie Stellen gibt. Und ganz nebenbei machen Sie sich bekannt und bauen sich ein Netzwerk auf, das A und O bei der Stellensuche. Aber dazu später mehr.

Vermutungen auf dem Prüfstand

Eines Morgens kam der Mathematikstudent George Dantzig zu spät zur Statistik-Vorlesung. An der Tafel standen zwei Gleichungen, von denen Dantzig dachte, diese seien die Hausaufgaben für die kommenden Wochen. Auch wenn ihm die Aufgaben etwas schwerer als üblich erschienen, mühte er sich einige Tage ab und fand schließlich die Lösungen. Als er sie bei seinem Professor einreichte, machte dieser große Augen. Denn bei den Gleichungen an der Tafel handelte es sich gar nicht um Hausaufgaben. Stattdessen waren es zwei bis dahin unbewiesene Vermutungen der Statistik. Mit anderen Worten: Die Aufgaben galten bis dato als unlösbar. George Dantzig sagte später:»Wenn mir jemand gesagt hätte, dass es sich um zwei unlösbare Aufgaben handelte, hätte ich wahrscheinlich gar nicht erst versucht, sie zu lösen.«

Und was lernen wir aus der Legende um George Dantzig? Wir Menschen neigen dazu, etwas gar nicht erst zu versuchen, wenn wir annehmen, es sei unmöglich. Unsere»vernichtenden Vermutungen«, wie ich sie gerne nenne, können uns in puncto Jobsuche ernsthaft behindern. In diesem Buch geht es darum, dass Sie sich einen Job suchen, der Sie erfüllt. Diesen Job werden Sie finden, indem Sie mit Menschen ins Gespräch kommen und neue Kontakte aufbauen. Halten Sie kurz inne und fragen Sie sich ernsthaft:»Sind Sie überzeugt, dass dies für Sie möglich ist?« Wie lautet Ihre Antwort? Ja? Vielleicht? Nein? Wenn Sie zu einem Vielleicht oder Nein tendieren, dann sollten Sie sehr schnell Ihre inneren Überzeugungen über Bord werfen. Nur können Sie leider nicht einfach Ihr Denken ändern, nur weil Sie dies wollen oder ich Sie dazu auffordere. Der schnellste und wirkungsvollsten Weg, Ihre Überzeugungen zu revidieren, ist, dass Sie ausprobieren, was Sie für nicht machbar erachten, und dabei merken: Es geht doch! Wer hätte das gedacht! Und daher werde ich Sie jetzt um etwas bitten, was die meisten als unmöglich erachten. Ich bitte Sie rauszugehen, um mit Fremden ins Gespräch zu kommen.

Neben dem Ziel, dass Sie durch diesen Praxistest zu neuen Einsichten über den Arbeitsmarkt gelangen, gibt es noch einen zweiten Grund, weshalb ich Sie gleich am Anfang dieses Buches raus in die Welt schicke: Sie sollen große Brötchen backen! In diesem Buch geht es um Ihr

Berufsglück. Solange Sie nur konventionelle Bewerbungsstratgien kennen, werden die Ideen, die wirkliche berufliche Zufriedenheit für Sie bedeuten, Ihnen in den meisten Fällen als nahezu unerreichbar vorkommen. Ohne das Wissen um alternative und effektive Bewerbungsstratgeien werden Sie nur kleine Wünsche formulieren, die nur einen geringen Glücksfaktor besitzen. Um große Brötchen zu backen, müssen Sie also zunächst vor allem die Erfahrung machen, dass es neben schriftlichen Bewerbungen auch andere wirklungsvolle und kraftvolle Werkzeuge der Stellensuche gibt, mit denen Sie in den Arbeitsmarkt kommen und Stellen besetzen können, von denen Sie zur Zeit noch nicht zu träumen wagen.

Doch keine Sorge, Sie stürzen sich bei diesen ersten Schritten nicht direkt auf Ihre wichtigsten Wünsche, sondern Sie üben und erproben die neue Strategie in Themenfeldern, die Ihnen sicher erscheinen und weniger bedeutsam für Sie sind. Dort ist es nicht schlimm, wenn Ihnen trotz aller Vorbereitung nicht jeder Schritt zu 100 Prozent gelingt. Wenn es dann später um die Ziele für Ihr Berufsglück geht, sind Sie schon ein echter Profi.

Das bedeutet nun für Sie:

- Sie beschäftigen sich dieses ganze Kapitel lang mit der Frage, auf welchen Wegen Sie in den verdeckten Arbeitsmarkt kommen können. Dabei geht es noch *nicht* um Ihren größten Wunschberuf.
- Sie werden ein kompetenter Anwender der Strategie, mit der Sie zuverlässig Ihr Berufsglück finden können.
- Sie lernen, wie Sie (fast) jeden potenziellen Arbeitgeber dazu bringen können, Ihnen die Türen zu öffnen – zu seinem Unternehmen, seinen Arbeitsplätzen und vielleicht auch zu seinem Herzen.

Fangen wir an!

Starten

Ich schicke Sie in eine Startphase, die meine Teilnehmer immer als besonders bereichernd empfinden. Sie macht Mut und bietet die Gelegenheit, mit vielen *vernichtenden Vermutungen* aufzuräumen. Sie beruht in Grundzügen auf einer Überlegung von John Crystal, der wirklich ein großartiger Pionier auf dem Gebiet der Stellensuche war. 1973 hatte er eine Idee, wie er schüchterne Jobsucher unterstützen könne. Sie sollten sich einfach ein Themengebiet aussuchen, in dem sie viel Enthusiasmus verspürten, ohne dass dieses Gebiet irgendetwas mit ihrem Job zu tun hätte. Nur um zu üben, mit anderen Menschen zu sprechen.

Diesen Einfall borgen wir uns von John Chrystal: Sie schnappen sich ein Themengebiet, an dem Sie ganz ohne Risiko die neue Strategie testen können.

Sie bereiten Ihre Startphase zunächst logistisch in drei Schritten vor.

Schritt 1: Finden Sie Ihr Thema!

Sie setzen ein Themengebiet, ein Interesse fest, mit dem Sie sich in der Startphase befassen. Zur Inspiration können Sie zum Beispiel auf die Website der Gelben Seiten gehen. Unter dem Stichwort-Scroll-down-Menü finden Sie Themengebiete von A wie Architektur über D wie Delikatessen zu H wie Hundepflege. Schreiben Sie drei bis vier Begriffe auf, die Sie spannend finden. Es sollte sich bei Ihrer Liste ganz in Chrystals Sinne um »risikofreie« Themen handeln, also um Themengebiete, die Sie interessieren und nicht gleichzeitig ein großes berufliches Interesse in Ihnen auslösen.

Ein Themengebiet ist dann geeignet, wenn Sie direkt ein Bild dazu im Kopf haben. Das schließt so abstrakte Felder wie »Beratung« oder »Projektmanagement« aus, an denen sich schlecht üben lässt. Vielleicht hilft es Ihnen, wenn Sie beim Brainstormen nicht an »Tätigkeiten«, sondern an »Produkte« denken.

Auf den Listen meiner Teilnehmer finden sich Begriffe wie:

Fahrrad, Haustiere, Bestattungen, Mode, Schiffe, Kanalreinigung, Bioprodukte, Kochschulen, Architektur, Kaffee, Möbeldesign, Theater …

Wenn Sie drei bis vier Themenfelder gefunden haben, die in Ihnen Neugierde und Interesse auslösen, dann haben Sie den Anfang schon geschafft. Jetzt sind Sie bereit fürs Sprengen!

Schritt 2: Sprengen Sie den Begriff!

Keine Sorge, Sie brauchen keinen Sprengstoff für diese Übung. Die Formulierung »sprengen« entlehne ich dem technischen Ausdruck »Sprengzeichnung« – eine Grafik, die einen komplexen Gegenstand in seine Einzelteile zerlegt zeigt. Dabei geht nichts kaputt, im Gegenteil: Das Ergebnis ist zwar facettenreich, aber übersichtlicher als vorher. Die Idee dafür habe ich von John Carl Webb, bei dem ich eine Trainerausbildung gemacht habe.

Sie nehmen sich also einen Begriff aus Ihrer kleinen Sammlung vor und suchen im Brainstorming-Verfahren alle *Betriebsarten*, die mit dem gewählten Begriff zu tun haben. Mit Betriebsarten meine ich: Hersteller, Betriebe, Läden, Agenturen, Behörden, öffentliche und private Institutionen, NGOs, Geschäfte, Firmen, Verbände, Vereine, Stiftungen und so weiter. Sammeln Sie alle Betriebsarten, auf die Sie kommen. Auch solche, die nur am Rande mit Ihrem gewählten Begriff zu tun haben. Als Beispiel finden Sie hier eine Mindmap rund um das Thema »Auto«.

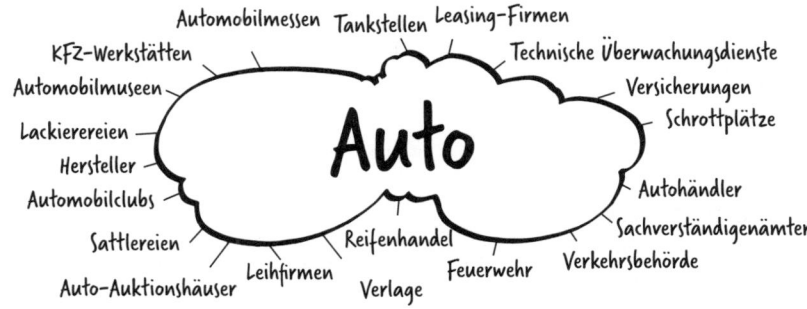

Bevor Sie sich lange alleine quälen, binden Sie ruhig Menschen aus Ihrem Team ein. Fragen Sie Ihre Helfer, welche *Betriebsarten* ihnen einfallen, und sammeln Sie in einer Mindmap alle Organisations- und Betriebsarten, die Ihnen mit kombiniertem Hirnschmalz dazu einfallen. Zehn sind eine gute Anzahl.

Nach dem Sprengen haben Sie eine ganze Menge Ideen, welche *Unternehmensarten* mit Ihrem gewählten Begriff zu tun haben. Hinter jeder Betriebsart verstecken sich mehrere real existierende Betriebe. Und dort wiederum arbeiten jeweils viele reale Menschen. Das Sprengen eines

Begriffs ist also ein kraftvolles Werkszeug, weil es das gesamte Netz möglicher Ansprechpartner zu einem Thema sichtbar macht.

Das heißt im Folgeschluss: Sie wissen nun auch, wo Sie hingehen können, um Gespräche zu führen!

Schritt 3: Recherchieren Sie Adressen!

Die Sammlung der Betriebsarten liegt nun vor Ihnen. Wählen Sie die fünf aus, auf die Sie am meisten Lust haben. Recherchieren Sie zu jeder gewählten Betriebsart zwei bis drei konkrete Betriebe. Erstellen Sie dann eine Liste mit circa zwölf Adressen, wo Sie hingehen möchten.

> **Tipp: Halten Sie es praktikabel!**
> Achten Sie bei der Auswahl Ihrer Zielbetriebe darauf, dass sich die Adressen in einem möglichst kleinen räumlichen Radius befinden. Damit vermeiden Sie, Zeit mit langen Wegstrecken zu verschwenden.

Mit dieser Vorbereitung sind Sie nun bereit: Sie können Ihre Startphase durchführen!

Raus in die Welt

Nehmen Sie sich dazu einen halben Tag frei oder reservieren Sie an mehreren Tagen ein, zwei Stunden. Denn ich habe etwas Spannendes mit Ihnen vor: Sie gehen jetzt raus in die Welt!

Konkret heißt das: Sie besuchen mindestens sechs der Betriebe, die auf Ihrer Liste stehen. Pro Besuch benötigen Sie circa 15 Minuten. Auch Anreisezeiten und Pausen sollten Sie bedenken.

Ich möchte Ihnen ganz dringend empfehlen, sich bei dieser Übung jemanden an die Seite zu holen. Zu zweit sind Sie motivierter, die Übung wirklich anzugehen. So mache ich es auch in meinen Seminaren. Also überreden Sie einen Ihrer Unterstützer, Sie zu begleiten. Gemeinsam macht es mehr Spaß, und Ihr Weggefährte kann Sie mit seinem Feedback unterstützen. Er selbst wird auch davon profitieren, denn er lernt vom Zuschauen – und Sie umgekehrt auch, wenn Ihr Helfer sich bereiterklärt, diese Kontaktaufnahme ebenfalls zu erproben.

Das Ziel der Startphase ist es, mindestens sechs gelungene Gespräche mit Menschen über deren Arbeit zu führen. Mit Fremden. Ohne Termin. Einfach hingehen!

Sie müssen und sollen sich also nirgendwo ankündigen. Denn Sinn der Sache ist, dass Sie spontan mit Fremden ins Gespräch kommen. Und wenn das mal nicht klappen sollte, keine Sorge. Sie führen die Übung ja nicht in einem Themenfeld durch, in dem Sie in Zukunft unbedingt arbeiten wollen, und haben entsprechend eigentlich nichts zu verlieren.

Damit die Gespräche möglichst gut gelingen, bereite ich Sie gut vor. In der Startphase geht es weniger darum, was Sie in den einzelnen Gesprächen erfahren, sondern vielmehr darum, dass Sie die Strategie erlernen. Über die vergangenen 15 Jahre habe in meinen Seminaren Statistik geführt und kann Ihnen schon jetzt versichern, dass Sie in den meisten Fällen auf eine große Gesprächsbereitschaft treffen: Meinen Seminarteilnehmern wird in ihrer Startphase deutschlandweit, egal zu welchem Thema sie unterwegs sind, in mindestens 82 Prozent der Fälle ein Gespräch angeboten. Meist liegt die Erfolgsquote zwischen 90 und 92 Prozent. Aber glauben sollen Sie mir das nicht. So einfach lassen sich Ihre Vermutungen, die Ihnen bisher ziemlich sicher etwas anderes ins Ohr geflüstert haben, sicher nicht verändern. Nein, glauben Sie mir nicht, sondern probieren Sie es aus, damit Sie es selber wissen!

Die Voraussetzung dafür ist, dass Sie Ihr Gespräch gut vorbereiten: Wie motivieren Sie einen Menschen, mit dem Sie sprechen möchten, überhaupt zu einem Gespräch?

Ein Einstieg in vier Schritten

Wenn Sie ein Unternehmen besuchen, hoffentlich noch mit einer Begleitung, dann werden die Menschen dort wahrscheinlich viele Annahmen haben, woher Sie wohl kommen und was Ihr Anliegen sein könnte. Kunden, Zeugen Jehovas, Steuerfahnder, Marktforscher, Verkäufer …? Nur auf einen Gedanken kommen sie so schnell sicher nicht: »Oh, das sind zwei nette Leute auf der Suche nach ihrem Berufsglück!«

Das heißt für Sie: Sie brauchen einen guten Gesprächseinstieg, um schnell völlig Ahnungslosen rüberzubringen, wer Sie sind und was Sie wirklich möchten. Dabei sind vier Punkte wichtig:

1. Gruß und Vorstellung
2. Interesse und Begründung
3. Anzahl der Fragen und Dauer des Gesprächs
4. Gesprächsaufforderung

Gehen wir sie der Reihe nach durch!

1. Gruß und Vorstellung

Wenn Sie in ein Unternehmen gehen, haben Sie ungefähr 20 Sekunden Zeit. 20 Sekunden, um klarzumachen, wer Sie sind, warum Sie da sind und was Sie von anderen Menschen unterscheidet, die tagtäglich in diesen Betrieb hineinschneien.

Sie beginnen also am besten mit einem Gruß und einer Vorstellung. Ich würde zum Beispiel sagen: »*Hallo, ich bin Julia Glöer.*« Und wenn ich in Begleitung unterwegs wäre: »*Und das ist meine Freundin Maria Lang.*« Überlegen Sie sich vorab, ob Sie sich mit ganzem Namen vorstellen und ob Sie Ihr Gegenüber duzen oder siezen. Das hängt vor allem vom Kontext ab: Betreten Sie ein nobles Autohaus für Luxuskarossen oder eine hippe Fahrradwerkstatt voller junger Mitarbeiter? Wie auch immer Sie sich vorstellen, Sie unterscheiden sich damit direkt wesentlich von allen anderen, die den Laden betreten. Sobald Sie Ihren Namen nennen, weiß Ihr Gegenüber: »*Aha, das ist kein gewöhnlicher Kunde. Jetzt kommt etwas anderes als das, was ich erwartet habe!*« Super, denn jetzt ist er schon ein bisschen aufmerksamer, weil er sich fragt: Was kommt jetzt?

Tipp: Namedropping schadet nie
Wenn Sie in Ihrer Startphase »weitergeleitet« werden, dann erwähnen Sie das bei der jeweils nächsten Vorstellung: »Hallo, ich bin Julia. Herr Finke von der Müller GmbH hat mir empfohlen, unbedingt bei Ihnen vorbeizuschauen.« So haben Sie direkt einen Vertrauensvorsprung.

2. Interesse und Begründung

Sobald Sie das Interesse Ihres Gegenübers geweckt haben, kommt die Begründung Ihres Besuchs. Sie beginnt immer mit einer Version von: *»Ich interessiere mich für ...«* Und dann folgt ein *Schlüsselwort*, bei dem die Person sich angesprochen fühlt. Das ist das Thema, mit dem sich Ihr Ansprechpartner in diesem Unternehmen identifizieren kann.

> **Tipp: Internet sei Dank**
> Das Schlüsselwort für das jeweilige Unternehmen zu finden, ist nicht immer ganz leicht. Daher: Schauen Sie ins Internet: Oftmals springt es Sie direkt von der Homepage der Firma an.

Wenn Sie eine Mülldeponie besuchen, ist das Schlüsselwort vielleicht *Müllentsorgung* oder *Müllverwertung*. Führt Ihr Ausflug Sie in einen Pudelwaschsalon, lautet das Schlüsselwort *Hunde*. Sind Sie in der Tischlerei, ist das Schlüsselwort *Holz*. In der Silberschmiede ist es *Schmuck*, in der Molkerei die *Milch*.

Wenn man zum Thema *Feinkost* unterwegs ist, kann das im Vier-Sterne-Hotel so klingen:

»Guten Tag, ich bin Anita Wenzel. Ich interessiere mich für Arbeitsfelder, die mit gutem Essen zu tun haben, und wollte fragen, ob ich mit jemandem, zum Beispiel aus der Küche oder dem Restaurant, zu diesem Thema sprechen könnte.«

Oder im Architekturbüro:

»Hallo, ich bin Daniel und interessiere mich für Architektur und für alle Menschen, die in diesem Bereich tätig sind.«

Es ist sinnvoll, das Schlüsselwort immer auf das jeweilige Unternehmen anzupassen. Daniel zum Beispiel schaute in seiner Startphase zum Thema *Immobilien* auch bei einer Baugenossenschaft vorbei. Dort nannte er als Schlüsselwort *genossenschaftliches Wohnen*. Sie wollen ja, dass die Menschen sich direkt angesprochen fühlen und die Person Ihnen gegenüber sofort weiß: *»Oh ja, da bin ich genau der richtige Ansprechpartner!«*

Das Schlüsselwort dient Ihnen also dazu, die Welt Ihres Gegenübers »aufzuschließen«. Sie versuchen, damit möglichst das Thema zu treffen, für das sich Ihr Gesprächspartner interessiert, denn so entsteht eine gute Verbindung zwischen Ihnen.

Machen Sie in Ihrer Gesprächseinleitung immer deutlich, dass Sie sich für das Arbeitsfeld beziehungsweise die Menschen interessieren, die in diesem Bereich tätig sind. Das ist wichtig, weil Sie nicht nach dem Thema, sondern nach der Berufsbiografie Ihres Gesprächspartners fragen werden. Darauf sollten Sie Ihr Gegenüber schon bei der Einleitung vorbereiten.

> **Tipp: Die Länge macht's**
> Halten Sie neben Ihrer kurzen Begründung auch immer eine tiefergehende Erklärung für Ihren Besuch bereit. Denn in vielen Fällen werden Ihre Gesprächspartner genauer wissen wollen, warum Sie da sind.
> *»Ich bin gerade dabei, mich beruflich neu zu orientieren, und da möchte ich gerne mal in Bereiche reinschnuppern, die mich persönlich interessieren.«*
> Den Wunsch nach einer beruflichen Neuorientierung kennen so viele Menschen aus ihrer eigenen Erfahrung, dass Sie in den meisten Fällen auf Verständnis stoßen.

Umso wichtiger ist es in diesem Moment, dass Sie immer ehrlich bleiben. Ich habe zum Beispiel schon Menschen erlebt, die bei Nachfragen plötzlich erzählten, sie seien von der Uni und machten eine Forschungsarbeit zum Thema soundso. Bitte tun Sie das nicht. Sie erhalten auf diesem Weg wahrscheinlich ein Gespräch, aber für Ihre Lernkurve hilft Ihnen das nichts. Denn in der Startphase zählt nach wie vor nicht die Menge der gesammelten Informationen, sondern dass Sie am Ende des Tages die Strategie verinnerlicht haben, mit völlig fremden Menschen ins Gespräch über deren Job zu kommen – und überzeugt sind, dass Sie das können.

Bleiben Sie auch bei weiteren Nachfragen bei der Wahrheit. Ich weiß, das ist gerade in der Startphase und bei einem Probelauf nicht ganz so leicht.

Neulich waren zwei meiner Teilnehmer bei einem Klavierbauer. Der fragte nach: »Ja, wollen Sie denn Klavierbauer werden?« Die Teilnehmer antworteten: »Nein, höchstwahrscheinlich nicht. Wir sind noch ganz am Anfang unserer beruflichen Neuausrichtung und wissen noch nicht so recht, wo unser Weg hingehen wird. Instrumetenbau ist erst einmal ein rein privates Interesse. Wissen Sie, uns ist wichtig, in Zukunft eine Arbeit zu machen, die uns echt interessiert und wirklich erfüllt. Und wir haben gedacht, da reden wir als Erstes mal mit Menschen, die in ganz anderen Bereichen arbeiten, als wir es bisher getan haben und die wir wirklich mögen.«

Eine andere sehr ehrliche Variante, die Sie eventuell testen möchten, wäre:

»Ich lese gerade ein Buch zum Berufsglück und da wurde mir der Vorschlag gemacht, mir einfach mal Arbeitsfelder anzuschauen, für die ich mich interessiere. Das wollte ich ausprobieren und habe mich für mein Lieblingsthema XYZ entschieden.«

Dieses Ehrlichkeitsprinzip erleichtert ungemein. Einige meiner Teilnehmer haben gerade in der Startphase ein schlechtes Gewissen, weil sie denken: »Da ziehe ich los, um eine Strategie zu erproben, und die Menschen reden so nett mit mir. Und eigentlich meine ich das gar nicht wirklich ernst.«

Natürlich geht es in dieser Phase darum, dass Sie etwas lernen. Und ja, auch das Arbeitsfeld, in dem Sie hier unterwegs sind, wird mit größter Wahrscheinlichkeit nicht Ihr späteres Arbeitsfeld sein. Dennoch gehen Sie schon in der Startphase nur in einen Bereich, den Sie wirklich spannend finden, und somit können Sie auch dort schon mit innerer Überzeugung Ihr Interesse bekunden.

Noch wissen Sie es nicht, aber in vielen Fällen und bei echtem Interesse Ihrerseits erleben auch Ihre Gesprächspartner die Unterhaltung als sehr bereichernd. Viele sind erfreut über die Gelegenheit, mit einem aufmerksamen Zuhörer über die eigene Berufsbiografie sprechen zu können. Nach ein paar Gesprächen verflüchtigt sich so auch das anfangs vermutete schlechte Gewissen. Auch solche Gefühle gehören übrigens in den Bereich *vernichtende Vermutungen*. Und wie gesagt, nichts verändert unseren Glauben schneller, als eine gegenteilige Erfahrung zu machen.

3. Anzahl der Fragen und Dauer des Gesprächs

Als Nächstes kommt ein wichtiger Hinweis für Ihren Gesprächspartner: Sie sagen ihm, wie viele Fragen Sie haben und wie lange das Gespräch dauern wird.

»Ich habe vier Fragen und das Gespräch dauert sieben Minuten.«

Diese Information ist wichtig, damit Ihr Gegenüber direkt merkt: Sie reißen ihn nicht lange aus seiner Arbeit heraus. Im Gegenteil. Wenn Sie so spezifisch von exakt sieben Minuten sprechen, meinen Sie offensichtlich, was Sie sagen, und brauchen wohl keinesfalls acht oder zehn Minuten. Ganz anders wirkt die Bitte um ein fünf- oder zehnminütiges Gespräch. Auch wenn Sie die Zeitangabe ernst meinten, wird Ihr Gegenüber einen solchen Hinweis ganz sicher als Floskel einschätzen und sofort eine längere Unterbrechung befürchten. Der Grund: Einfach niemand meint zehn Minuten, wenn er zehn Minuten angibt. Daher: Erwähnen Sie die sieben Minuten.

Meine erste eigene Startphase habe ich vor mehr als 15 Jahren zum Thema Papier gemacht. Ich wollte deshalb auch zu einem Verlag und stand so in Bremen vor einer altehrwürdigen Jugenstilvilla. Auf mein Klingeln reagierte ein arg gestresst aussehender Mann. Ich sagte mein Sprüchlein auf, er warf einen skeptischen Blick auf seine Uhr und meinte nur: »Sieben Minuten? Dann ist es wohl schneller, mit Ihnen zu reden, als wenn ich jetzt versuche, Sie abzuwimmeln. Dann kommen Sie mal rein, die Zeit läuft!«

Tipp: Timing ist alles

Manchmal können Sie Ihr Gegenüber mit vier Fragen schon ganz schön ins Reden bringen, und Sie merken, dass das Gespräch garantiert die vereinbarten sieben Minuten überschreiten wird. Dann ist es wichtig, dass Sie die Zeit nicht kommentarlos verstreichen lassen. Sie wollen ja als jemand in Erinnerung bleiben, der das tut, was er sagt. Schauen Sie ruhig zwischendurch auf die Uhr oder bitten Sie Ihre Begleitung, die Zeit im Auge zu behalten. Und wenn Ihr Gesprächspartner ins Reden gekommen ist, erinnern Sie ihn, dass Sie gerade die Zeit überschreiten.

Falls Ihr Gesprächspartner nun abwinkt und sich entscheidet, Ihnen noch mehr von seiner Zeit zu schenken: Alles prima! Dann hat Ihr Gegenüber die Verantwortung für die Länge des Gesprächs übernommen und gibt Ihnen nicht die Schuld, dass er von der Arbeit abgehalten war.

4. Gesprächsaufforderung

Sie haben es geschafft: Nun sind Sie an dem Punkt angekommen, dass Sie Ihr Gegenüber zum Gespräch auffordern können.

»Haben Sie Lust und kurz Zeit, mit mir zu sprechen?«

Nicht immer haben Ihre Gesprächspartner sofort Zeit für Sie. Gar nicht schlimm: Auch ein Gespräch zu einer späteren Uhrzeit oder an einem anderen Tag ist ein Erfolg! Und natürlich werden Sie trotz der belegt hohen Erfolgsquote auch mal an jemanden geraten, der absolut nicht mit Ihnen sprechen möchte – stecken Sie es weg und nehmen Sie es nicht persönlich. Sie haben alles richtig gemacht.

Das Gespräch führen

Haben Sie ein oder mehrere Gespräche geführt, haben Sie in Ihrer Startphase bereits die wichtigste Aufgabe geschafft. Denn Sie wissen nun und haben am eigenen Leib erfahren, worauf es ankommt, um mit fremden Menschen ins Gespräch über deren Arbeit zu kommen.

Da Sie in der Startphase diese Übung möglichst oft wiederholen und möglichst viele Gespräche führen wollen, dürfen die Gespräche selbst kurz ausfallen. Sie stellen »nur« die vier angekündigten Fragen.

Damit Sie auch die richtigen stellen, nutzen Sie den folgenden erprobten Gesprächsleitfaden, den Sie später erweitern werden:

Sie fragen nach dem Werdegang Ihres Gesprächspartners: »*Wie sind Sie dazu gekommen, mit [Schlüsselwort] zu arbeiten?*«

Sie fragen nach dem Guten seines Jobs: »*Was gefällt Ihnen gut daran?*«

Sie fragen nach dem weniger Guten: »*Gibt es auch etwas, das Ihnen weniger gut gefällt?*«

Sie fragen nach weiteren Kontakten: »*Können Sie mir noch jemanden empfehlen, mit dem ich auch über [Schlüsselwort] reden könnte?*«

Stellen Sie die Fragen unbedingt in dieser Reihenfolge. Frage 1 nach dem Werdegang und nach der Ausbildung ist Ihr Kontaktmacher. Sie fordern die andere Person auf, über ihre Biografie zu sinnieren und sie mit Ihnen zu teilen. Wenn es in Ihren späteren Gesprächen wirklich um Ihr Berufsglück geht, bekommen Sie bei dieser Frage Hinweise, ob und wie auch Sie dorthin kommen können.

Mit der Frage 2 nach dem Guten finden Sie heraus: Ist der Job so schön, wie Sie ihn sich vorstellen? Außerdem schaffen Sie mit der Frage Vertrauen bei Ihrem Gegenüber. Sie legen damit den Grundstein für die nächste Frage nach dem weniger Guten.

Bei der Frage 3 nach dem weniger Guten hören Sie die Dinge, die Ihrem Gesprächspartner nicht gefallen – auch das hilft Ihnen bei der Einschätzung. Auch sprechen Ihre Gesprächspartner an diesem Punkt oftmals über Engpässe in der Firma. So erhalten Sie Hinweise, ob in diesem Bereich Bedarf nach weiteren Mitarbeitern besteht. Viele meiner Seminarteilnehmer hegen vor der Startphase die Vermutung, dass die Gesprächspartner Fremden gegenüber gerade diese Frage nicht offen beantworten. Finden Sie durch Ausprobieren heraus, ob dies tatsächlich zutrifft. Die meisten meiner Teilnehmer sind überrascht, wie freizügig Menschen auch über die weniger positiven Aspekte Ihres Jobs berichten.

Die letzte Frage nutzen Sie, um weitere Kontakte für Ihr Thema zu finden. Haben Sie erst einmal eine Weiterleitung und Empfehlung in der Tasche, wird es zunehmend einfacher, Gespräche zu führen. Denn jetzt kommen Sie mit einer Referenz. Seien Sie aber in der Startphase auch nicht enttäuscht, wenn Sie nicht bei jedem Gespräch eine persönliche Empfehlung erhalten. In Kapitel 12 werde ich Ihnen erklären, wie Sie Ihr Netzwerk noch zuverlässiger erweitern können.

Zum Abschluss des Gespräches bedanken Sie sich dafür, dass die Person sich so spontan Zeit genommen hat.

Nun folgt noch eine letzte kleine Aufgabe: Sie sollten den Namen Ihres Gesprächspartners erfahren. Das üben Sie in der Startphase, weil es später, wenn es um ein ernsthaftes Thema und um Ihr Berufsglück geht, essenziell ist, dass Sie die Namen kennen, um sich ein Netzwerk in Ihrem Wunschberufsfeld aufzubauen.

»Verraten Sie mir noch Ihren Namen oder hätten Sie eine Karte für mich?«

Halten Sie auch hier eine kurze Erklärung parat, falls Sie gefragt werden, warum Sie den Namen erfahren möchten, und sagen Sie zum Beipiel: »Ach, es ist immer schön für mich zu wissen, mit wem ich gesprochen habe.«

Das war's! Damit haben Sie alles an der Hand, was Sie benötigen, um Ihre Startphase vorzubereiten und durchzuführen.

Ich weiß aus mehr als 15 Jahren Erfahrungen, dass es – mit der richtigen Vorbereitung – tatsächlich *leicht* ist, mit Menschen, mit denen Sie ein gemeinsames Interesse verbindet, ins Gespräch zu kommen. Und eigentlich ist das keine Strategie oder Trick, sondern ein Naturgesetz.

Stopp!

Jetzt nehme ich an, dass Sie noch immer das Buch in der Hand halten – aber ich hoffe, dass Sie nebenher schon Ihre Themen recherchiert und gesprengt haben. Ich möchte Sie nun bitten: Lesen Sie nicht weiter. Nehmen Sie das Buch nach diesem Kapitel erst wieder zur Hand, wenn Sie Ihre Startphase durchgeführt haben. Ohne dass Sie erfahren haben und überzeugt sind, dass diese Strategie der Stellensuche funktioniert, werden Sie nicht aus dem Vollen schöpfen, wenn es darum geht, Ihre beruflichen Ziele zu planen.

Wenn Sie möchten, dass Ihr Berufsleben sich zum Guten wendet, gibt es keinen anderen Weg: Werden Sie jetzt selbst aktiv.

Falls Sie ein Zögern bemerken, rufen Sie am besten einen Freund an, der mitmacht. Und erinnern Sie sich selbst noch einmal daran: In Ihrer Startphase geht es um nichts außer Üben. Dabei können Sie nur gewinnen: Räumen Sie mit Ihren Annahmen auf und überzeugen Sie sich selbst davon, wie nett und hilfsbereit andere Menschen sind, egal wo Sie um ein Gespräch bitten.

Natürlich kann ich Ihnen nicht Ihre Nervosität in Gänze nehmen, aber vielleicht helfen Ihnen nachfolgend meine besten Tipps und Tricks für Ihre gelungene Startphase.

Tipps & Tricks für Ihre Startphase

1. Hören Sie in den Gesprächen nur zu. In Ihren Gesprächen werden Sie Informationen en masse erhalten. Da entsteht schnell der Reflex, Stift und Papier zu zücken und alles mitzuschreiben. Aber: Ihrem Gespräch tut das nicht gut. Wenn Sie mitschreiben, können Sie den Augenkontakt nicht halten. Doch der ist sehr wertvoll. Außerdem könnte Ihr Gegenüber auf einmal bemüht sein, alles Richtige und Wichtige sagen zu wollen. Da kommt nichts mehr frei von der Leber weg – und dabei sind gerade diese Informationen wertvoll für Sie.

2. Finden Sie kreative Lösungen. Nicht alle Betriebe und Gesprächspartner sind so einfach zugänglich. Hier hilft Ihnen eine Prise Kreativität. Denn Sie müssen nicht unbedingt ein Unternehmen betreten, um Gespräche zu führen. In Hamburg haben wir den Tierpark Hagenbeck. Dort ist noch kein Teilnehmer von mir durch den Vordereingang hineingekommen, immerhin kostet der Eintritt 20 Euro. Das heißt aber nicht, dass Sie dort keine Gespräche führen können! Seien Sie morgens ganz früh da. Finden Sie den Personalparkplatz. Sobald sich die ersten Mitarbeiter einfinden, sprechen Sie diese an. Oder positionieren Sie sich am Personaleingang. Einige Mitarbeiter sind sicher Raucher. Die finden Sie bei den Hintereingängen und Notausgängen.

3. Nutzen Sie auch den Zufall, um an Gesprächspartner ranzukommen.
Manchmal läuft alles ganz anders als erwartet. Dann hilft Ihnen ein wenig Spontaneität.

Susanne sprengte für ihre Startphase das Thema Kriminalität und eine der Betriebsarten war das Amtsgericht. Also lief sie am Gesprächstag ins Gerichtsgebäude hinein – traf dort aber niemanden an. Es war gerade Mittagszeit. Nun hätte sie auf dem Absatz kehrtmachen können. Stattdessen ließ sie sich ein bisschen Zeit und lief durch die leeren Flure. Und prompt kam ihr der Zufall zu Hilfe: Sie hörte ein Wasserrauschen aus der Herrentoilette. Also wartete sie einen Moment vor der Tür.

Heraus trat kurz darauf ein Mann, dem Susanne ihren Einleitungssatz aufsagte. Ein »Na, dann komm'se mal mit« später saß Susanne in seinem Büro. Sie hatte einen Segmentsdirektor und Richter vor sich, der sehr ausführlich und gerne von seinem Job erzählte!

4. Reden Sie mit jedem. Für Ihr Gespräch brauchen und sollen Sie nicht sofort den CEO oder Geschäftsführer auf der anderen Seite des Tischs haben. Wenn Sie das Thema Theater gewählt haben, dann sprechen Sie unbedingt auch mit der Ticketverkäuferin oder dem Studenten, der die Plätze zuweist. Denn am Ende des Gesprächs fragen Sie ja ohnehin nach weiteren Kontakten. Und wenn Sie Lust darauf haben, auch mal hinter den Vorhang zu schauen: Fragen Sie die Frau am Ticketschalter nach dem Gespräch. Gut möglich, dass sie Ihnen dabei behilflich ist.

5. Bleiben Sie flexibel. Gerade in der Startphase gilt: Bleiben Sie flexibel! Ihr Wahlthema des Tages ist nicht in Stein gemeißelt.

Ein Startphasen-Duo, das an meinem Seminar teilnahm, hatte sich für den Tag das Thema Industrieklettern herausgepickt. Sie liefen ihre ersten Adressen ab, standen aber ausschließlich vor leeren Privatwohnungen und Betrieben, die gerade Urlaub machten. Das größte Problem war: Sie wollten unbedingt Experten zum Industrieklettern finden. Verständlich – sie mochten ja ihr Thema –, aber das erzeugte völlig überflüssigen Frust.

Denn was ist wichtig in der Startphase? Üben! Und was ist weniger wichtig? Das Thema! Wenn es sich also schwierig gestaltet, geeignete Gesprächspartner anzutreffen, dann satteln Sie spontan um. Fahren Sie direkt in einen belebten Stadtteil. Laufen Sie von Haus zu Haus, von Laden zu Laden, von Betrieb zu Betrieb. Überlegen Sie sich für jedes Unternehmen ein geeignetes Schlüsselwort und haben Sie Spaß.

6. Wählen Sie einen guten Zeitpunkt. Während der Hochzeitsmesse in Frankfurt herrscht in Frankfurter Brautmodeläden wahrscheinlich Hochbetrieb. Da sollten Sie ein anderes Thema wählen. In manchen Firmen ist vielleicht in der Mittagspause keiner da, das Café öffnet erst um 11 Uhr, die Behörde hat am Donnerstag vielleicht länger auf … Auch solche Details sollten Sie berücksichtigen, damit Sie nicht vor verschlossenen Türen stehen.

7. Holen Sie Pförtner mit ins Boot. Keine Angst vor Pförtnern, Sicherheitsleuten, Empfangspersonal und dergleichen. Im Gegenteil: Sie kennen sehr oft die Leute im Betrieb in- und auswendig. In meiner Erfahrung sind gerade sie oft sehr bemüht, Sie an die richtige Person weiterzuleiten.

8. Lassen Sie Kostüm und Anzug zu Hause. Auch wenn Sie in Ihrer Startphase mit vielen Menschen in vielen Betrieben ins Gespräch kommen – Sie sind nicht auf Bewerbungstour. Dementsprechend dürfen Sie sich auch ganz normal kleiden. Richten Sie sich lediglich ein Stück weit an dem Betrieb aus, den Sie besuchen. Beleuchten Sie gerade das Berufsfeld *Delikatessen* bei einem Hotel mit Sterneküche oder bei einem Bauern mit Hofladen?

9. Machen Sie weiter. Last but not least gilt: Machen Sie nach einer Absage immer weiter! Sie werden sehen: Die Erfahrungen, die Sie machen, stellen einfach alles auf den Kopf, was Sie bisher kannten. Sie werden ermutigt aus Ihrer Startphase herausgehen, weil Sie mit so vielen hilfreichen Menschen gesprochen haben.

Um nichts anderes geht es letztlich: Dass Sie am Ende des Tages erkannt haben, wie schnell Sie mit völlig Fremden in ein gutes Gespräch kommen können. Wie leicht Sie mit dieser neuen Strategie Informationen über ein völlig neues Berufsfeld sammeln können.Wie nett und hilfreich die Menschen in Ihrer Umgebung und in der Arbeitswelt sind. Wie gerne sogar fremde Menschen über Ihre Arbeit mit Ihnen sprechen. Und wie sinnvoll es ist, diesen Weg einer schriftlichen Bewerbung vorzuziehen.

Tipp: Vernichtende Vermutungen überprüfen

Die Startphase bietet Ihnen die Gelegenheit, sich von alle Vorannahmen, die Ihr Denken und Träumen einschränken, zu befreien. Sie meinen, Sie können nicht ohne Termin mit fremden Menschen ins Gespräch kommen? Sie glauben, dass Beamte in Behörden wenig Spaß bei der Arbeit haben? Sie sind davon überzeugt, dass Pförtner niemanden aufs Werkgelände lassen? Sie vermuten, dass Mitarbeiter eher genervt als erfreut sind, wenn man sie bei der Arbeit um ein Gespräch bittet? Sie glauben, dass niemand über die negativen Aspekte seines Berufes offen Auskunft gibt? Sie nehmen an, dass Ihnen in großen Firmen niemand Auskunft erteilt? Sie sind überzeugt, dass es besser ist, nach einem kurzen Gespräch zu fragen als nach sieben Minuten?

Ich bitte Sie, alle Ihre Vermutungen ernst zu nehmen und dann genau diese zu überprüfen. Letztendlich ist das der Sinn der Startphase: Dass Sie sich frei machen von Ihren einschränkenden Überzeugungen und Ihren Erfahrungshorizont erweitern. Denn wenn Sie am eigenen Leib erleben, dass mehr möglich ist, als Sie sich vorgestellt haben, gewinnen Sie den Mut, sich auf den Weg zum Berufsglück zu begeben.

Ihre Startphase ist abgeschlossen, wenn Sie Gespräche initiieren und führen können. Damit haben Sie sich mit den Grundlagen der Stellensuche auf dem verdeckten Arbeitsmarkt vertraut gemacht. Diese Stellensuche über Kontakte ist zeitlich aufwendiger als das Verschicken von Bewerbungsunterlagen. Daher ist es für diese Bewerbungsstrategie besonders wichtig, dass Sie Ihre beruflichen Ziele genau kennen, bevor Sie weitere Gespräche führen und Ihre Energie in den Aufbau von Netzwerken stecken. Niemand kann sich flächenddeckend persönlich bekannt machen. Daher benötigen Sie nun auf Ihrer Reise zu Ihrem Berufsglück einen Fixstern, an dem Sie sich grundlegend ausrichten können, damit Sie sich nur dort ins Spiel bringen, wo es für Sie zielführend ist. Entwickeln Sie nun anhand des Berufssterns Ihren Zukunftsjob. Springen Sie in die Mitte des Sterns und bestimmen Sie Ihre Themen!

Jetzt.

KAPITEL 5
Sternenmitte: Welche Themenwelten geben mir Sinn?

Die Mitte des Berufssterns ist Ihr Trampolin: für den Sprung ins Berufs-glück! Schritt für Schritt erarbeiten Sie sich mit den folgenden Kapiteln Ihre Zielvorstellungen, indem Sie einen Sternenstrahl nach dem anderen füllen. Wir beginnen mit dem Zentrum, den »Themen«.

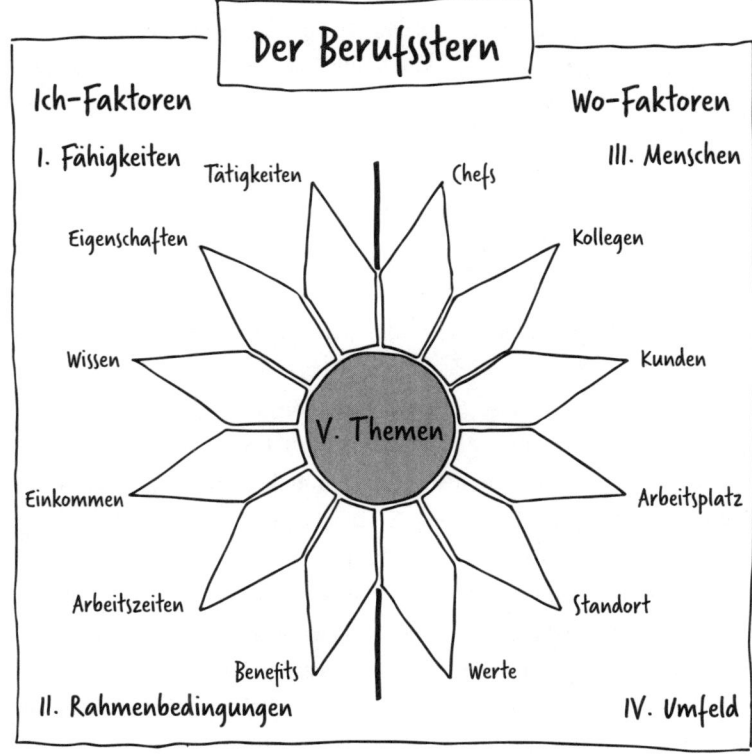

Die Themen umfassen sowohl Produkte als auch Dienstleistungen. Gemeint ist also alles, was durch Ihre Arbeit und durch Ihre Firma »mehr« wird in der Welt.

An einem meiner Seminare nahm Lea teil. Sie war Produktmanagerin in einem Konsumgüterkonzern. Lange Zeit hatte sie dort gerne und erfolgreich gearbeitet. Eines Tages wurde sie sogar befördert, bekam ein Team und mehr Gehalt. Doch von Tag zu Tag quälte sie sich mehr zur Arbeit. Eines Tages kündigte sie einfach spontan.

Sie konnte sich nicht erklären, warum ihr die Freude an der Arbeit so abhanden gekommen war. War sie etwa undankbar? Als sie bei mir im Seminar von den Themen erzählen sollte, um die es in ihrem bisherigen Job ging, berichtete sie, dass sie lange für Hautpflegeprodukte verantwortlich gewesen sei. Mit ihrem Aufstieg wechselte das Thema: Sie übernahm eine Abteilung in der Sektion Haarkolorationen.

Und noch beim Erzählen traf sie die Erkenntnis wie ein Blitz. Sie schlug sich mit der Hand auf die Stirn und rief: »Jetzt ist klar, warum ich keine Lust mehr auf die Arbeit hatte. Da hätte ich auch schon früher drauf kommen können!«

Denn Lea war jetzt für Blondierungsmittel verantwortlich gewesen. Aber sie selbst hatte: pechschwarzes Haar!

Am Thema vorbei

In meiner jahrzehntelangen Arbeit als Beraterin und Trainerin habe ich schon allzu oft beobachtet, dass Menschen, die sich einen beruflichen Neustart wünschen, ihre Ziele nicht definieren können. Das liegt daran, dass sie versuchen, die Frage »*Was soll nur aus mir werden?*« ausschließlich mit *Berufsbezeichnungen* zu beantworten. Gefragt nach ihren Ideen erzählte mir zum Beispiel eine Frau, die vor nicht allzu langer Zeit Mutter geworden und noch in Elternzeit war, dass sie eigentlich nur eine einzige Idee als Alternative zur jetzigen Tätigkeit habe: *Erzieherin in der Kita.* Allerdings sei sie ziemlich unsicher, ob das überhaupt zu ihr passen würde.

Schon hier wird das erste Problem von *Berufsbezeichnungen* deutlich: Sie sagen zu wenig über den Job aus. So wenig, dass diese Frau einfach kein sicheres Gefühl dafür entwickeln *konnte*, ob ihr der Job als Erzieherin Spaß bringen könnte. Rein anhand einer Berufsbezeichnung kann kein Mensch das mit Sicherheit sagen.

Nehmen wir zum Beispiel den Jobtitel *Personalreferentin*. Könnte Ihnen diese Position gefallen? Spüren Sie Unsicherheiten? Kein Wunder, denn der Begriff gibt einfach zu wenige Hinweise über die benötigten Fähigkeiten, die täglichen Anforderungen, die Perspektiven, die Atmosphäre, die Kollegen, das Gehalt und so weiter.

Berufsbezeichnungen sind in den meisten Fällen viel zu unspezifisch und daher nicht aussagekräftig! Sie können damit keine Einschätzung entwickeln, ob dieser Beruf wirklich zu Ihnen passt und Sie zufrieden macht. Problem Nummer zwei ist, dass Berufsbezeichnungen viel zu umfassend sind. Nehmen wir mal an, Sie würden sich so etwas ausdenken wie *Sozialpädagoge*. Weil Soziales Ihnen liegt. Ich kenne Sozialpädagogen, die arbeiten bei der Agentur für Arbeit und beraten Berufseinsteiger. Ich kenne aber auch eine, die macht Lobbyarbeit bei der Handelskammer, steht jeden Abend im Kostüm vor Unternehmern und bewältigt große Auftritte. Ein anderer wiederum leitet freiberuflich ein Erlebniscamp mit Jugendlichen in Portugal. Und wiederum eine weitere vermittelt Kinder in Pflegefamilien und hat einen sicheren Job bei einer Behörde. Das sind alles völlig verschiedene Aufgaben, unterschiedliche Anforderungen, andere Arbeitsfelder, andere Rahmenbedingungen, andere Kunden, andere Bezahlung – obwohl sie alle die gleiche Bezeichnung tragen.

Fazit: Berufsbezeichnungen geben wirklich wenig Orientierung und Hinweise, worum es bei dem Job in der Praxis geht und ob der Job zu Ihnen passen wird.

Darüber hinaus existieren auf der Welt weitaus mehr Beschäftigungen als durch Berufsbezeichnungen je abgebildet werden können – und auch mehr, als Sie sich vorstellen können. Doch wäre es, wenn Sie sich beruflich neu orientieren möchten, nicht viel besser, Sie hätten Zugang zu allen Jobmöglichkeiten, die auf der Welt existieren? Woher sollen Sie sonst wissen, was Sie wirklich machen möchten?

In der Nische

Nischen werden durch Berufsbezeichnungen zum Beispiel gar nicht erfasst. Eine meiner ehemaligen Teilnehmerinnen ist jetzt Dresscoach für grüne Mode, ein anderer Visualisierer für Changeprozesse in Unternehmen. Wenn Sie zur beruflichen Orientierung in Berufsbezeichnungen denken, dann tauchen solche Ideen bei der Suche nach Zielen garantiert nicht auf. Sie fallen Ihnen einfach nicht ein. Sie werden nur in Mainstream-Berufen denken. Jobs und Nischen, von denen Sie selber noch nie gehört haben, können Ihnen nicht in den Sinn kommen. Diese bieten aber das größte Potenzial. Das sind geradezu unbewohnte Sterne – und dort gibt es wenig Konkurrenz und den eigentlichen Bedarf. Nischen sind die beruflichen Spielwiesen, auf denen sich nicht alle tummeln.

Wenn Sie herausfinden, was Sie werden wollen, dann brauchen Sie ein Modell, das dafür sorgt, dass Sie rein theoretisch auf jeden Job kommen können, den es auf der ganzen Welt gibt. Sonst geht Ihnen vielleicht das Beste durch die Lappen, nur weil Sie nicht daran gedacht haben und es keine gängige Berufsbezeichnung dafür gibt. Irgendwann am Ende Ihres Berufslebens sagen Sie sich dann vielleicht: *Hätte ich das gewusst … Das hätte viel besser zu mir gepasst!*

Deshalb mein Rat: Vergessen Sie Berufsbezeichnungen, wenn Sie Ihre Zukunft planen!

Das »Zaubermodell«, das Ihnen noch unbekannte Jobideen sichtbar macht, haben Sie schon kennengelernt: den Berufsstern. Wenn Sie mit dem Berufsstern arbeiten, dann gehen Sie die Sache anders an: Sie entwickeln die Vorstellung von Ihrem Berufsglück Scheibchen für Scheibchen. Sie tasten sich langsam ran. In der Theorie können Sie mit dem Berufsstern jeden Job der Welt sichtbar machen.

Wenn Sie nach Kapitel 9 Ihren Berufsstern komplett mit Ihren Wunschvorstellungen gefüllt haben, wissen Sie genau, welche der vielen existierenden Joboptionen für Sie infrage kommen. Und Sie brauchen sich nur noch zu fragen: *Wo ist denn das, was ich mir wünsche?*

Freuen Sie sich darauf. Noch stehen Sie am Anfang und nähern sich dem ersten Scheibchen.

Meine Themenwelt

Ich habe einen ganz eigenen Blick auf das Universum Arbeit. Ich sehe es nicht als Ansammlung von Berufen, sondern als eine Welt von verschiedenen *Themen*.

Jede Firma dreht sich um eines oder sogar mehrere Themen. Da gibt es Unternehmen, die beschäftigen sich mit Autos, andere mit Musik oder mit Gesundheit, wieder andere mit Tee ... Und all die Menschen, die dort arbeiten, arbeiten an genau diesen Themen mit.

Ich gebe Ihnen ein paar Beispiele, was ich mit *Thema* meine: Das deutsche Wetteramt beschäftigt sich mit dem Thema *Wetter* und bringt Wetterdaten an seine »Kunden«. Oder: Ein Biohof produziert *biologische Lebensmittel*, die somit sein Thema sind. Eine Hutmacherin produziert *Hüte*. Eine Kerzengießerei produziert *Kerzen*. Eine Ernährungsberaterin sorgt für das Thema *weniger Übergewicht*. Ein Energieerzeuger hat das Thema *Strom* und produziert diesen. Eine Familienberatungsstelle hat sich vielleicht das Thema *harmonischere Paarbeziehung* oder *Kindeswohl* ausgesucht.

Oder um noch ein bisschen tiefer zu gehen: Wenn Sie in einem Unternehmen arbeiten, dann ist das Thema Ihr »Endprodukt«. Wie bei Björn, einem Maschinenbauer, der wegen seines Arbeitsfrustes zu mir kam.

Björn ist Ingenieur und hat einen Job bei einem Unternehmen, das Steuerungselemente herstellt. Wo die Elemente hingeliefert werden, hatte man ihm bei Jobantritt nicht mitgeteilt. Und er hat sich auch keine großen Gedanken darüber gemacht.

Mittlerweile weiß er, dass diese Steuerungselemente an die Automobilindustrie geliefert werden. Björn ist ein Fahrradfreak, der sich bei Wind und Wetter aufs Bike schwingt. Einen Führerschein hat er gar nicht. Autos sind für ihn Umweltverpester. Die würde er am liebsten ganz abschaffen, und zwar besser gestern als heute.

Björns Arbeitslust wandelt sich mit der Zeit zunehmend in Arbeitsfrust. Er kann sich kaum noch motivieren, morgens aufzustehen. Warum das so ist, darauf kann er sich keinen Reim machen. Bis wir über die Wichtigkeit der Themen sprechen. Plötzlich wird ihm klar: Auch wenn er persönlich nur Steuerungselemente entwickelt, so werden sie doch in Autos landen. »Meine ganze Arbeitskraft führt dazu, dass noch mehr Autos auf den Straßen fahren!«

Ihm wird auch klar, dass seine ganze Demotivation daher rührt. Auch seine Fremdheit im Umgang mit den Kollegen versteht er jetzt. Die lieben nämlich Autos, diskutieren beim Mittagessen darüber. Björn versteht nun: Er ist in einem völlig falschen und unpassenden Thema gelandet!

Björns Themen

Fähigkeiten-koffer

Björn ist Maschinenbauingenieur.
Er arbeitet in einer Firma, die
Steuerungselemente entwickelt.

A-Produktion

Das A-Produkt, die Steuerungselemente, werden ausgeliefert.

Aus A → B Produktion

Das AB-Produkt, ein Motor,
wird ausgeliefert.

wiederholt sich ... x mal

Das Endprodukt kommt
auf die Welt! Autos!

Mehr Autos
in der Welt

Das Thema spielt für das Berufsglück immer eine Rolle. Falls Sie jedoch explizit auf Sinnsuche sind, sollten Sie einen ganz besonderen Fokus auf die Sternenmitte legen und darauf, welche Themen Sie mit Ihrer Arbeit bedienen.

Das richtige Thema

Ein Thema ist dann richtig, wenn Sie sich dafür interessieren, wenn es Sie bewegt, anrührt, Ihr Herz dafür schlägt und wenn Sie davon überzeugt sind, dass es nicht nur für Sie, sondern auch für andere wichtig ist, dass es dieses Angebot gibt.

In unserer Gesellschaft arbeiten viele Menschen in Themengebieten, die ihnen bestenfalls gleichgültig sind und die sie schlimmstenfalls nicht mögen oder ablehnen.

»Nie wieder Grafikdesign!« Fabienne hat einen unheimlich entschlossenen Gesichtsausdruck – und zieht mit ihrer Hand einen imaginären Schlussstrich. Sie ist überzeugt, dass sie den falschen Beruf gewählt hat. Sie will umsatteln, irgendetwas ganz anderes anfangen. Bloß raus aus dem Job, der sie so sehr nervt.

Als wir uns etwas genauer über ihre Arbeit unterhalten, merke ich verwundert, dass sie über viele Aspekte mit Freude spricht. Sie erzählt mir, dass sie gerne am Rechner arbeitet. Sie spricht mit leuchtenden Augen von ihren Grafiktools, die sie super findet – Photoshop und ganz besonders 3D-Animationen begeistert sie.

Alles, was sie sagt, spricht für Grafikdesign. Die Tätigkeiten und das Wissen, das sie dabei einsetzt, sind nicht der Auslöser für Ihre Unzufriedenheit. Im Stillen denke ich: Vielleicht sind es ja die Themen? Und ich frage sie: »Welches Produkt verkauft deine Firma denn eigentlich?«

Sie antwortet mir mit einer Stimme, aus der plötzlich die ganze Begeisterung verschwunden ist: »Wir produzieren nur Matratzen. Das hängt mir so zum Hals raus!«

»Aha!«, *sage ich. Sie schaut mich groß an und nickt ganz langsam.*

Fabienne war die konkrete Ursache ihres Berufsschmerzes nicht bewusst. Sie brauchte eine differenzierte Betrachtungsweise, um zu erkennen, dass sie sehr gerne Grafikdesignerin ist – und sie nur die Themenwelt wechseln muss.

In manchen Fällen ist es ganz offensichtlich, dass ein Thema nicht zu einem Menschen passt. Etwa wenn ein Anhänger der Grünen eine Stellenanzeige für einen Job in einem Atomkraftwerk sieht. Da wird er sich vermutlich nicht bewerben. In anderen Fällen ist das Problem im Nachhinein klar, weil der Blick bei der Jobsuche auf alles andere, nur nicht das Thema fällt. Der Unternehmenszweck wird im Vorfeld oft gar nicht angesprochen. Wie bei Björn, dem Maschinenbauer.

Schleicht sich Unzufriedenheit ein, weil Sie im falschen Thema arbeiten, ist Vorsicht angesagt: Ich habe beobachtet, dass es Menschen verändert, wenn sie dauerhaft in Themenwelten arbeiten, die ihnen nicht liegen. Denn das Thema bestimmt über den reinen Arbeitsplatz hinaus das gesamte Klima der Firma. Es gibt die Gesprächsinhalte beim Mittagessen vor und den Kleidungsstil im Büro. Mein Ausbilder Richard Nelson Bolles sagte, dass ein Thema eine Kultur im Schlepptau hat – denken Sie nur an die Unterschiede zwischen der Kunstszene und der Finanzwelt. Die Unternehmenskultur wiederum spiegelt sich in der Entscheidungsfindung, der Führungskultur, den Beziehungen unter Kollegen sowie dem Auftreten der Mitarbeiter nach außen.

Meiner Erfahrung nach kann es Sie viel Energie kosten, wenn Sie nicht in die Themenwelt Ihrer Firma passen. Dann fühlen Sie sich wie ein Fisch auf dem Trockenen.

Auch wissenschaftliche Untersuchungen belegen, dass die Zufriedenheit im Job hauptsächlich vom »Cultural Fit« abhängt, der kulturellen Passung. In einer Studie der Online-Jobplattform StepStone von 2017 sind 59 Prozent der Mitarbeiter, die sich mit ihrem Unternehmen identifizieren können, auch mit ihrem Job zufrieden. Umgekehrt identifizieren sich nur 9 Prozent von denen, die mit ihrer Stelle unzufrieden sind, trotzdem mit ihrem Arbeitgeber.

Allerdings gibt es auch Ausnahmen. Ich kenne eine Personalerin eines Kreditinstitutes, die sagt: »Das Wichtigste für mich ist, Mitarbeiter zu unterstützen, zu motivieren und weiterzubilden.« Dass ihr Unternehmen Kredite vertreibt, ist ihr egal, solange sie als Personalerin unterwegs sein kann.

Die Frage ist also: An welchen Themen möchten Sie mitarbeiten?

Motivation von innen

Ein Thema kann regelrecht sinnstiftend wirken. Das sehen Sie zum Beispiel an den vielen Ehrenamtlichen, die sich unter den miesesten Bedingungen engagieren – nur weil das Thema für sie so sinnhaft ist. Dass sie unter widrigsten Umständen motiviert bleiben, gerne ans Werk gehen und Zufriedenheit empfinden, ergibt sich aus dem Thema quasi von selbst.

Auf einer Party treffe ich eine Frau, die eher zurückhaltend wirkt und die ganze Zeit sehr aufmerksam die Runde beobachtet. Als sich unsere Blicke kreuzen, spreche ich sie an.

Schnell kommen wir in ein angeregtes Gespräch, und ich frage sie, was sie beruflich macht.

Es stellt sich heraus, dass sie Fotografin ist. Ich finde das interessant und frage nach. Aber ich frage sie nicht: »Welche Kamera verwenden Sie?« Oder: »Mit welcher Linse bekommen Sie die besten Bilder?« Sondern: »Was fotografieren Sie denn?«

Im Nu sind wir im Gespräch über Migrantenkinder, denen sie in den letzten Monaten eine ganze Fotoserie gewidmet hat. Sie zeigt mir ein paar Beispiele, und wir bewegen uns in einer Themenwelt, die wir beide spannend finden und in der das Fotografieren nur Mittel zum Zweck ist. Das Thema der Frau ist, Menschen am Rande der Gesellschaft mehr Aufmerksamkeit zu verschaffen, damit es ihnen irgendwann besser geht.

Im richtigen Thema zu arbeiten, ist deshalb so wichtig, weil die meisten Menschen einen Wirkungswillen besitzen. Wir wollen auf dieser Welt etwas bewirken.

Wenn Sie etwas bewirken wollen, ist es nicht egal, was das Unternehmen, für das Sie arbeiten, in der Welt bewirkt. Denn Sie werden ja automatisch zum Mitwirkenden. Was Ihr Arbeitgeber in dieser Welt und für diese Welt erschafft, entspricht Ihrem Wirken in der Welt. Wenn Ihr Unternehmen Impfstoffe herstellt, gibt es dadurch weniger Epidemien auf der Welt. Und wenn Sie orthopädische Schuhe entwickeln, dann tragen Sie dazu bei, dass Menschen besser laufen können.

Arbeit hat Wirkung. Und Sie müssen sich darüber klar werden, an welchen Themen Sie mitwirken wollen.

Es gibt eine ganz einfache Frage, mit der Sie testen können, wie Ihr Verhältnis zu dem Thema Ihrer bisherigen Arbeit ist. Ob Ihre Arbeit mehr ist als ein Job zum Geldverdienen. Die Frage klärt, ob Sie weiter an diesem Thema *mitwirken* wollen, und sie lautet:

Wird die Welt besser oder schlechter durch das, was meine Firma produziert, anbietet oder verbreitet?

Entscheidend ist, was Sie persönlich meinen. Wenn das Thema Ihrer Firma die Welt in Ihren Augen schlechter macht, dann verstößt es gegen Ihre Werte – und dann tun Sie auch sich nichts Gutes. Dann müssen Sie sich wie der Maschinenbauer Björn verbiegen, auch wenn Sie es vielleicht noch gar nicht bewusst spüren. Und das ist schmerzhaft.

Wenn Sie nun die Arbeitssuche als Themenwahl begreifen, statt sich von Berufsbezeichnungen und Tätigkeitsprofilen beschränken zu lassen, verschaffen Sie sich ganz neue Wirkungsmöglichkeiten. Die Frage ist nun: »*Für welches Thema will ich mich in meinem Leben engagieren?*«

Ihre Berufsperspektiven weiten sich und die Möglichkeiten werden vielseitiger und spannender. Es geht nicht mehr primär darum, dass Sie nur eine spannende Tätigkeit ausüben, um Geld zu verdienen. Sondern Sie entscheiden über Ihre Wirkung in der Welt. Und damit schaffen Sie einen Nutzen für andere und Sinnhaftigkeit für sich selbst.

Ganz sicher schlummert in Ihrem Leben mehr als ein Thema, mehr als nur eine Richtung. Auch kann sich Ihre Themenauswahl im Laufe der Jahre verändern und wechseln. Mit den Techniken, die ich Ihnen auf den folgenden Seiten zeigen werde, lernen Sie eine Methode, mit der Sie Ihre wichtigsten Themen identifizieren können. Und in den nächsten Kapiteln zeige ich Ihnen, wie Sie diese Themen mit Ihren Fähigkeiten kombinieren. Und so Ihre konkreten Berufsvisionen kreieren können, mit denen Sie dann systematisch raus in Ihre Themenwelten gehen und dort nach Gold schürfen: nach einem Herzensjob, der zu Ihnen passt.

Auf Themensuche

Für diese Themensammlung mit Lust und Leidenschaft habe ich auf den folgenden Seiten verschiedene Touren vorbereitet, auf die Sie sich begeben können. Ziel ist es, auf jeder der zehn Touren jeweils mindestens zehn Themen zu sammeln, so dass Sie zum Schluss ein Minimum von 100 davon beisammen haben. Auf diesen Touren sowie in den folgenden Kapiteln rund um Ihren Berufsstern ist vor allem Ihr Bauchsystem gefragt: Übergeben Sie Ihrem emotionalen Erfahrungsgedächtnis die Führung.

Tipp: Führen Sie Tagebuch

Damit Sie Ihre Themen am Ende alle übersichtlich beisammen haben, empfehle ich Ihnen eine ebenso alte wie schöne Technik: Legen Sie sich ein Tagebuch zu. Ihr *Berufsglück-Tagebuch*, in dem Sie Ihre gesamte Reise dokumentieren.

Dieses Tagebuch können Sie gerne von außen schön gestalten, das erhöht die Motivation, damit zu arbeiten. Wie gesagt: Ihr Bauchsystem hat bei diesem Weg die wichtigste Rolle, und das arbeitet lieber, wenn es alles darum herum schön findet. Doch wie auch immer Ihr Geschmack in Sachen Gestaltung ist: Hauptsache, Sie haben viele Seiten Platz für Ihre Themen und Ihre Gedanken dazu.

Das Tagebuch ist nicht nur für Ihre jetzige Themensammlung hilfreich, es kann Sie auch weiter durch dieses Buch begleiten und fortlaufend alle Ihre Ideen, Erkenntnisse und Ergebnisse aufnehmen. So werden Sie sich Schritt für Schritt bewusster, um welche Themen und anderen Aspekte Ihr Berufsglück sich dreht.

Vier der folgenden Touren führen in die Welt Ihrer eigenen Gedanken, drei können Sie bequem im Internet unternehmen, und für drei weitere begeben Sie sich vor Ihre Haustür: in die Stadt, in Geschäfte und unter andere Menschen. Sie brauchen dabei nicht viel: Mit Ihrem Berufsglück-Tagebuch oder alternativ einem Block sowie einem Stift sind Sie gerüstet!

Ob Sie die Ausflüge nacheinander machen oder jeden an einem anderen Tag, bleibt ganz Ihnen überlassen. Und nun gute Reise bei Ihren Touren!

Der Blick nach innen

Tour 1: Gedankenfischen

Machen Sie es sich für circa eine Stunde an einem Ort bequem, an dem Sie ungestört sein können. Atmen Sie einmal tief durch und befreien Sie sich bitte so gut wie möglich von allen Ablenkungen. Schließen Sie dann die Augen und begeben Sie sich nun auf einen Segeltörn durch Ihre Gedankenwelt.

Sie schaukeln durch Ihr Erlebnismeer und denken an die letzten Tage, Monate, Jahre und die besonderen Momente. Werfen Sie Ihr Themennetz aus und fischen Sie nach Assoziationen zu folgenden Fragen:

- Was sehen Sie gerne?
- Was hören Sie gerne?
- Was schmecken oder riechen Sie gerne?

Nehmen Sie nun Ihr Tagebuch und schreiben Sie zu jeder Frage alle Themen auf, die Ihnen einfallen. Dabei gilt: Sie sind in der Sammelphase. Da dürfen Sie nach Herzenslust alles aufschreiben, was Ihnen einfällt. Hier ist Träumen angesagt – das Überprüfen, ob ein Thema auch beruflich von Bedeutung sein kann, kommt erst in einem späteren Schritt. Trauen Sie sich, Ihren Verstand noch ausgeschaltet zu lassen und sich ganz auf Ihr Bauchsystem zu verlassen, indem Sie die Themen auflisten, für die Sie Lust und Leidenschaft empfinden.

Lassen Sie sich von einigen Beispielen meiner Teilnehmer inspirieren und schreiben Sie ruhig munter bei ihnen ab:

Was sehen Sie gerne? *Meer, Gemüse auf dem Markt, alte Menschen beim Händchenhalten, eine schön eingerichtete Wohnung, spielende Hunde, meine Familie, Bäume, Schriften, Tapeten, schöne Schuhe, Jugendstilarchitektur, moderne Kunst, Sonnenuntergänge, Herbstlaub, Feuerwerk, blauer Himmel, japanisches Design, Kreuzfahrtschiffe, schneebedeckte Berge*

Was hören Sie gerne? *tiefer Motorensound, gute Hörbuchstimmen, spielende Kinder, Klaviermusik, Soul, das Tuckern von Fischkuttern, Stille, Spanisch, Regen, Vögel im Frühling, Jazz, Klassik, Grillenzirpen, Knirschen von Schnee, Gewitter, Katzenschnurren, Blätterrascheln, Meeresrauschen*

Was schmecken oder riechen Sie gerne? *Kaffee, Oliven, Schokolade, Parfum, frisch gewaschene Bettwäsche, Orangenöl, Holz, das Meer, frisch gebackenes Brot, Zimt, guter Rotwein, Rosen, Kräuter, Grillfleisch, Sonnencreme, Käse, Marzipan*

Tour 2: Gefährten-Casting

Nehmen Sie sich für diese Tour circa 30 Minuten Zeit. Stellen Sie sich vor, Sie sind wie Robinson Crusoe auf einer einsamen Insel gestrandet. Auf dieser Insel ist alles vorhanden, was Sie für das tägliche Leben brauchen. Aber dennoch fehlt Ihnen etwas: ein Mensch, mit dem Sie reden können.

Stellen Sie sich nun vor, Sie dürften sich beim Universum einen Gefährten bestellen, der für Sie maßgeschneidert würde. Worüber müsste der Bescheid wissen, um Ihnen ein interessanter Gesprächspartner und Begleiter sein zu können? Etwa über *Außenpolitik* oder *Ernährung*? Oder wünschen Sie sich einen Experten für *upgecycelte Möbel*, der alle Kniffe des *Möbelbaus* beherrscht? Oder eher einen pflanzenkundigen Naturtyp, der Ihnen erklären könnte, wie *Permakultur* die *Umweltprobleme* der Erde löst?

Lassen Sie sich von einigen Beispielen meiner Teilnehmer inspirieren: Klimawandel, Finanzen, Autos, Altersvorsorge, ökologisches Bauen, die schönsten Urlaubsorte dieser Welt, Mobbing, Meditation, gute Kindererziehung, agile Unternehmensführung, Umgang mit Tod und Trauer, gesunde Ernährung, funktionales Fitnesstraining, Bitcoin, Partnerschaft und Beziehungen, Solartechnik, ganzheitliche Heilung, Arbeitsfrust, Arbeitsaufteilung zwischen Mann und Frau, Ernährung, Berufsperspektiven, Glück, Depressionen, Kochrezepte, Stress, Minimalismus, Politik

Tour 3: Der Zauberstab

Stellen Sie sich vor, Sie hätten einen Zauberstab. Denken Sie an alles, was Sie auf dieser Welt damit ändern würden. Mit einem eleganten Handgelenksschlenker könnten Sie alles verwandeln, was stört. Oder mit anderen Worten: Sie könnten alles entfernen, was Sie aufregt, und alles vermehren, was Sie mögen.

Sie möchten, dass *Darmkrebs* von der Welt verschwindet – bitte schön! Abrakadabra, schon geschehen. Sie wollen die *Todesstrafe* abschaffen? Nichts leichter als das – Simsalabim! Sie möchten, dass alle Kinder in Ihrer Stadt die gleichen *Bildungschancen* haben? Sie halten ein *bedin-*

gungsloses Grundeinkommen für eine gute Idee? Warum nicht – mit Ihrem Zauberstab können Sie alles möglich machen.

Lassen Sie sich von einigen Beispielen meiner Teilnehmer inspirieren: weniger Stress, weniger Fremdenfeindlichkeit, gerechte Finanzpolitik, gute Bildung für alle, keine Massentierhaltung, mehr Inklusion von Menschen mit Behinderung, bessere Paarbeziehungen, bedingungsloses Grundeinkommen, bessere Bezahlung in Pflegeberufen, mehr saubere Energie, bezahlbarer Wohnraum, weniger Helikoptereltern, fähigere Chefs, mehr Passivhäuser, weniger Schadstoffe durch Autos, gesündere Lebensmittel

Tour 4: Anliegen von dir und mir

Überlegen Sie, welche Personengruppen Ihnen am Herzen liegen: Kinder, Jugendliche, Arbeitnehmer, Frauen, Männer, Ältere? Nun überlegen Sie, welche Anliegen und Probleme diese Menschen haben könnten. Wenn es in Ihrer Macht stünde: Von welchen Sorgen würden Sie die Menschen befreien, welche Wünsche würden Sie Ihnen erfüllen?

Listen Sie auch die Sorgen und Schwierigkeiten auf, von denen Sie selber schon einmal persönlich betroffen waren oder es immer noch sind. Denn gerade auf diesem Gebiet sind Sie doch Experte und können andere Menschen vielleicht darin unterstützen. Der überzeugendste Ernährungscoach ist sicher jemand, der selbst schon mal abgenommen hat. Oder ein anderes Beispiel: Ich war auch über viele Jahre von beruflicher Orientierungslosigkeit und Berufsschmerzen betroffen; auch diese Erfahrungen qualifizieren mich für meine heutige Tätigkeit.

Hier wieder einige Beispiele meiner Teilnehmer zur Inspiration: Allergien, Burnout, Suche nach sinnvoller Arbeit, Analphabetismus, Entspannung, Legasthenie, Kinderarmut, Übergewicht, ADHS, Schlafstörungen, Beziehungsprobleme, Einsamkeit, Elternschaft, Gewalterfahrung, Sucht, Insolvenz, Selbstbewusstsein, Vereinbarkeit von Familie und Beruf, Leben im Alter

Hier endet erst einmal die Reise in Ihre Gedankenwelt. Falls sich Dopplungen auf Ihrer Themenliste ergeben haben, macht das gar nichts. Sie werden die Listen später noch überarbeiten.

Die nächsten drei Touren finden in der virtuellen Welt des Internets statt.

Tour 5: Themenparadies Gelbe Seiten

Für diese Tour benötige Sie rund zwei Stunden Zeit. Öffnen Sie die Website www.gelbeseiten.de. Geben Sie in das Suchfeld »Was suchen Sie« zwei beliebige Buchstaben ein. Zum Beispiel: *Am*. Schon erscheint ein Scroll-down-Menü mit Stichworten von *Amtsgericht* und *Ambulante Pflegedienste* bis hin zu *Amerikanische Fahrzeuge*. Verändern Sie die Buchstabenkombination, so oft Sie mögen: *Ei, Hu, Kr, Pa* ... – was immer Ihnen spontan in den Sinn kommt. Schreiben Sie sich die Themen auf, die Sie ansprechen, bei denen Ihre innere Stimme so etwas sagt wie: *Gut, dass es das auf der Welt gibt.* Oder: *Dieses Themenfeld liegt mir am Herzen.* Oder: *Oh ja, wenn ich könnte, dann würde ich hier gerne etwas verändern oder verbessern.* Sammeln Sie auf diese Weise Themen, an denen Sie lieber heute als morgen mitarbeiten würden.

Lassen Sie sich von einigen Beispielen meiner Teilnehmer inspirieren: Ambulante Pflege, Bestattungen, Container, Denkmalpflege, Elektrotechnik, Fitnesscenter, Gartenbau, Hörgeräte, Immobilien, Jugendamt, Leihwagen, Naturstein, Orthopädietechnik, Physiotherapie, Quads, Recycling, Seniorenheime, Teppiche, Unterhaltungselektronik, Versicherungen, Wirtschaftsprüfung, Yachten, Zelte

Tour 6: Themenfundgrube Lieblingssendungen

Stöbern Sie einfach mal nach Herzenslust online durch Fernseh- und Radioprogramme. Suchen Sie zum Beispiel nach Dokumentationen – und Ihnen öffnet sich ein wahres Füllhorn an spannenden Themen, die Ihr Interesse wecken könnten. Wie wäre es mit: *Künstliche Intelligenz, Nordkorea-Konflikt, Ebbe und Flut, Topmanager am Limit, Spitzenköche, Frieda Kahlo.* Eine gute Quelle für Dokumentationsthemen bietet zum Beispiel www.featvre.com. Oder klicken Sie sich durch die Themenlisten von politischen Magazinen, Talkshows oder Features:

Mindestlohn, Bürgerversicherung, Gender-Gap, Fremdenfeindlichkeit – was spricht Sie an? Vielleicht finden Sie eine Sendung über *Wein*, die Sie begeistert. Oder einen Bericht über *kubanische Zigarren*, der Sie innehalten lässt. Zwischendrin entdecken Sie einen Beitrag über *Elektroautos* und sind sich sicher, davon sollte es viel mehr geben. Alles, was Sie berührt, aufregt oder begeistert, kommt mit auf die Reise und wird notiert. Alle Themen, bei denen Sie hängenbleiben, gelangen blitzschnell und ohne langes Zögern in Ihr Tagebuch.

Meine Teilnehmer notierten zum Beispiel: Mode, Flüchtlingspolitik, Krimis, Kinderfilme, Frauen in Führung, Zuckerfalle, Michelangelo, Autowelt, Mietwahnsinn Deutschland, Mare TV, Fußball, Wetter, Schöner Wohnen, Schokoladenmacher, Wunder der Natur, Philosophie des Geldes, Mönche in Tibet

Tour 7: Bildungspaket

Durchstöbern Sie einen Katalog oder die Website eines Weiterbildungsträgers. Als Inspirationsquellen können Ihnen Akademien für Fach- und Führungskräfte, aber auch die Angebote der Volkshochschulen dienen. Da stoßen Sie etwa auf das Angebot *Führen mit emotionaler Intelligenz*. Und Sie denken: *Ja, das wäre toll, wenn es mehr Führungskräfte gäbe, die so arbeiten.* Dann schnell ab damit in Ihr Berufsglück-Tagebuch. Vielleicht finden Sie Vorträge, die Sie ansprechen. Eine gute Quelle dafür finden Sie unter www.ted.com. Dort spüren Sie den Beitrag von Manoush Zomorodi *Wie Langeweile zu den hervorragendsten Ideen führen kann* auf und möchten sofort diese Inhalte in der Welt verbreiten? Dann halten Sie den Gedanken in Ihrem Buch fest.

Welche anderen Angebote reizen Sie? Welche Themen entdecken Sie, die Sie wertvoll für die Welt finden? Fällt Ihnen ein Seminar über *Resilienz* positiv auf, oder fühlen Sie sich angezogen vom Thema *Kinder stärken,* dann einfach festhalten. Bildungsangebote und Vorträge sind voll von Themen, die Sie auf Ihre Liste aufnehmen können.

Meine Teilnehmer fanden:

Weiterbildungen: *Tai-Ji, Konflikt als Chance, kreativer Kindertanz, Digitalfotografie, Auswandern für Anfänger, Acrylmalerei, Teambuilding, Bogenschießen, Potenzial 60+, Rhetorik, Stressmanagement, interkulturelle Kompetenz, Aquarellmalen, Selbstversorgung aus dem Garten*

Vorträge: *Paul Tasner: Wie ich mit 66 zum Unternehmer wurde, Giulia Enders: Die überraschend charmante Wissenschaft unseres Darms, Manu Prakash: Papierwerkzeuge, die Leben retten, Anthony D. Romero: So sieht Demokratie aus, Kate Stafford: Wie menschliche Geräusche der Unterwasserwelt schaden, Casey Brown: Kenne deinen Wert und verlange ihn auch, Amy Green: Ein Computerspiel zur Trauerbewältigung, Christian Rodríguez: Teenagerschwangerschaften in Lateinamerika*

Der Blick vor die Tür

Jetzt geht es raus aus dem Haus und auf die Straße: Die nächsten Touren führen Sie in Ihre nähere Umgebung.

Tour 8: Buchhandlungsbummel

Gehen Sie mal wieder in eine große Buchhandlung. Schlendern Sie an den Regalen entlang und halten Sie Ausschau nach Inhalten in Büchern, die Sie interessieren. *Schmuck selber machen*, Anleitung für *Achtsamkeit im Alltag*, *historische Romane* oder der Bildband über *afrikanische Elefanten* – was springt Sie an? Egal, ob Roman oder Sachbuch, Ratgeber oder Bildband – notieren Sie sich die ansprechenden Inhalte und Themen in Ihrem Tagebuch.

Lassen Sie sich von einigen Beispielen meiner Teilnehmer inspirieren: Geldanlage, Kochen, Radsport, Modelleisenbahn, Berufsfindung, Wandern, Kryptowährungen, Robotertechnik, emotionale Intelligenz, Ernährung, Demenzerkrankungen, gewaltfreie Kommunikation, Politik, Hundeerziehung, Geschichte, Gartengestaltung, Camping, Gesundheit

Tour 9: Windowshopping

Auf geht's in die Fußgängerzone! Machen Sie einen Schaufensterbummel und überlegen Sie, welche Produkte Sie in den Schaufenstern und Auslagen wirklich mögen. Bei welchen Produkten finden Sie es gut, dass es sie gibt? Die schönen *Duftkerzen*? Die toll hergerichteten *Secondhand-Fahrräder*? Die *Postkarten* in der Papeterie oder das *Biogemüse* aus dem Demeter-Landbau?

Machen Sie sich Notizen in Ihrem Berufsglück-Tagebuch zu allen Waren und Gegenständen, bei denen Sie sich freuen, dass sie produziert und vertrieben werden.

Lassen Sie sich von einigen Beispielen meiner Teilnehmer inspirieren: Kinderkleidung, Autos, Tapeten, Werkzeug, Delikatessen, Fahrräder, Schmuck, Musikinstrumente, Uhren, Möbel, Bastelutensilien, Kosmetikartikel, Blumen, Schuhe, Lampen, maßgeschneiderte Hemden, Schokolade, Kaffee, Immobilien, Speiseeis, Computer, iPhone

Tour 10: Unterwegs mit offenen Augen

Auf dieser Tour dürfen Sie ganz entspannt durch die Stadt schlendern. Achten Sie einfach auf Ihre Umwelt. Und zwar auf das, was Ihnen gut gefällt, und ebenso auf die Dinge, die Sie stören. Kreuzen *verliebte Rentner* Ihren Weg? Sehen Sie *lachende Kinder* auf dem *Spielplatz*? Registrieren Sie den *Obdachlosen* und wünschten, Sie könnten etwas gegen *Armut* tun? Vielleicht sind Sie mit dem *Fahrrad* unterwegs und denken, dass der *Autoverkehr* nervt und die *Fahrradwege* zu unsicher sind. Oder Sie sehen einen *Rollstuhlfahrer*, der sich mühevoll fortbewegt. Was bringt Sie ins Nachdenken? Beobachten Sie Ihre Reaktionen auf Ihre Umwelt und notieren Sie die Themenfelder, die Sie bewegen und interessieren.

So einen Stadtspaziergang sollten Sie sich als kleines Ritual dauerhaft angewöhnen. Jedes Mal werden Sie neue Dinge entdecken, jedes Mal neue tolle Anregungen gewinnen. Und wenn die Zeit für einen richtigen Spaziergang nicht ausreicht, dann schauen Sie mit demselben aufmerksamen Blick auf die Welt um Sie herum auf dem Weg zu Ihrer Arbeit, zum Supermarkt, zum Fitnessstudio …

Lassen Sie sich von einigen Beispielen meiner Teilnehmer inspirieren: Urban Gardening, Obdachlose, gemütliche Cafés, Stadtführungen, Raser, Graffiti an Häusern, schöne Parkanlagen, spielende Kinder, überforderte alte Menschen im Supermarkt, Tattoos, duftende Rosen an Hauswänden, Fußballfans, Tierpark, Hotels, Pfandflaschensammler, restaurierte Gebäude

Damit sind Sie am Ende Ihrer Touren angelangt. Sie haben mit zehn Listen eine reiche Ernte von rund hundert Themen eingefahren, von denen Sie sich angesprochen fühlten. Nun schauen Sie genauer hin ...

Den Wald vor lauter Bäumen sehen

Lassen Sie uns eine Sicherheitsrunde einbauen. Die Erfahrung zeigt, dass manche Themen vielleicht auf Ihren Listen nachgetragen werden müssen.

Dafür gibt es unterschiedliche Gründe. Vielleicht haben Sie das Thema *Kunst* voreilig aussortiert, da Ihr Verstand Ihnen das nachvollziehbare Argument lieferte, dass damit ja wirklich kein Geld zu verdienen sei. Oder Sie haben das Thema *Ernährung* nicht mit auf die Liste genommen, weil Sie nicht beim Thema geblieben sind, sondern sich sofort Gedanken über ein für Sie passendes Arbeitsfeld gemacht haben. Dabei fiel Ihnen nur der Beruf Ernährungsberatung ein, und da Sie das nicht machen möchten, haben Sie gleich das ganze Thema *Ernährung* von Ihrer Liste gelöscht. Jetzt und hier geht es wirklich nur um Themen!

Wenn Sie etwas wichtig finden: ab ins Thementagebuch. Denn auf keinen Fall geht es jetzt schon um Ihre spezifische Tätigkeit in diesem Themenfeld. Falls Sie Ernährung gelistet haben, wissen Sie zu diesem Zeitpunkt noch nicht, ob Sie Saatgut entwickeln, Sommelier werden, in der internationalen Kaffeelogistik arbeiten oder sich für Qualitätssiegel bei Süßigkeiten engagieren werden. Wenn Ihnen solche Aspekte jetzt auffallen, ergänzen Sie Ihre Liste.

Sollten Ihnen diese Listen trotz allem noch kurz vorkommen, schlägt jetzt die Stunde Ihrer Unterstützer: Beziehen Sie die Weggefährten mit ein, die Sie zu Beginn des Buches gefunden haben. Unterhalten Sie sich mit ihnen über Ihre Listen, fragen Sie sie nach Ergänzungen. Welche Themen fallen den anderen ein, wenn sie Ihre Themen sehen? Was haben die auf ihren Listen stehen?

Scheuen Sie sich nicht, diese Themen für sich zu übernehmen. Klauen ist explizit erlaubt! Nehmen Sie alle Anregungen von außen ohne schlechtes Gewissen an. Ich sage meinen Teilnehmern und Ratsuchenden immer: Quält euch nicht zu lange alleine, schreibt lieber bei anderen ab. Einzige Bedingung: Ihr müsst es gut finden für die Welt. Dann ist es euer Thema, und dann gehört es in euer Berufsglück-Tagebuch!

Die Guten ins Töpfchen …

Ob Ihre Listen nun lang oder kurz sind, ob Sie alle Themen fein formuliert oder nur grob skizziert haben: Ihre Listen sind gut genug, so wie sie jetzt sind. Wenn die Listen lang und bunt sind und Sie schon befürchten, dass Sie viel zu viel notiert haben, gehören Sie eben zu den Tausendsassas. Sind Ihre Listen kurz, dann sind Sie einfach ein anderer Typ. Keine Sorge: Beides ist völlig okay.

Jetzt wollen wir herausfinden, mit welchen Themen Sie sich wirklich identifizieren können. Sie erarbeiten in mehreren Schritten, welche Ihrer Themen am besten zu Ihnen passen. Am Ende des Auswahlprozesses kristallisieren sich Ihre Favoriten heraus.

Schritt 1: Die Prüfung – Privat oder beruflich?

Vielleicht finden sich in Ihren Listen einige Themen, die bei näherer Betrachtung nicht dorthin gehören, weil sie keine wirklichen Berufsthemen sind. In diesem Schritt können Sie sich deshalb von solchen Themen verabschieden, die nur für Ihr Privatleben eine Rolle spielen.

Vielleicht hat sich auf der Liste »Was sehen Sie gerne?« der Begriff *meine Familie* eingeschlichen. Falls Sie sich nicht für das Glück von Familien im Allgemeinen einsetzen möchten und dies nur ein Interesse in Ihrem Privatleben ist, dürfen Sie es jetzt von dieser Liste streichen.

Das eine oder andere Thema könnte Sie auch deshalb ansprechen, weil Sie es sich für sich selbst wünschen. Möglicherweise fällt dieser

Prüfung Ihrer Themen zum Beispiel das *Wohnmobil* zum Opfer, von dem Sie privat schon immer geträumt haben – in einer Firma zu arbeiten, die dafür sorgt, dass ganz viele Menschen Wohnmobile fahren, interessiert Sie jedoch überhaupt nicht.

Streichen Sie großzügig Privates!

Schritt 2: Das Scharfstellen – Wie sieht Ihr Thema konkret aus?

Ihre Listen bekommen jetzt eine Konkretisierungskur. Denn bis jetzt war Ihre Aufgabe ja, einfach alles zu notieren, was Ihnen gerade in den Sinn kam. Dazu haben wahrscheinlich auch eher unkonkrete Überbegriffe gehört wie *Psychologie, Lebensmittel* oder *Nachhaltigkeit*. Bitte markieren Sie dazu zunächst die Begriffe, die Ihnen schwammig erscheinen. Können Sie diese Themen etwas genauer fassen?

Bei welchen konkreten Themen, die Sie beispielsweise mit *Psychologie* umschreiben, spüren Sie Engagement? Sind es eher *Suchterkrankungen, Depressionen* oder vielleicht etwas ganz anderes wie *gute Mitarbeiterführung*? Oder wie würden Sie *Lebensmittel* ein wenig eingrenzen? Manchmal helfen Adjektive. Und schon wird aus *Lebensmittel: ökologisch produzierte Lebensmittel*!

Um zu ergründen, was wirklich in Ihrem Thema steckt, können Sie sich auch einfach Beispiele für Ihre Begriffe überlegen. Dann wird das Thema *Nachhaltigkeit* mit dem Begriff *Kleidung* ergänzt.

Die Frage ist immer: Was steckt genau dahinter? Werden Sie spezifisch. Beispiel gefällig? Steht *Politik* auf Ihrer Liste, ist von Bedeutung, ob Sie die *Arbeitsmarktpolitik* oder die *Finanzsysteme* verändern möchten oder ob Sie sich gegen *Rechtsextremismus* einsetzen wollen. Soll es mehr *Klimaschutz* oder mehr *bezahlbaren Wohnraum* geben?

So kann das dann nach dem Scharfstellen aussehen:

- *Psychologie*: Depressionen, Ängste, Suchterkrankungen
- *Lebensmittel*: regionale Biolebensmittel, Schokolade, Kräuter
- *Dekorationen*: Kissen, Tapeten, Pflanzen, Gardinen
- *Sport*: Fitness, Golf, Yoga, Fußball

Je konkreter Ihre Themen werden, desto besser!

Manchmal schleichen sich auf die Themenlisten auch Begriffe ein, mit denen eigentlich Tätigkeiten gemeint sind. Ein typisches Beispiel ist *Beratung* oder *Forschung*. Fragen Sie sich in diesem Fall, zu welchen Themen Sie beraten oder forschen möchten. Schnappen Sie sich also alle Tätigkeiten auf Ihrer Liste und stellen Sie sich weiterführende Fragen, um auf die dahinterliegenden Themen zu kommen: Wen möchten Sie beraten? Aha: *Jugendliche* – das ist gut. Bei welchen Anliegen möchten Sie Jugendliche beraten? Aha: bei *Kriminalität*. Gut, dann haben Sie vielleicht ein neues Thema: *Jugendkriminalität* – schreiben Sie es auf Ihre Liste.

Streichen Sie in jedem Fall reine Tätigkeiten. Und falls Sie im gleichen Schritt neue Themen entdecken, notieren Sie diese.

Mit Ihren so bereinigten Listen können Sie nun Schritt für Schritt Ihre Berufsstern-Themen ermitteln!

Schritt für Schritt zu den Top Ten

Sie benötigen dafür 20 kleine Kärtchen oder Zettel in der Größe einer Visitenkarte, einen Stift und 60 Minuten Zeit.

Lesen Sie Ihre zehn Listen durch und wählen Sie daraus die 20 wichtigsten Berufsthemen aus, indem Sie sich bei jedem Thema, das in die engere Auswahl kommt, folgenden Satz sagen: *»Ich möchte in einer Firma arbeiten, die Thema XYZ ...«* Suchen Sie sich dazu noch ein passendes Satzende aus, zum Beispiel: *»... anbietet, produziert, vertreibt, verbessert, vermehrt, verhindert, beseitigt.«*

Wenn auf Ihren Themenlisten zum Beispiel der Begriff *Yoga* steht, dann sagen Sie folgenden Satz: *»Ich möchte in einer Firma arbeiten, die Yoga anbietet.«*

Wenn Sie im Bauch ein klares Ja vernehmen, kommt der Begriff auf eines Ihrer Kärtchen.

Sie denken hier *nicht* an eine Tätigkeit oder an eine Berufsbezeichnung. Sie müssen *nicht* Yogalehrer werden, wenn Sie sich für das Themenfeld *Yoga* interessieren und auf Ihr Kärtchen schreiben. Sie könnten auch ein Seminarhotel leiten, in dem Yoga angeboten wird – oder so viel mehr!

Wenn Sie 20 Kärtchen mit Ihren beruflich wichtigsten Themen haben, wird es Zeit, dass Sie sich ein Bild von Ihrer ganz persönlichen Themenlandschaft machen. Bitte schieben Sie dazu die Kärtchen, die für Sie sinnhaft zusammengehören, zueinander. Ähnlich wie bei einer Mindmap ergeben sich vielleicht eines oder mehrere Hauptthemen, um die herum sich Unterthemen gruppieren lassen. Welche Beziehungen bestehen unter Ihren Themen?

Es darf auch sein, dass ein Thema ganz für sich alleine steht – kein Problem. Schieben Sie die Kärtchen so lange, bis sich ein für Sie harmonisches Bild ergibt. Denn mit Bildern, auch mit Mindmaps, sprechen Sie die Sprache Ihres Bauchsystems. Sein gutes Gefühl benötigen Sie, damit Sie sich im Anschluss für die richtigen Themen entscheiden können.

Wie die Anordnung der 20 gewählten Themen aussehen kann, sehen Sie am Beispiel meiner Seminarteilnehmerin Mareike (Seite 100).

Malen Sie die fertige Mindmap in Ihr Berufsglück-Tagebuch ab.

Durch das Schieben der Kärtchen haben Sie Cluster, Zusammenhänge und Mittelpunkte gebildet. Wählen Sie nun auf der Mindmap aus den 20 Begriffen Ihre Top-Ten-Themen aus, indem Sie Ihre zehn Favoriten mit einem Textmarker markieren. Suchen Sie sich dann die entsprechenden Kärtchen aus den 20 aus. Denn jetzt gehen Sie in die Endrunde.

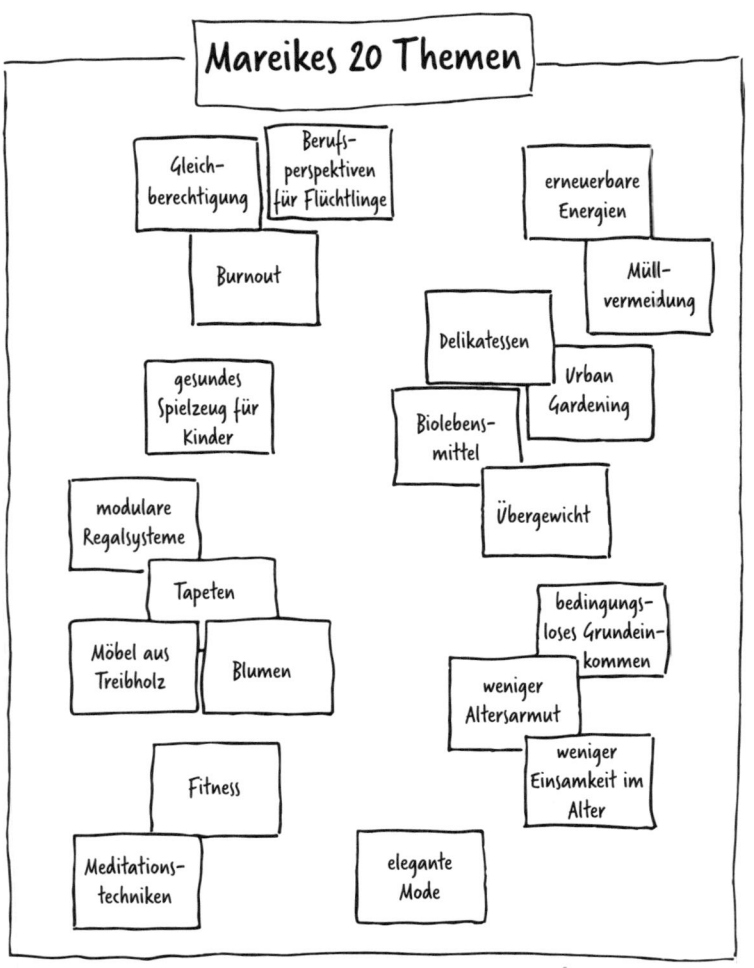

Mareikes 20 Themen

Gleichberechtigung · Berufsperspektiven für Flüchtlinge · erneuerbare Energien · Burnout · Müllvermeidung · gesundes Spielzeug für Kinder · Delikatessen · Urban Gardening · Biolebensmittel · modulare Regalsysteme · Übergewicht · Tapeten · bedingungsloses Grundeinkommen · Möbel aus Treibholz · Blumen · weniger Altersarmut · Fitness · weniger Einsamkeit im Alter · Meditationstechniken · elegante Mode

Das Finale

Dazu bringen Sie Ihre Top-Ten-Themen abschließend in eine Reihenfolge. Was bei der Priorisierung hilft? Kopfkino!

Runde 1: Greifen Sie sich per Zufall zwei Ihrer zehn Kärtchen heraus und legen Sie diese nebeneinander. Bei Mareike waren das zum Beispiel die Themen *erneuerbare Energien* und *elegante Mode*. Und dann folgen Sie mir in Gedanken …

*Stellen Sie sich vor, Sie haben Jobangebote von zwei Unternehmen und könnten in jedem davon sofort anfangen. Die beiden Jobs, die Ihnen angeboten werden, haben exakt gleiche Randbedingungen: identische Chefs, dasselbe Team, die beiden Arbeitsplätze gleichen sich aufs Haar und beide Firmen liegen am exakt gleichen Ort. Bei beiden Stellen werden die gleichen Fähigkeiten von Ihnen erwartet, auch die Arbeitszeiten und das Gehalt entsprechen einander. Die Stellen unterscheiden sich in nur einem einzigen Aspekt: Firma eins setzt sich für mehr **erneuerbare Energien** ein und gar nicht für **elegante Mode**. Firma zwei sorgt für mehr **elegante Mode** in der Welt, aber gar nicht für mehr **erneuerbare Energien**.*

Entscheiden Sie dann aus dem Bauch heraus, bei welcher Firma Sie lieber durchs Tor schreiten würden, welches der beiden Themen Ihnen also wichtiger ist. Dieses Kärtchen schieben Sie nach oben, das andere nach unten.

Runde 2: Greifen Sie sich, wieder per Zufall, ein weiteres Kärtchen aus Ihren zehn heraus und legen es neben das obere Kärtchen, also den »Gewinner« von eben. Gleiches Prinzip: Denken Sie sich die zwei identischen Arbeitgeber und wählen Sie, welches Thema Ihren Bauch eher anspricht.

Falls das neue Kärtchen siegt, kommt es ganz nach oben. Falls es verliert, rutscht es neben den Verlierer aus Runde 1 und wird mit diesem nach dem gleichen Prinzip verglichen. Welches gewinnt nun? Ist das neue Thema wichtiger als der Verlierer aus Runde 1, so legen Sie das neue Kärtchen über den Verlierer aus Runde 1, also an Postion 2, ist es weniger wichtig, kommt das neue Kärtchen ganz nach unten, also an Position 3.

Dieses Gedankenspiel wiederholen Sie, bis alle Karten in einer Reihenfolge sind. Das sind Ihre Top Ten, die Sie aus über hundert Begriffen gewählt haben! Feiern Sie das ruhig ein bisschen, und notieren Sie sie hier oder in Ihr Berufsglück-Tagebuch.

Meine zehn Themen

1. _____
2. _____
3. _____
4. _____
5. _____
6. _____
7. _____
8. _____
9. _____
10. _____

Den Themen, die auf den Plätzen 1 bis 3 gelandet sind, schenken Sie nun noch etwas mehr Aufmerksamkeit: Malen Sie sich auf ein großes Blatt Papier oder in Ihr Berufsglück-Tagebuch einen leeren Berufsstern und tragen Sie die drei Themen in der Mitte ein. Und widmen Sie Ihnen außerdem jeweils eine Seite in Ihrem Berufsglück-Tagebuch – dies sind Ihre ersten *Ergebnisseiten.*

Die Ergebnisse

Notieren Sie nun zu jedem der drei Themen eine Erklärung mit jeweils drei Rubriken. Orientieren können Sie sich dabei am Gesprächsleitfaden, den Sie in der Startphase kennengelernt haben:

 Sie erklären den Werdegang des Themas in Ihrem Leben, die Themenbiografie: Wann sind Sie diesem Thema zum ersten Mal begegnet? Was haben Sie im Laufe Ihres Lebens alles im Zusammenhang mit dem Thema erlebt? Erinnern Sie sich an ein gutes Gespräch oder eine Fortbildung dazu? Gab es einen aufschlussreichen Film darüber, der Ihnen neue Erkenntnisse geliefert hat? Und was haben Sie heute mit dem Thema zu tun?

 Sie beschreiben das Gute an dem Thema: Was gefällt Ihnen besonders daran, was ist das Tolle und Spannende? Welche Aspekte sind Ihnen besonders wichtig?

Sie schauen auf das weniger Gute: Was gefällt Ihnen nicht an dem Thema? Gibt es Punkte, die Sie daran weniger interessieren?

> **Tipp: Machen Sie es bunt**
> Wenn sich Ihre ersten drei Themen sehr ähneln, dann nehmen Sie ruhig noch ein weiteres dazu, das Sie auch noch eingehender erläutern. Sie bilden so Ihre Themen-Vielfalt besser ab.

Mareike schrieb zu Ihrem Thema *Biolebensmittel* Folgendes:

 Es fing an, als mein kleiner Bruder Neurodermitis bekam und meine Mutter nur noch Bioprodukte kaufte. Später haben wir dann in der Schule einen Film über Massentierhaltung geschaut. Das hat mich so erschreckt, dass ich in meiner Jugend vier Jahre lang kein Fleisch mehr gegessen habe. In meiner Studentenzeit hatte ich nur ein kleines Budget und habe daher weniger Bioprodukte gekauft. Es hat mich oft gestört, dass sie so teuer sind. Heute kaufe ich möglichst nur noch Bio.

 Ich mag vor allem Gemüse und Obst. Ich finde es super, wenn die Produkte auch noch regional produziert werden. Es gibt mir ein gutes Gefühl, dass nachhaltige Erzeugung von Lebensmitteln zum ökologischen Gleichgewicht beiträgt und weniger Schaden verursacht. Gut finde ich, dass bei Bioprodukten der faire Handel auch oft eine zentrale Rolle spielt. Natürlich ist auch der Geschmack oftmals viel reichhaltiger. Und gesünder sind sie allemal.

 Ein großer Nachteil von Bioprodukten ist der meist deutlich höhere Preis. Merkwürdig finde ich, wenn die Produkte in Bioläden aufwendig verpackt sind. Bei Nussnougatcremes mag ich lieber die gute alte Nutella aus dem Supermarkt. Bedenklich finde ich, wenn Bioobst aus weit entfernten Ländern eingeführt wird.

Auf Ihren Themen-Ergebnisseiten können Sie auch alles festhalten, was Ihnen zu Ihren Themen begegnet. Achten Sie beim Vertiefen der Themen auf Ihre persönlichen Reaktionen: Gibt es Aspekte, bei denen Ihr Interesse wächst, oder welche, bei denen es abflaut? Über Ihr Berufsglück-Tagebuch bleiben Sie im Austausch mit dem, was Sie an einem Thema bewegt, interessiert und was Ihre Aufmerksamkeit fesselt.

Für drei Ihrer Themen wissen Sie das nun ganz genau. Sollten Sie im Verlauf der Arbeit mit diesem Buch feststellen, dass Sie falsch gewählt haben – keine Angst. Sie dürfen gerne Themen verwerfen und neue auswählen.

Der Schaukelstuhltest

Stellen Sie sich zum Abschluss dieses Kapitels vor, Sie sind alt geworden – ein zufriedener, betagter Mensch. Sie sitzen auf der Veranda eines Hauses in einem Schaukelstuhl und blicken in die Ferne. Hinter sich hören Sie das leise Quietschen einer aufgehenden Tür. Ein Kind von sieben, acht Jahren, das Sie gut kennen und sehr mögen, stellt sich neben Sie, schaut Sie neugierig an und fragt:

»Du bist doch schon ziemlich alt. Was hast du denn eigentlich dein Leben lang so gemacht?«

Sie überlegen einen Moment – und dann beginnen Sie:

»Ich habe in meinem Leben dafür gesorgt, dass ...«

Sie beginnen von Ihrem Leben zu berichten. Und von den drei Themen, für die Sie sich eingesetzt und die Sie vorangebracht haben. Hören Sie sich aufmerksam zu: Haben Sie ein gutes Gefühl bei dem, was Sie mit Ihrem Leben angefangen haben? Haben Sie sich für das richtige Thema engagiert? Ihre Arbeitskraft für das richtige Thema eingesetzt? Sind Sie stolz darauf? Wenn ja, dann haben Ihre drei Themen den Schaukelstuhltest bestanden und dürfen mit in die nächste Runde.

Sie werden Ihre drei Themen in den folgenden Kapiteln mit Ihren Fähigkeiten kombinieren und so Berufsvisionen kreieren, mit denen Sie später hinaus in die Welt ziehen.

KAPITEL 6

Ich-Faktor Fähigkeiten: Was liegt unter der Spitze des Eisbergs?

»Seid ihr so weit?«, frage ich.

Ich stehe vor dem gesammelten Abiturjahrgang eines niedersächsischen Gymnasiums. Die fast 100 jungen Menschen haben von mir vor zehn Minuten folgenden Auftrag bekommen: Jeder für sich sollte auf eine Liste alle seine Fähigkeiten schreiben, die er für beruflich verwertbar hielt.

Auf meine Frage hin nicken einige, die meisten schauen mich überrascht an.

»Gut«, sage ich. »Ich möchte euch nun bitten aufzustehen. Alle.«

Geräuschvoll werden Stühle zurückgeschoben. Es dauert einen Moment, bis die Unruhe sich legt.

Ich warte kurz ab und sage: »Danke. Und nun setzen sich bitte diejenigen, die weniger als fünf Fähigkeiten auf ihrem Zettel stehen haben.«

Jetzt wird es richtig laut! Mehr als zwei Drittel der Abiturienten lassen sich wieder auf ihren Stuhl fallen.

Ich bin baff, aber lasse mir nichts anmerken und frage: »Und wer hat weniger als acht?«

Wieder setzen sich viele hin.

»Weniger als zehn?«, frage ich weiter.

Jetzt stehen nur noch ein paar.

»Und weniger als dreizehn?«

Ein einziges Mädchen bleibt stehen. Auf ihrem Zettel stehen 15 Fähigkeiten!

»Fähigkeiten? Was für Fähigkeiten?« Das fragen sich ganz viele meiner Seminarteilnehmer, und sie meinen es ernst. Sie haben das Gefühl, dass sie im Grunde sehr wenige aufzuweisen haben. Ganz ähnlich wie die angehenden Abiturienten wissen auch sie nicht so recht, was ich meine, wenn ich sie auf ihre »Fähigkeiten« anspreche. Selbst Menschen mit langjähriger Berufserfahrung geht es nicht anders.

Aber: Laut meinem Ausbilder, dem Arbeitswissenschaftler Richard Nelson Bolles, besitzt absolut niemand weniger als 250 Stärken. Jeder von uns verfügt über jede Menge Kompetenzen, doch die Erfahrung zeigt: Nur die wenigsten sind sich vieler oder gar aller ihrer Fähigkeiten bewusst.

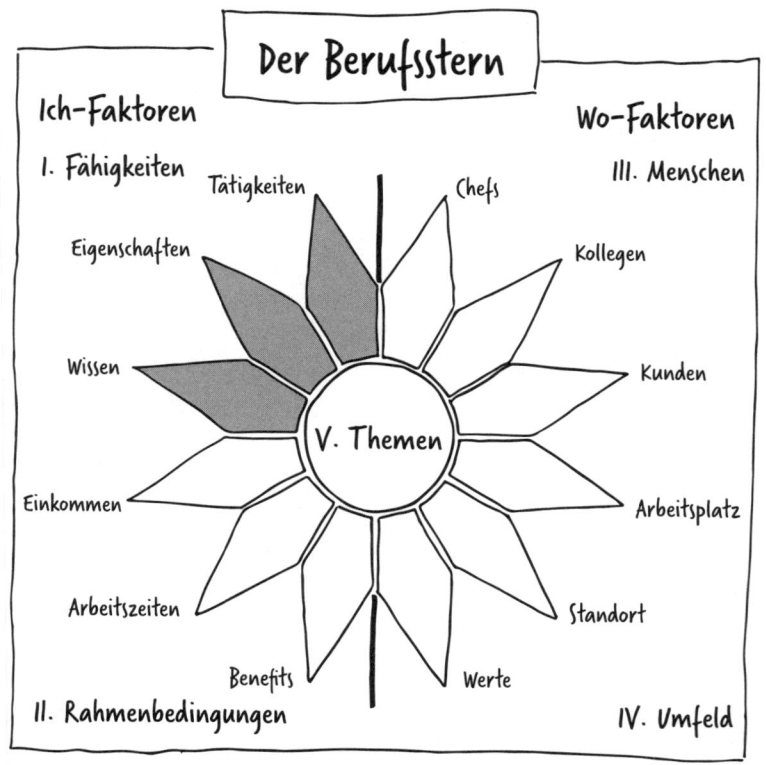

Worum geht es überhaupt?

Diese Ratlosigkeit in Bezug auf die eigenen Begabungen hat zunächst folgende Ursache: Wir sind zu schnell! Wir operieren mit den Begriffen Stärken, Kompetenzen, Fähigkeiten nahezu täglich. Dabei gehen wir davon aus, dass klar ist, was damit überhaupt gemeint ist. Oft reden wir auch gleich von *StärkenundSchwächen*, so als wäre es ein Wort.

Aber die wenigsten schalten einen Gang zurück und fragen: »*Hey, du fragst nach meinen Stärken und Fähigkeiten? Was meinst du denn damit genau?*« Und genau diese Überlegung ist wichtig, denn eine Antwort auf die Frage *»Was sind meine Fähigkeiten?*« können wir nur dann geben, wenn wir wissen, was damit überhaupt gemeint ist.

Ein Arbeitswissenschaftler, der sich genau dieser Fragestellung gestellt hat, ist Sidney A. Fine. Er forschte im Auftrag der US-amerikanischen Regierung darüber, welche Faktoren die Eignung von Menschen für spezifische Jobs bestimmen. Die USA standen damals nämlich kurz vor ihrem Eintritt in den Zweiten Weltkrieg und wollten verständlicherweise so effektiv wie möglich Zivilisten zu Soldaten machen. Aber wie sollte die Verwaltung so schnell herausfinden, wer sich für welche Position eignet?

Von Assessment Centern hatte noch kein Mensch gehört. Zeit zum Ausprobieren hatten sie auch nicht. Also entwickelte Fine ein System und wurde somit zum großen Vorreiter in Sachen Fähigkeitsanalyse und -klassifikation. Seine große Erkenntnis war, dass – obwohl es wirklich keinen Mangel an Fähigkeiten auf der Welt gibt – sie alle in nur drei Kategorien fallen:

1. Wissen,
2. Eigenschaften,
3. Tätigkeiten.

In der Kategorie *Wissen* geht es um den jeweiligen Kenntnisstand zu einem spezifischen Thema, also beispielsweise zu wissen, wie eine Reisekostenabrechnung verbucht wird, wie viel Sahne bei der Zubereitung einer Schwarzwälder Kirschtorte benötig wird oder welche Bremsen in einen VW-Käfer Baujahr 1982 gehören.

Die Kategorie *Eigenschaften* beschreibt, wie Sie Ihre Arbeit ausführen – Fine bezeichnete sie deshalb auch als Selbstmanagement-Fähigkeiten. Vielleicht sind Sie schnell, während jemand anders eher gründlich ist, oder kontaktfreudig, während andere über lange Zeit konzentriert sind.

In der Kategorie *Tätigkeiten* findet sich alles wieder, was Sie *tun*. Sidney Fine bezeichnete sie als »übertragbare Fähigkeiten«, da Tätigkeiten normalerweise nicht an spezifisches Thema gebunden sind. Sind Sie zum Beispiel eine Trainerin, die vor einer Gruppe steht und gut erklären kann: Dann brauchen Sie nicht weiter *SAP* unterrichten, wenn Sie daran keinen Spaß haben. Sie könnten sich problemlos Ihre Fähigkeit »unterrichten« unter den Arm klemmen und sie bei Ihrem Lieblingsthema *Ernährung* einsetzen. Oder auch Kinder in *Naturpädagogik* anleiten.

Interessanterweise wird gerade die Kategorie Tätigkeiten oftmals übersehen, wenn Menschen Ihr persönliches Potenzial reflektieren. Auch in Stellenanzeigen finden sich selten Angaben aus dieser Kategorie unter den Anforderungen an den Bewerber, sondern nur vage aufgelistet in der Beschreibung der Aufgaben. Unter Anforderungen steht so etwas wie: teamfähig, flexibel, belastbar, positive Ausstrahlung – also Eigenschaften. Oder Punkte wie technisches Verständnis, Englischkenntnisse oder Qualitätsmanagement – also Wissen.

Und dabei spielen sowohl für Arbeitnehmer als auch für den Arbeitgeber die Tätigkeiten die wichtigste Rolle, wenn es um die Frage geht, ob jemand einen Job wirklich ausführen kann. Oder würden Sie eine Reinigungskraft einstellen, die zwar unheimlich viel Wissen über Putzmittel hat und fleißig ist, aber überhaupt nicht putzen kann?

Auch bestimmen die Tätigkeiten insbesondere, ob sich ein Job passend anfühlt. Es geht in dieser Kategorie ja darum, was sie tagein, tagaus *tun*. Und das an fünf Tagen in der Woche. Wenn Ihnen die Tätigkeiten nicht liegen, dann ist Berufsglück kaum möglich, selbst wenn das Thema für Sie richtig ist. Stellen Sie sich zum Beispiel eine Biologin vor, die das ganze Jahr über im Labor Daten auswertet – obwohl sie am liebsten mit Menschen kommuniziert.

Die drei Bereiche kommen Ihnen wahrscheinlich auch schon bekannt vor, denn in Kapitel 3 haben Sie die drei Felder des Ich-Faktors Fähigkeiten schon einmal betrachtet: Sie haben Ihren Ist-Job durchleuchtet, um herauszufinden, was Sie dort tagtäglich leisten – ob Sie wollen oder nicht.

In diesem Kapitel drehen Sie den Spieß um: Sie finden heraus, welche Fähigkeiten Sie in einen Job mitbringen möchten. Es geht also nicht nur darum, dass Sie ermitteln, was Sie alles zu bieten haben. Sondern Sie suchen ganz gezielt danach, welche Fähigkeiten Sie wirklich mögen. Die Unterscheidung ist wichtig, denn jeder Mensch hat Dinge, die er gut kann und die ihm trotzdem keinen Spaß bringen.

Die Fähigkeiten, die Sie in Ihren Berufsstern eintragen, sind also ausschließlich welche, die Sie mit Freude erfüllen. Machen Sie sich in diesem Kapitel auch noch keine Gedanken darüber, ob und wo die Fähigkeiten, die Sie jetzt herausfinden, im Arbeitsmarkt tatsächlich gebraucht werden. Es geht erstmal nur um Sie: welche Tätigkeiten Sie wirklich gerne tun, wie Sie gerne sind und welche Wissensgebiete Sie gerne anwenden.

Ich erwähne in meinen Seminaren oft, dass selbst Waschmaschinen uns etwas voraushaben, was ihre »Fähigkeiten« angeht. Wenn Sie durch die Reihen von Saturn oder Media Markt gehen, klebt an jedem Modell ein großer Zettel, auf dem steht, was diese Maschine alles kann: wie viele Umdrehungen sie schafft, wie wenig sie an Wasser und Energie verbraucht, über welche Extra-Waschprogramme sie verfügt. Jede Waschmaschine weiß also genau, was sie kann.

Warum wir dagegen von uns selbst häufig nicht wissen, was wir alles drauf haben, dafür gibt es einen guten Grund ...

Die Nachteile der Automatisierung

Vielleicht erinnern Sie sich an meine ersten Ausführungen zu unserem Gehirn in Kapitel 3: Bewusstes Denken und Aufmerksamkeit brauchen sehr viel Energie, während Routinen, die automatisiert ablaufen, mit wenig auskommen. Unser cleveres Gehirn ist also immer auf der Suche nach Möglichkeiten, Energie einzusparen. Es versucht alles, was wir zunächst bewusst tun, in Routinen zu wandeln. Was einen Fahranfänger zum Beispiel noch in Stress versetzt – kuppeln, Gang einlegen, Blinker setzen, umschauen, Spur wechseln –, vollbringt ein erfahrener Autofahrer automatisch und meist völlig unbewusst. Seine Aufmerksamkeit richtet er auf ganz andere Dinge: Meetings planen, der Radiosendung lauschen, Kaffee trinken oder sich mit den Mitfahrern unterhalten. Haben wir erst einmal Automatismen gebildet, können wir wiederkehrende Handlungen abspulen, ohne darüber nachdenken zu müssen. Alles läuft wie ein gut geöltes Rädchen.

Was Ihr Gehirn superpraktisch findet, könnte für Ihr Berufsglück das reine Gift sein: Gerade das, was Ihnen besonders leicht fällt und was Sie so gut können, dass Sie es automatisiert haben, fällt Ihnen selbst gar nicht mehr auf. In dem Moment, in dem Sie über Ihr Berufsglück nachdenken, kommen Sie gar nicht auf den Gedanken, dass das, was Sie am meisten auszeichnet und Ihnen leicht fällt, vielleicht eine fantastische Fähigkeit sein könnte! Und wenn jemand Sie nach Ihren Fähigkeiten fragt, dann werden Ihnen viele Ihrer besten nicht einfallen. Eine Katastrophe!

Was Ihnen am ehesten einfällt, sind die Dinge, die für Sie anstrengend sind, die komplex sind oder bei denen Sie sich noch in der Lernphase befinden – damit müssen Sie sich ja aktiv befassen, weshalb Ihr Gehirn diese Fertigkeit noch nicht ins Unterbewusste »versenkt« hat. Natürlich haben Sie auch ein paar Ihrer Talente parat, beispielsweise wenn Sie immer wieder für eine bestimmte Eigenschaft gelobt wurden. Dennoch: Was Ihnen einfällt, ist ganz sicherlich nur die Spitze des Eisbergs, wenn Sie über Ihre Fähigkeiten nachdenken.

Da Sie per Definition nicht benennen können, was Ihnen nicht bewusst ist, ist es wichtig, dass Sie sich Unterstützung von außen holen, um Ihren Berufsstern zu füllen: Andere sehen mit Leichtigkeit, was Sie nicht oder nicht mehr sehen. Ihre Helfer beleuchten Ihre blinden Flecke.

Meine Teilnehmer sind immer wieder überwältigt von der Fülle an Fähigkeiten, die andere bei ihnen entdecken. Diese »Fremdgehirne« helfen auch Ihnen wahrzunehmen, was unter der Spitze Ihres Eisbergs verborgen liegt. Da liegt Ihr unentdecktes Potenzial: Ihnen wird bewusst, welche Fähigkeiten in Ihnen schlummern.

Dann werden Sie auch die 45 000-Euro-Frage beantworten können: Diese Frage nenne ich so, weil das das durchschnittliche Bruttojahreseinkommen über alle Altersgruppen hinweg für eine Fachkraft in Deutschland ist. Viele Menschen haben den Eindruck, dass sie nicht wirklich für einen Arbeitgeber so viel leisten könnten. Selbst diejenigen, die einen Job haben, beschleicht immer wieder so ein Mogelpackung-Gefühl. Aber das liegt nur daran, dass unser Hirn uns, bezogen auf unsere Talente, einen Streich spielt.

Also, suchen Sie sich Vertraute oder Gleichgesinnte, die bereit sind, Sie auf Ihrem Weg zum Berufsglück zu unterstützen. Und dann los!

Terrain sondieren

Sie brauchen erst einmal nur Papier und einen Stift, denn Ihre erste Aufgabe ist, eine richtig lange Liste zu schreiben. Sie dürfen hierfür auch gerne Ihr Berufsglück-Tagebuch nutzen. Auf dieser Liste sammeln Sie Erlebnisse aus Ihrem Leben. Alles, was Ihnen spontan einfällt, notieren Sie als Stichwort. Die Erlebnisse sollten zwei Auswahlkriterien gleichzeitig erfüllen:

Das angenehme Erleben: Sie haben die Geschichte gerne erlebt. Vielleicht hat sie Ihnen Freude gemacht. Vielleicht ist die Zeit wie im Flug vergangen. Vielleicht hat es sich leicht angefühlt. Vielleicht waren Sie im Flow. Vielleicht ist es einfach etwas, was Sie gerne und freiwillig tun.

Das positive Ergebnis: Das Ganze hatte ein Resultat, mit dem Sie zufrieden waren. Das Positive darf ganz subjektiv sein, einzig und allein Ihre Einschätzung zählt: Fanden Sie den Outcome gut?

Das müssen keine großen und noch nicht einmal Erfolgs- oder Lieblingsgeschichten sein. Ganz alltägliche, kleine Begebenheiten sind genauso zielführend, sobald sie die beiden Kriterien erfüllen. Ihr zukünftiger Berufsglück-Job wird ja auch aus vielen alltäglichen Ereignissen bestehen.

Möchten Sie ein großes komplexes Erlebnis verwenden, wie zum Beispiel einen Au-pair-Aufenthalt in Frankreich, können Sie die große in unterschiedliche kleinere Geschichten zerlegen. Dann können Sie die vielfältigen Anteile detaillierter erfassen.

Zu »dünn« wird die Geschichte erst, wenn weniger als drei Aktivitäten darin stecken. »*Ich ging in den Zoo und sah den Elefanten zu*« wäre ein bisschen wenig. »*Ich habe mit Freunden eine schöne kleine Fahrradtour gemacht*« wäre dagegen schon gut genug, selbst wenn Sie die Tour nicht selbst organisiert haben. Wichtig ist nur, dass Sie einen aktiven Beitrag geleistet haben, also nicht nur anwesend waren.

Die Erlebnisse müssen übrigens nicht spaßig sein: Wenn Sie eine Freundin durch die schwierige Zeit einer Krebserkrankung begleitet haben und Sie ihr Ihre Hilfe gerne angeboten haben und von Herzen für sie da waren, dann ist das eine Begebenheit, die Sie auch auf Ihrer Erlebnisliste eingetragen können.

Die Idee, die eigene Biografie zu analysieren, um die eigenen Fähigkeiten aufzuspüren, stammt von A. W. Rahn. Er entwickelte sie schon 1936 als Grundlage für die kreative Jobsuche. Richtig bekannt gemacht hat sie jedoch mein Ausbilder Richard Nelson Bolles. Viele andere Ratgeber haben sein »Storytelling« übernommen und empfehlen in diesem Zusammenhang die Super-Mega-Großartig-Story. Mein Rat lautet da anders: Sie lernen viel über Ihre berufstauglichen Fähigkeiten, auch wenn Sie alltägliche Erlebnisse zusammentragen. Die dürfen von gestern, von vor einem oder von vor zehn Jahren sein. Sie dürfen sie alleine oder in der Gruppe erlebt haben. Alles ist okay.

Das klingt nach einer einfachen Sache, denn schließlich erleben wir alle jeden Tag viel. Doch genau weil die meisten Erlebnisse so gewöhnlich sind, verschwinden sie ganz schnell aus unserem Bewusstsein. Denn unser Hirn ist so programmiert, dass es hauptsächlich darauf bedacht ist, uns vor Gefahren zu schützen. Daher merkt es sich Alltägliches und Angenehmes nur selten. Aus diesem Grund fällt es vielen anfangs schwer, die Liste zu füllen.

Damit Sie aus den Vollen schöpfen, sollten Sie mindestens 15 Begebenheiten finden und auf Ihrer Erlebnisliste eintragen. Also ergehen Sie sich in schönen Erinnerungen. Wenn Ihnen das nicht auf Anhieb gelingt, helfen Sie Ihrer Erinnerung mit dem folgenden Trick auf die Sprünge.

Tipp: So stupsen Sie Ihre Erinnerung an

Wenn Ihnen das Sammeln der Erlebnisse schwerfällt, lassen Sie sich etwas Zeit und holen Sie für die nächste Zeit jeden Abend Ihr Berufsglück-Tagebuch raus. Schreiben Sie wenigstens ein Erlebnis auf, das Ihnen an diesem Tag ein gutes Gefühl gegeben hat und die beiden Kriterien »angenehmes Erleben« sowie »positives Ergebnis« erfüllt. Das darf auch so etwas sein: »*Ich habe mir heute morgen die Zeit genommen und meinem Kind ein tolles Pausenbrot zubereitet.*« So wird Ihre Liste schnell wachsen.

Ältere Geschichten holen Sie sich ins Bewusstsein, wenn Sie zum Beispiel Freunde und Familien fragen, Fotos und E-Mails scannen oder auch mal mit offenen Augen durch Ihre Wohnung gehen: Bestimmt fallen Ihnen zu vielen Gegenständen Erlebnisse ein. Vielleicht steht in

Ihrem Flur eine Kommode. Diese haben Sie auf einem Streifzug beim Sperrmüll entdeckt und dann mit viel Spaß eigenhändig restauriert. Oder Sie blättern Ihre Fotoalben durch: Stecken da noch Kandidaten für gute Geschichten drin?

Wenn Sie noch mehr Anregungen brauchen, stöbern Sie nach Beispielen in der folgenden Tabelle. Die Liste der Kategorien lässt sich noch beliebig erweitern.

Kategorie	Beispiele für Erlebnisse
Handwerk	• Ich habe Parkett verlegt. • Ich habe ein Bild gemalt. • Ich habe meine Küche neu gestaltet.
Essen	• Ich habe einen Marmorkuchen gebacken. • Ich habe bei der Weinlese geholfen. • Ich habe Saft aus den Äpfeln im Garten gepresst.
Hilfe	• Ich habe einer Kollegin Excel erklärt. • Ich habe einem Freund bei der Formatierung seiner Doktorarbeit geholfen. • Ich bin bei den Nachbarn als Babysitter eingesprungen.
Auftritt	• Ich bin im Improvisationstheater des Bürgervereins aufgetreten. • Ich habe beim runden Geburtstag meiner Tante eine Rede gehalten. • Ich habe beim Krippenspiel mitgemacht.
Feste und Feiern	• Ich habe meine eigene Hochzeit organisiert. • Ich habe bei unserem Abiball die Bar geleitet. • Ich habe für meinen Freund eine Überraschungsfeier geplant.
Ausflüge und Reisen	• Ich habe alleine eine Ein-Tages-Wanderung gemacht. • Ich habe an einer einwöchigen Fahrradtour teilgenommen. • Ich bin drei Monate durch Indien getrampt.
Pflanzen und Tiere	• Ich habe meinem Hund beigebracht, bei Fuß zu gehen. • Ich habe einen Igel bei uns im Keller über den Winter versorgt. • Ich habe Tomaten auf meinem Balkon gezogen.

Kategorie	Beispiele für Erlebnisse
Ehrenamt	• Ich habe mit der Jugendmannschaft, die ich trainiere, ein Turnier gewonnen. • Ich habe Spenden für den Umweltschutzbund gesammelt. • Ich habe für den Vogelschutzbund Vögel beringt.
Sport	• Ich habe einen Halbmarathon geschafft. • Ich habe mit Freunden ein Live-Viewing der Fußball-WM organisiert. • Ich habe beim Schwimmwettbewerb meiner Tochter die Kuchentheke gemanagt.
Job	• Ich habe eine Sitzung moderiert. • Ich habe unseren Azubi angeleitet. • Ich habe eine Website programmiert.

Haben Sie in Ihrer Erlebnisliste schon 15 Geschichten stichwortartig gesammelt? Falls Sie jetzt erst so richtig in Fahrt kommen, schreiben Sie weiter: Je mehr, desto besser.

Wenn Sie so weit sind, gehen Sie zum nächsten Schritt.

Bohrproben nehmen

Eine Geologin in meinem Seminar hat mal gesagt: »Julia, das was du da mit uns machst, ist wie verschiedene Bohrproben nehmen. Wenn wir Geologen die Bodenqualität eines Areals überprüfen wollen, sondieren wir auch erst einmal das Terrain, indem wir viele Proben an der Oberfläche sammeln. Und dann entscheiden wir, welche Stellen so aussagekräftig sind, dass wir in die Tiefe gehen wollen.« Das Bild hat mir gut gefallen, denn genau darum geht es jetzt: Sie gehen tiefer.

Suchen Sie aus den vielen Einträgen auf Ihrer Erlebnisliste fünf Geschichten heraus. Das sind fünf beispielhafte Bohrproben aus Ihrem »Lebensareal«, die Sie sich intensiver ansehen.

Sie schreiben jede dieser Geschichten als Erlebnisbericht im Detail auf. Verwenden Sie ruhig als Hilfestellung das Arbeitsblatt, das ich für meine Seminarteilnehmer nutze. Oben sieht es so aus:

Titel:	Wo passiert?	Wann passiert?
Hintergrund:		
Was habe ich genau gemacht?		
Ergebnis:		

Sie geben Ihrer Geschichte also einen Namen, schreiben auf, wo und wann sie passiert ist. In der Zeile »Hintergrund« tragen Sie die Vorgeschichte ein und erläutern, wie es zu dem Erlebnis kam. Und dann beschreiben Sie das Geschehen so genau wie möglich. Keine Angst: Ihr Erlebnisbericht soll und muss nicht literarisch hochwertig sein. Schreiben Sie einfach auf, was passiert ist; Schritt für Schritt, im Detail. Das heißt, dass Sie die Story im Schneckentempo Revue passieren lassen, sich auf das konzentrieren, was Sie dabei gemacht haben, und in aktiver Sprache schreiben. Wahrscheinlich finden sich in Ihrer Erzählung massenhaft *»und dann habe ich ...«*. Kein Problem!

Und in der vorerst letzten Zeile schreiben Sie auf, was das Ergebnis des Erlebnisses war.

Ich möchte Ihnen ein Beispiel von Alex aus meinem Seminar zeigen:

Titel:	Wo passiert?	Wann passiert?
Pflaumenmus	*Schwäbische Alb*	*2015*
Hintergrund: Meine Frau und ich machten im September Urlaub auf der Schwäbischen Alb. Dort unternahmen wir viele Wanderungen. Bei einer dieser Wanderungen entdeckten wir eine Wiese mit Pflaumenbäumen. Da schon sehr viele Pflaumen heruntergefallen waren, dachten wir, dass diese Bäume wohl nicht abgeerntet werden.		

Was habe ich genau gemacht?

Ich wies meine Frau auf die Pflaumenbäume hin und sagte ihr, dass ich es schade fände, dass diese Pflaumen einfach so auf der Erde liegen. Ich hatte die Idee, dass wir sie sammeln könnten, um später Pflaumenmus herzustellen. Meine Frau war etwas zögerlich, da sie nicht wusste, wem die Pflaumen gehörten. Ich machte mich auf die Suche und sprach die erste Person an, die ich traf. Die Frau konnte mir sagen, welchem Bauer die Pflaumen gehörten. Wir sind dann zu dessen Hof gegangen und haben den Mann auch angetroffen. Ich erzählte ihm, dass wir bei einer Wanderung an seiner Wiese vorbeigekommen waren, und fragte ihn, ob er uns erlauben würde, dass wir die heruntergefallenen Früchte einsammeln. Er war zu meiner Überraschung ganz erfreut, weil er einfach zu viel Obst hatte, und erlaubte uns, dass wir auch gerne die Pflaumen am Baum nehmen könnten. Ich fragte ihn höflich nach einer Leiter und einer Tüte, da wir ja spontan auf die Idee gekommen waren und nichts dabei hatten. Er gab uns beides. So ausgestattet sammelten meine Frau und ich circa fünf Kilo Pflaumen. Im Internet recherchierte ich das Rezept für Pflaumenmus. Ich koche oft, auch im Urlaub. Sie setzte sich derweil aufs Sofa und las. Ich fuhr noch schnell in den Ort und kaufte zwei Pfund Zucker, Zimt und Einmachgläser. Zurück in der Ferienwohnung wusch und entsteinte ich die Pflaumen. Ich schichtete sie mit Zucker in einen Topf. Die Mengen musste ich abschätzen, da ich in der Ferienwohnung keine Waage zur Verfügung hatte. Dann ließ ich alles über Nacht ziehen. Am nächsten Tag setzte ich den Topf auf den Herd, kochte alles auf und ließ dann die Pflaumen zwei Stunden bei geringer Hitze vor sich hinköcheln. Dann schmeckte ich die Masse mit Zimt ab und füllte alles in die Gläser. Ein Glas nahmen wir gleich auf die nächste Wanderung mit und schenkten es dem Bauern. Als wir nach dem Urlaub nach Hause kamen, etikettierten wir die Gläser und verzierten sie mit einem Stoffband. Diese Gläser verschenkten wir in der Familie.

Ergebnis:
10 Gläser leckeres Pflaumenmus

Sie sehen, diese Geschichte muss nicht literarisch hochwertig verfasst sein. Wenn Sie Ihre Bohrproben so herausgearbeitet haben, dürfen Sie jetzt an die Auswertung einer dieser Geschichten gehen.

Erste Auswertungsrunde: Freies Assoziieren

Für diesen Schritt lesen Sie zunächst Ihren Bericht in Ruhe durch. Sie halten dabei Ausschau nach allen Fähigkeiten, die Sie bei diesem Erlebnis eingebracht haben. Diese notieren Sie unter der Geschichte. Auf dem Arbeitsblatt habe ich dafür ganz unten eine Extrazeile vorgesehen:

> **Ich erkenne folgende Fähigkeiten in diesem Erlebnis:**
> ...

Vielleicht fallen Ihnen spontan nur drei oder vier Fähigkeiten auf. Bei dem Pflaumenmus-Beispiel hatte Alex selbst nur aufgeschrieben: *Marmelade einkochen, spontan sein, mit Leuten reden, schöne Etiketten schreiben.*

Es ist ganz normal, dass Sie selbst nur eine Handvoll Fähigkeiten in Ihrem Erlebnis finden. Sie erinnern sich: Unser Gehirn ist Weltmeister im Bilden von Automatismen und Routinen.

Jetzt schlägt die große Stunde Ihrer Unterstützer! Suchen Sie sich irgendjemanden oder auch mehrere aus Ihrem Team aus und bitten Sie sie um ihre Hilfe bei dieser Auswertungsrunde. Die Abbildung auf der nächsten Seite zeigt Ihnen, wie die abläuft. A sind Sie, B ist Ihr Unterstützer.

Versuchen Sie nicht, ihm im Vorfeld zu erklären, was der Unterschied zwischen Tätigkeit, Eigenschaft und Wissen ist. Bitten Sie ihn einfach, spontan alle Fähigkeiten, Stärken, Kompetenzen aufzuschreiben, die ihm in den Sinn kommen.

Alex' Unterstützer haben übrigens folgende Fähigkeiten für ihn gefunden: naturverbunden, Freude an Bewegung, sportlich, Familiensinn, andere motivieren und überzeugen, proaktiv, gute Beobachtungsgabe, engagiert, kann auf andere zugehen, kontaktfreudig, planvolles Vorgehen, improvisieren, nachhaltig arbeiten, Sachen verwerten, Wissen über Vorratshaltung, anderen eine Freude machen, guter Geschmackssinn, andere verwöhnen.

Auswertung Erlebnisbericht

Geschichte vorlesen

- 🅐 liest Geschichte vor
- 🅑 schreibt Fähigkeiten von 🅐 mit
- 🅑 stellt Fragen zu Details
- 🅐 erzählt Details
- 🅑 schreibt weitere Fähigkeiten von 🅐 auf

Auswertung

- 🅐 nennt eigene Fähigkeiten
- 🅑 liest Fähigkeiten von 🅐 vor mit Beispielen aus der Geschichte (Ich finde, du ..., weil ...)
- 🅑 übergibt Zettel an 🅐

Zweite Auswertungsrunde: Die Tätigkeitenliste

Für die nächste Runde nehmen Sie und Ihr Unterstützer die Tätigkeitenliste in die Hand (Seite 119 bis 121). Sie basiert auf der Forschung von Sidney Fine, von dem ich Ihnen vorhin schon erzählt habe, rund um Fähigkeiten. Auch Richard Nelson Bolles setzt eine ähnliche ein. Ich habe sie so adaptiert, dass sie sich klar nur um Tätigkeiten dreht.

Vielleicht fehlen Ihnen auf der Liste komplexere Handlungen wie »managen«. Auch die setzen sich nur aus einfachen Tätigkeiten zusammen. Arbeiten Sie daher am besten mit der Liste so, wie sie ist.

Die Tätigkeitsliste

Tätigkeiten im Umgang mit Menschen

Erlebnisberichte	1		2		3		4		5		6		7	
Ich selbst (A)+Feedbackgeber (B)	A	B	A	B	A	B	A	B	A	B	A	B	A	B
Anweisungen ausführen														
bedienen, helfen, unterstützen														
mit Einzelnen kommunizieren														
mit Gruppen kommunizieren														
anleiten, unterrichten, lehren, trainieren														
beraten, coachen														
schreiben														
Menschen interviewen														
mitfühlen, sich einfühlen														
behandeln, heilen														
zusammenbringen														
einschätzen, auswählen														
Konflikte lösen, vermitteln														
überzeugen														
verhandeln														
motivieren														
verkaufen														
unterhalten, darstellen														
präsentieren														
vorspielen, vorsingen														
vortragen														
Spiele mitmachen														
Spiele leiten														
Bildungsmaßnahmen leiten														
Diskussionsrunden leiten														
Gruppen überzeugen, motivieren														
Gruppen beraten														
Menschen koordinieren														
Menschen managen, überwachen														
Gruppen führen														
Gruppen initiieren, gründen														

Tätigkeiten im Umgang mit Sachen, Pflanzen und Tieren

Erlebnisberichte	1		2		3		4		5		6		7	
z. B. mit dem Körper	A	B	A	B	A	B	A	B	A	B	A	B	A	B
Hände geschickt verwenden														
Körper koordinieren														
Sport treiben, bewegen														
z. B. mit Materialien	A	B	A	B	A	B	A	B	A	B	A	B	A	B
basteln, nähen, weben														
schneiden, schnitzen														
formen, gestalten														
verzieren, verschönern														
anfertigen, restaurieren														
verwerten														
malen, zeichnen														
z. B. mit Objekten	A	B	A	B	A	B	A	B	A	B	A	B	A	B
waschen, säubern, vorbereiten														
räumen, packen, sortieren, ordnen														
herstellen, produzieren														
präzises Arbeiten mit Instrumenten														
kochen, backen														
z. B. mit Maschinen/Fahrzeugen	A	B	A	B	A	B	A	B	A	B	A	B	A	B
aufbauen, montieren														
bedienen, betreiben, fahren														
laden, entladen														
warten, reparieren														
abbauen, demontieren														
z. B. mit Räumen oder Gebäuden	A	B	A	B	A	B	A	B	A	B	A	B	A	B
neu bauen														
umbauen														
restaurieren, renovieren														
modellieren, gestalten														

z. B. mit Pflanzen und Tieren	A	B	A	B	A	B	A	B	A	B	A	B	A	B
Pflanzen anbauen														
Pflanzen pflegen														
Pflanzen planen, arrangieren														
Pflanzen züchten														
Tiere pflegen														
Tiere züchten														
Tiere ausbilden, dressieren														
Tiere behandeln														

Tätigkeiten im Umgang mit Daten und Informationen

Erlebnisberichte	1		2		3		4		5		6		7	
Daten/Informationen sammeln	A	B	A	B	A	B	A	B	A	B	A	B	A	B
suchen, recherchieren														
besonders gut sehen, hören, fühlen, riechen oder schmecken														
neue Ideen kreieren, kombinieren														
erfinden und entwerfen														
Daten/Informationen managen	A	B	A	B	A	B	A	B	A	B	A	B	A	B
kopieren, vergleichen														
mit Zahlen arbeiten, rechnen														
Muster erkennen														
analysieren, in Teile zerlegen														
organisieren														
Schritt für Schritt planen														
Daten/Informationen anpassen	A	B	A	B	A	B	A	B	A	B	A	B	A	B
anpassen, übersetzen														
visualisieren, malen														
dramatisieren														
zusammenfügen														
Problemlösungen erkennen														
entscheiden, bewerten, empfehlen														
programmieren														
Daten/Informationen verwalten	A	B	A	B	A	B	A	B	A	B	A	B	A	B
festhalten, eingeben, ordnen														
Ablage führen														
aufzeichnen														

Gehen Sie zunächst alleine Zeile für Zeile die Checkliste durch: Haben Sie diese Tätigkeit während des Erlebnisses genutzt? Ja oder nein? Wenn ja, dann setzen Sie bei A ein Kreuz in die Zeile. Behalten Sie im Auge, dass es drei Überkategorien gibt: Umgang mit Menschen, Umgang mit Sachen/Pflanzen/Tieren sowie Umgang mit Daten/Infos.

Fragen Sie nun Ihren Unterstützer, welche Tätigkeiten er in Ihrer Geschichte sieht. Sie sehen, dass in der Liste je eine Spalte für Ihre Kreuze und eine für die Ihres Feedbackgebers vorgesehen ist. Sie beide dürfen nämlich auch unterschiedlicher Meinung sein.

Diese zwei Auswertungsrunden *Freies Assoziieren* und *Tätigkeitenliste* machen Sie nacheinander für jede Ihrer fünf Geschichten. Danach haben Sie viele neue Erkentnisse: Das alles können Sie an Fähigkeiten und Tätigkeiten vorweisen!

Ihre Tätigkeiten: Nett oder unverzichtbar?

Jetzt finden Sie als Erstes heraus, welche der Tätigkeiten Ihnen am meisten am Herzen liegen. Um Ihr Berufsglück zu finden, brauchen Sie Fokus und Klarheit. Dafür finden Sie heraus: Welche Tätigkeiten sind Ihre erst-, zweit- und drittliebsten? Welche dürften notfalls wegfallen und welche sind für Sie unverzichtbar?

Suchen Sie sich von der Tätigkeitenliste Ihre 20 liebsten Tätigkeiten aus. Das müssen nicht die sein, die die meisten Kreuzchen bekommen haben. Nehmen Sie die Tätigkeiten, die Sie anlachen. Und: Die müssen Sie noch nicht einmal besonders gut beherrschen. Die Überzeugung, dass Sie diese Handlungen gerne tun, zählt. Entscheidend ist also der Freudefaktor.

Tipp: Kleine Hilfestellung zur 20er-Auswahl
Wenn es Ihnen schwerfällt, Ihre Lieblingstätigkeiten auszuwählen, stellen Sie sich folgende Situation vor: Sie sprechen eines Tages mit einem Arbeitgeber, der Sie unbedingt einstellen will. Dieser Arbeitgeber ist sehr ungewöhnlich: Er hat die Erfahrung gemacht, dass seine Firma dann gut läuft, wenn alle Mitarbeiter das machen dürfen, was sie ger-

ne tun. Und ganz außergewöhnlich: Sie müssen es noch nicht einmal besonders gut können.

Sie haben sich gleich geeinigt und Sie wollen bei ihm anfangen. Er überreicht Ihnen den Arbeitsvertrag und die offizielle Liste mit möglichen Tätigkeiten in seinem Betrieb. Dann fragt er Sie:

»Was tun Sie denn gerne? Bitte suchen Sie sich 20 Tätigkeiten aus, die Ihnen so richtig Spaß bereiten. Diese heften wir dann an Ihren Arbeitsvertrag.«

Welche wählen Sie?

Schreiben Sie jede Ihrer 20 Lieblingstätigkeiten auf ein eigenes Kärtchen. Was jetzt kommt, kennen Sie schon: Diese Kärtchen legen Sie vor sich aus und verschieben sie spielerisch so lange, bis ein für Sie harmonisches Bild entsteht. Wie in Kapitel 5 für Ihre Themen erstellen Sie so eine Mindmap, diesmal von Ihren Tätigkeiten. Malen Sie die fertige Mindmap auch dieses Mal in Ihr Berufsglück-Tagebuch ab.

Lassen Sie Ihre Mindmap auf sich wirken und fragen Sie sich: Welche zehn Tätigkeiten mag ich besonders gern? Ihre Top Ten markieren Sie farbig auf Ihrer Mindmap und suchen die entsprechenden Kärtchen heraus.

Tipp: Kleine Hilfestellung zur Top-Ten-Auswahl

Greifen Sie nochmal auf die Vorstellung von dem ungewöhnlichen Arbeitgeber zurück. Sie haben nun dort drei bis vier Jahre gearbeitet und sitzen dem Chef wieder gegenüber. Er sagt:

»Sie haben jetzt mehrere Jahre lang bei uns diese 20 Tätigkeiten toll erledigt. Dafür wollen wir Sie befördern. Die Hälfte Ihrer Tätigkeiten erledigt ab heute eine gute Fee. Welche zehn aus den 20 Tätigkeiten möchten Sie auf jeden Fall weiter selbst übernehmen?«

Welche zehn wählen Sie?

Diese zehn Kärtchen bringen Sie nun in eine Reihenfolge. Ganz oben steht die Tätigkeit, die Sie am allerallermeisten mögen, darunter liegt Ihre zweitliebste Tätigkeit, dann die drittliebste und so weiter.

Machen Sie es so wie in Kapitel 5 bei den Themen: Sie greifen sich zufällig zwei der zehn Kärtchen heraus und halten sie nebeneinander. Sagen wir, auf dem einen steht *interviewen* und auf dem anderen *analysieren*. Dann stellen Sie sich vor, dass Sie zeitgleich zwei komplett identische Jobangebote hätten, die sich nur in einem Punkt unterscheiden: Bei dem einen Job dürfen Sie den lieben langen Tag *Menschen interviewen*, aber kaum *Daten und Infos analysieren*. Bei dem anderen dürfen Sie tagelang *Daten und Infos analysieren*, aber so gut wie nie *Menschen interviewen*. Welchen würden Sie wählen?

So spielen Sie wie bei einer Fußballweltmeisterschaft im Knock-out-Verfahren die Plätze aus. Den Gewinner nach oben, den Verlierer nach unten.

Diese Top Ten schreiben Sie nun in der ermittelten Reihenfolge in die folgenden Zeilen:

Meine Tätigkeiten

1. _____
2. _____
3. _____
4. _____
5. _____
6. _____
7. _____
8. _____
9. _____
10. _____

Noch sind Sie nicht ganz fertig mit diesem Part. Für Ihre Tätigkeiten, die auf den Plätzen 1 bis 5 gelandet sind, schreiben Sie jetzt Ergebnisseiten in Ihr Berufsglück-Tagebuch. Schreiben Sie dazu stichwortartig hinter jede ausgewählte Tätigkeit drei Geschichten aus Ihrem Leben, in denen Sie die jeweilige Tätigkeit angewendet haben.

Klasse, dann haben Sie jetzt Ihre fünf liebsten Tätigkeiten ermittelt und vertieft. Tragen Sie diese in Ihren Berufsstern ein. Jetzt geht es an Ihre Eigenschaften.

Ihre Eigenschaften

Holen Sie die Feedbackzettel aus der ersten Auswertungsrunde heraus, die Ihre Unterstützer geschrieben haben, während Sie Ihre Geschichten vorgelesen haben. Picken Sie alle Eigenschaftsbegriffe heraus und schreiben Sie sie auf ein leeres Blatt Papier oder auf eine neue Seite Ihres Berufsglück-Tagebuchs.

Dann ergänzen Sie weitere Eigenschaften. Überlegen Sie: *Wie bin ich?* Sammeln Sie so viele Ihrer Eigenschaften, wie Ihnen einfallen. Und schreiben Sie alle auf!

Haben Sie Eigenschaften, die schon einmal von anderen kritisiert worden sind, wie zum Beispiel *langsam*, *frech* oder *kritisch*? So etwas kommt auch mit auf die Liste. Es geht bei dieser Liste nicht darum, dass Sie sich so vorbildlich darstellen wie möglich, sondern um ein gutes, ehrliches Abbild Ihrer Person. Die Auswahl der Eigenschaften, die Sie besonders gerne haben, kommt erst im nächsten Schritt.

Der Grund für diese ehrliche Liste ist, dass die Eigenschaften, die wir immer wieder zeigen, obwohl Mitmenschen uns dafür kritisieren, uns wahrscheinlich im Kern definieren. Mit anderen Worten: Die Vermutung liegt nahe, dass wir im Prinzip wirklich gerne *so* sind, wenn wir sogar Ärger dafür in Kauf nehmen. Und weil Ihre Aufgabe sein wird, dass Sie sich einen Job suchen, bei dem Sie Sie selbst sein dürfen, sollten Sie sich rundherum bewusst sein, *wie* Sie sind. Es ist wesentlich leichter, sich eine neue Umgebung zu suchen, als sich für eine Umgebung passend zu machen.

Eine Seminarteilnehmerin hatte zum Beispiel ihre »hypersensible« Art an sich selbst bemängelt. Vieles, was sie sah, roch oder schmeckte, gefiel ihr nicht. In ihrem Umfeld erntete sie dafür nicht sehr viel Verständnis. Im Seminar ging ihr ein Licht auf: »Wieso nutze ich meine feinen Sinne nicht im Job?« Sie wurde Konditorin. In der Backstube waren alle begeistert, dass sie sogar den feinsten Hauch von Vanille herausschmecken konnte.

Deshalb gibt es meiner Ansicht nach keine »schlechten« Eigenschaften. Wir sind so, wie wir sind. Wir müssen nur dafür sorgen, dass wir uns eine Arbeit suchen, bei der wir auch so sein dürfen. Also schreiben Sie bitte alles auf, was Ihnen einfällt.

Tipp: So finden Sie Ihre Eigenschaften

Gerade Ihre Eigenschaften sind Ihnen oft nicht bewusst, weil Sie so, wie Sie sind, meist schon von klein auf sind. Hier finden Sie ein paar Anstöße:

abenteuerlustig, antriebsstark, autodidaktisch, besonnen, detailverliebt, dominant, eigeninitiativ, engagiert, familiär, frech, geduldig, gesellig, gründlich, idealistisch, intuitiv, konsequent, kraftvoll, langsam, liebevoll, mitreißend, neugierig, ordnungsliebend, pünktlich, risikobereit, schnell, sorgfältig, strukturiert, unabhängig, verlässlich, zielorientiert

---

Suchen Sie sich jetzt – wie bei den Tätigkeiten – Ihre 20 liebsten aus. Die Frage, die Sie sich dabei stellen, ist:

»Wenn meine Umgebung mich so wertschätzt, wie ich bin, wie bin ich dann wirklich gerne beziehungsweise bei welcher Eigenschaft freue ich mich, wenn ich so sein darf?«

Schreiben Sie jede dieser Eigenschaften auf einzelne Kärtchen und legen Sie eine Mindmap, in der Sie die Eigenschaften so gruppieren, wie sie für Sie in Beziehung stehen. Malen Sie diese Mindmap in Ihr Berufsglück-Tagebuch ab.

Wählen Sie auf der Mindmap wieder Ihre Top Ten aus, indem Sie sie farbig auf der Mindmap ankreuzen. Suchen Sie nun die zehn relevanten Kärtchen raus. Sortieren Sie die Kärtchen in die richtige Reihenfolge von »mag ich am meisten« oben bis zu »mag ich weniger« unten und tragen Sie sie in dieser Reihenfolge hier ein:

Meine Eigenschaften
1. _____
2. _____
3. _____
4. _____
5. _____
6. _____
7. _____
8. _____
9. _____
10. _____

Im Gegensatz zu den Tätigkeiten nehmen Sie nun nur die drei ersten Lieblingseigenschaften und schreiben zu jeder einen Ergebniseintrag in Ihr Berufsglück-Tagebuch. Notieren Sie zu jeder Eigenschaft jeweils, was Sie konkret unter dem Begriff verstehen und was Ihnen daran wichtig ist. Ein Beispiel meiner Teilnehmerin Leonie:

Meine Eigenschaft: direkt

Darunter verstehe ich, dass ... *ich gerne ehrlich meine Meinung sage, natürlich mit Respekt und Wertschätzung gegenüber anderen. Es heißt auch, dass ich für meine Interessen einstehe, ohne andere vor den Kopf zu stoßen. Bei mir wissen Menschen, was ich denke und woran sie sind.*

Das ist mir wichtig, weil ... *es mich belastet, wenn ich nichts sagen darf, obwohl vielleicht gerade etwas nicht gut läuft. Ich denke meist mit und bin interessiert an den Prozessen. Dann kostet es mich Kraft, wenn ich mit meiner Meinung hinterm Berg halten muss. Es entspannt mich, wenn Menschen an meiner Meinung Interesse haben.*

Diese Konkretisierung und Klarheit benötigen Sie für Ihre Suche nach dem Berufsglück. Darüber hinaus kann sie auch später in einem Gespräch mit Ihrem zukünftigen Arbeitgeber sehr nützlich sein. Denn jetzt können Sie in Worte fassen, welche Eigenschaften Sie auszeichnen und welches Umfeld Sie brauchen. Diese Form der Bewusstmachung hilft Ihnen auch, sich mehr und mehr treu zu bleiben.

Super! Sie können das nächste Feld in Ihrem Berufsstern füllen. Schreiben Sie Ihre drei liebsten Eigenschaften gut sichtbar hinein.

Und jetzt gehen Sie über zum letzten Streich Ihres Ich-Faktors Fähigkeiten: Ihrem Wissen.

Ihr Wissen

Zu dieser Kategorie bekommen Sie über Ihre Geschichten in der Regel das wenigste Feedback. Das ist aber gar nicht schlimm. Sie dürfen Ihr Wissen auch unabhängig von erlebten Geschichten aufschreiben. Warum? Weil Ihr heutiges Wissen nicht maßgeblich Ihre Berufszukunft bestimmen muss. Das nötige Wissen für einen neuen Job können Sie sich in der Regel innerhalb einer kurzen bis überschaubaren Zeit aneignen. Das gilt natürlich nicht, wenn Sie Arzt, Jurist oder Ingenieur werden wollen, aber für fast alle anderen Erwerbstätigkeiten.

Das heißt, der Bereich Wissen ist der, für den Sie am wenigsten mitbringen müssen. Denn an Ihren persönlichen Eigenschaften und Ihren bevorzugten Tätigkeiten können Sie nur schwer etwas ändern, an Ihrem Wissen dagegen ziemlich leicht.

Schreiben Sie deshalb beim nächsten Arbeitsschritt all Ihr Wissen auf, selbst wenn es nur ganz rudimentär vorhanden ist. Es reicht schon, wenn Sie dieses Wissensgebiet mögen oder es spannend finden. Sie lernen sehr schnell, wenn Sie sich für etwas interessieren.

Tipp: So spüren Sie noch mehr vorhandenes Wissen auf
Die folgenden Beispiele sollen Ihnen noch ein paar Anregungen geben, wo sich bei Ihnen überall Wissen »versteckt«:

Schule/Studium/Weiterbildungen: *Spanisch, Kunst, Politik, Biologie, BWL, Germanistik, Englisch, Philosophie, Präsentationstechniken …*
Job: *Datenbanken, Vertragstext, HTML, Erste Hilfe, Grafikdesign, Immobilien, Didaktik …*
Freizeit: *Pilates, Angeln, Katzen, Rugby, Whiskey, Briefmarken, Yoga, Kräuter, Fahrräder …*
Leben: *gesunde Ernährung, Mülltrennung, Steuerwissen, Kindererziehung, Psychologie, Rucksackreisen, Arthrose …*

Ganz wichtig: Schreiben Sie wirklich jegliches Wissen auf, das Sie haben. Scheint Ihnen Ihre Liste zu kurz, fragen Sie Ihre Unterstützer, was denen noch einfällt.

Mit Ihrer Gesamtliste spielen Sie jetzt das gleiche Spiel wie bei den Themen, Tätigkeiten und den Eigenschaften: Sie wählen die 20 reizvollsten aus, schreiben sie auf Kärtchen und legen daraus eine Mindmap. Die malen Sie ab.

Dann picken Sie Ihre Top-Ten-Wissensgebiete heraus, indem Sie sie auf der Mindmap markieren. Suchen Sie nun die entsprechenden Kärtchen aus Ihren 20 heraus und bestimmen Sie durch das schon bekannte Kärtchenschieben Ihre Reihenfolge – oben: super gerne, unten: weniger gerne. Diese Reihenfolge schreiben Sie hier auf:

Mein Wissen

1. _____
2. _____
3. _____
4. _____
5. _____
6. _____
7. _____
8. _____
9. _____
10. _____

Wie bei den Eigenschaften nehmen Sie die Top 3 und übertragen sie in Ihr Berufsglück-Tagebuch. Das sind wieder Ihre Ergebnisseiten. Schreiben Sie für jedes Wissen Ihre Antworten auf folgende drei Fragen daneben:

 Wie sind Sie zu diesem Wissen gekommen?

☺ Was finden Sie an dem Wissensgebiet gut?

☺ Was finden Sie an dem Gebiet weniger gut?

Diese Übung hilft Ihnen, sich auch bei einem schwer zu definierenden Wissensgebiet bewusster zu werden, welche Aspekte Sie interessieren und was genau daran für Sie spannend ist. Nochmal ein Beispiel:

Wissen: Englisch

 Wie bin ich zu diesem Wissen gekommen? Ich habe Englisch in der Schule gelernt und einen Leistungskurs belegt. Dann war ich als Au-pair in Australien und sprach danach total flüssig. Heute telefoniere ich mit Kunden oft auf Englisch.

 Was finde ich an dem Wissensgebiet gut? Ich finde es toll, dass Englisch die weitverbreitetste Sprache ist und ich mich mit Menschen über Kulturen hinweg austauschen kann.

 Was finde ich weniger gut an dem Wissensgebiet? Grammatik finde ich langweilig. Mich stört auch, dass der Sinn sich oft erst aus dem Kontext ergibt und man sich auf Englisch nicht so differenziert ausdrücken kann. Auch wenn ich englische Gesetzestexte übersetzen muss, mag ich das nicht.

Jetzt tragen Sie nur noch Ihre Top-3-Wissensbereiche in Ihren Berufsstern ein und Sie haben es geschafft: Ihr Ich-Faktor Fähigkeiten ist komplett.

Tipp: Alles ist erlaubt!

Das Vorgehen, wie ich es Ihnen hier beschrieben habe, ist sehr bewährt. Sie müssen es aber nicht dabei belassen. Spinnen Sie den Gedanken ruhig weiter und suchen Sie nach weiteren Ideen, mit denen Sie allen Ihren Fähigkeiten auf die Spur kommen.

Meine Freundin Ina hat zum Beispiel per E-Mail alle ihre Bekannten und Freunde eingeladen, sie zu unterstützen. Ich finde ihren Text dazu so gelungen, dass ich ihn Ihnen – mit ihrer Erlaubnis selbstverständlich – wiedergeben möchte:

Liebe …,
gerade ist meine Zeit gefüllt mit meinem »Sommerprojekt«: Das besteht darin, mich meinem »Berufsglück« zu widmen und eine sehr umfassende Bestandsaufnahme von (unbewussten) Fähigkeiten zu versuchen: also Tätigkeiten, Eigenschaften und Themen, die mich auszeichnen bzw. begeistern.

Dabei möchte ich dich um deine Unterstützung bitten! Die sollte nicht viel länger als zehn Minuten brauchen. Bitte nenne mir drei (oder weniger oder mehr)

- *Eigenschaften (Adjektive/Wie-Wörter)*
- *Tätigkeiten (Verben/Tun-Wörter)*
- *Wissensfelder (Substantive/Hauptwörter),*

die dir zu mir einfallen.

WICHTIG: Es geht nicht um »wichtig« oder »richtig« – ich brauche nur möglichst VIELE! Also nimm diese Bitte ganz locker und nenne mir einfach die ersten Assoziationen, die dir spontan einfallen.

Du kannst mir deine Unterstützung per E-Mail geben, mich auch anrufen oder ein Kärtchen schicken – was für dich am einfachsten ist. Jede Rückmeldung hilft mir!

Toll wäre es, wenn du konkrete Beispiele, Erlebnisse oder Gespräche mit mir nennen könntest, die dir zu den assoziierten Eigenschaften, Fähigkeiten und Wissensfeldern einfallen. Diese können auch gerne aus der Vergangenheit (Kindheit, Jugend, Studienzeit ...) stammen – es geht um alle Lebensphasen!

Richtig klasse wäre es, wenn deine Unterstützung bis spätestens ... bei mir wäre, aber auch danach ist mir deine Antwort noch hilfreich und willkommen. Ich habe nur am ... den nächsten »Arbeitstag« zum Projekt.

Ich freue mich auf VIELE Rückmeldungen und sage schon jetzt VIELEN DANK!

Herzliche und vorfreudige Grüße von ...

Mit Hilfe Ihrer Geschichten und dem Feedback Ihrer Unterstützer bekommen Sie ein sehr differenziertes Bild von Ihren Fähigkeiten: Es sind wahrhaftig viele. Unter der sichtbaren Spitze Ihres Fähigkeiten-Eisbergs hat sich jede Menge versteckt, das Sie jetzt hervorgeholt haben. Sie sehen: Sie haben mehr als genug davon. Und welche Belohnung Sie im Gegenzug dafür bekommen wollen, das klären Sie im nächsten Kapitel.

KAPITEL 7
Ich-Faktor Rahmenbedingungen:
Außer Moos viel los!

Dass Ihr zukünftiger Berufsglück-Job zu Ihnen und Ihren Fähigkeiten passen muss – keine Frage. Allerdings brauchen Sie zum echten Berufsglück noch ein wenig mehr: einen Beruf, der auch zu Ihrem sonstigen Leben passt!

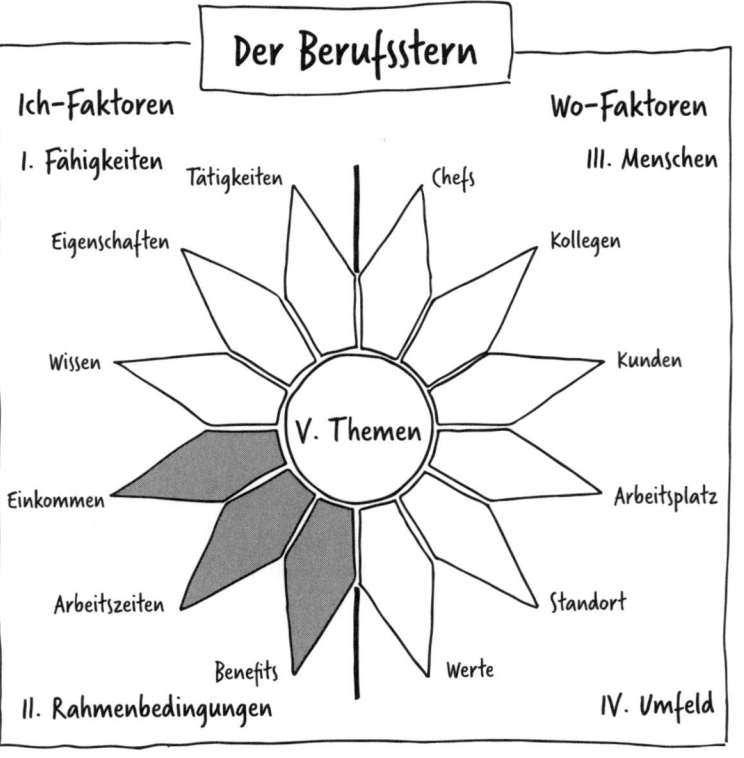

Das sind Ihre ganz persönlichen Rahmenbedingungen, die Ihre Lebenssituation Ihrem Berufsglück vorgibt. Je klarer Sie diesen Rahmen vor der Wahl Ihres neuen Jobs abstecken, umso besser treffen Sie Ihre Entscheidung.

Marie hat festgestellt, dass sie es liebt zu beraten. Sie hat ein gutes Ohr für das eigentliche Problem hinter dem Problem und war entsprechend begeistert, als eine namhafte Unternehmensberatung ihr eine Stelle anbot. Sie schlug zu!
Nun jettet Marie vier Tage die Woche durch die Republik. Ihre Arbeitstage sind lang, häufig stehen abends noch Geschäftsessen mit den Kunden an. Wann sie ihre Kinder zuletzt ins Bett gebracht hat, weiß Marie schon fast nicht mehr …

Sie sehen, Ihre Lebensumstände beeinflussen enorm, ob Sie sich in einem Job wohlfühlen und glücklich werden können.

Übrigens sind diese Rahmenbedingungen keineswegs in Stein gemeißelt. Ich bin sicher, als 25-jähriger Uniabsolvent gibt Ihr Leben Ihnen andere Rahmenbedingungen vor als zehn Jahre später, wenn Sie ein 35-jähriger Familienvater mit dem Traum von einem kleinen Häuschen am Stadtrand sind.

Welche Rahmenbedingungen im Job zu Ihrem aktuellen Leben passen, das finden Sie in diesem Kapitel heraus. Und damit natürlich auch, was Ihr zukünftiger Job Ihnen bieten sollte, damit Sie darin glücklich werden können. Deshalb schauen Sie jetzt ganz genau hin: Was brauchen Sie im Job, um mit Ihrem Leben außerhalb davon auch glücklich zu sein? Oder drehen Sie die Frage um: Welche Rahmenbedingungen muss Ihr zukünftiger Job Ihnen bieten, damit Sie ihn in Ihr Leben einbauen können?

Denn Ihr Lebens- und Berufsglück hängt auch ganz wesentlich davon ab:

- Was können Sie sich leisten?
- Wann und wie viel arbeiten Sie?
- Welche Benefits bietet Ihnen Ihr Job?

Schauen Sie sich diese drei Punkte also im Detail an.

Das liebe Geld

Geld ist definitiv nicht die einzige Voraussetzung für Berufsglück. Aber kein oder zu wenig finanzielle Mittel zu haben, erzeugt Leid – selbst wenn Sie Ihren Job lieben. Das heißt, Sie brauchen genug Geld, die Dinge, die Ihnen wichtig sind und die zu Ihrem Lebensglück beitragen, auch finanzieren zu können.

Der Punkt ist: Welches Einkommen muss Ihnen Ihr Glücksjob einbringen, damit Sie sich wohlfühlen? Ermitteln Sie Ihren Spielraum! Um das herauszufinden, brauchen Sie als Erstes eine Übersicht über Ihre Ausgaben und Ihre Einnahmen. Nur so können Sie Ihr persönliches »Wunschgehalt« festlegen. Viele meiner Seminarteilnehmer haben nur einen sehr groben Überblick darüber, welche Kosten bei ihnen jeden Monat anfallen – und welches Einkommen sie entsprechend mindestens erzielen müssten, um diese ohne größere Existenzängste zu decken.

Also ab an den Taschenrechner: Wie viel Finanzmittel benötigen Sie im Alltag? Halten Sie Ihre Ausgaben in drei Kategorien fest.

1. **Das Minimum:** Schreiben Sie hier Ihre Fix- und flexiblen Kosten auf, die definitiv anfallen, wenn Sie als Nicht-Neandertaler überleben wollen:

- Miete
- Essen und Trinken
- Telefon, TV
- Versicherungen
- Kredite
- Fahrtkosten zur Arbeit
- …

Führen Sie zu diesem Zweck ruhig für drei Monate ein Haushaltsbuch, in dem Sie jede noch so kleine Ausgabe notieren. So erhalten Sie einen realistischen Überblick auch über Ihre variablen monatlichen Kosten.

2. Das Mittelmaß: Das sind die Kosten für ein ganz entspanntes Leben, ohne dass Sie den Gürtel enger schnallen müssen. Denken Sie also an die Dinge, die über das einfache Überleben hinausgehen:

- Auto
- Urlaub
- Fitnessstudio für Ihren gesunden Rücken
- Hund
- Schrebergartenpacht
- ...

3. Das Maximum: Zum Schluss listen Sie die Kosten für die Dinge auf, die Sie sich gerne leisten wollen, weil Sie Freude daran haben, auch wenn sie keine Notwendigkeiten sind:

- im Bio-Laden einkaufen
- die Fernreise nach Kanada
- ein neues statt eines gebrauchten Autos kaufen
- ...

Für solche Aufstellungen gibt es übrigens tolle Apps und Vorlagen im Internet. Sie finden sie, wenn Sie die Begriffe *Haushaltsbuch führen* in der Internetsuche eingeben. Falls Ihnen das handschriftliche Notieren mehr liegt, können Sie bei vielen Sparkassen kostenlos ein gedrucktes Haushaltsbuch bestellen.

Damit Ihre Übersicht dann noch aussagekräftiger wird, stellen Sie am besten in einer Tabelle zunächst sechs Zahlen zusammen: Rechnen Sie sich in jeder der drei Kategorien aus, welche Kosten in dieser pro Monat und pro Jahr anfallen.

So ermitteln Sie, was Ihr tatsächliches Minimum ist: also das, was Sie unbedingt brauchen, um zu überleben. Sie wissen jetzt auch, was Sie notfalls aufgeben könnten, um sich Spielraum zu schaffen für die Zeit, in der Sie sich etwas Neues aufbauen. Das Auto zum Beispiel oder den Urlaub.

Und Sie wissen auch, wo Ihr Maximum liegt: das Maß an Geld, das Sie toll fänden, wenn Sie es erreichen. Denn ich verrate Ihnen was: Oberhalb von diesem Maß macht Sie ein Mehr an Geld laut anerkannter Glücksforscher wie Sonja Lyubomirsky nicht glücklicher.

Diese sechs Zahlen ermöglichen Ihnen den Rückschluss auf Ihr Berufsglück. Wenn Sie eher mehr Geld benötigen, um sich wohlzufühlen – und das ist übrigens nicht verwerflich –, dann ist die schlecht bezahlte Tierpflegerstelle im Zoo wohl nicht die richtige. Weil der Job Ihnen nicht die finanzielle Rahmenbedingung bietet, die Sie sich wünschen.

Vielleicht stellen Sie aber auch fest, dass Ihr momentaner Lebensstil für Ihren Geschmack zu viel Geld frisst. In dem Fall können Sie anhand Ihrer Aufstellung überprüfen, wo Sie sinnvoll Kosten einsparen können, um sich mehr Spielraum für Ihr Berufsglück zu schaffen.

Mit oder ohne?

Ein weiteres Thema gehört noch ganz dringend auf Ihre Liste, wenn es um die finanziellen Rahmenbedingungen geht: Ich rede von brutto und netto. Ihre bisherige Aufstellung sagt aus, welche Summe am Ende tatsächlich auf Ihrem Bankkonto landen sollte.

Gehaltsverhandlungen werden aber bis heute mit Bruttozahlen geführt. Da klingen die 2000 Euro für die tolle Stelle doch erst mal nicht schlecht! Bis, ja, bis Sie zu Hause ausrechnen, was davon netto hängenbleibt, nämlich erschreckend wenig.

Deshalb ist es wichtig, dass Sie ein Gespür dafür bekommen, mit welchem entsprechenden Bruttogehalt Sie sich wohlfühlen. Brutto-Netto-Rechner finden Sie im Internet zuhauf. Die wollen zwar in der Regel eine ganze Menge von Ihnen wissen und mit Informationen von der Lohnsteuerklasse bis zum Pflegeversicherungsbeitrag gefüttert werden, aber die Mühe zahlt sich aus. Sie wissen am Ende auch: Mit welchem Bruttogehalt kann ich gerade so überleben? Wann wird mein Leben angenehm, weil ich mir zum Beispiel auch ein Hobby finanzieren kann? Und ab welchem Gehalt reicht mein Geld auch für die Extrawünsche?

Tragen Sie diese Zahlen in Ihre Übersichtstabelle ein. Am Schluss könnte Ihre Tabelle so aussehen:

		Jahresgehalt	Monatsgehalt
Minimum	brutto:		
	netto:		
Mittel	brutto:		
	netto		
Maximum	brutto:		
	netto:		

Mit diesem Wissen können Sie Ihr Mindset positiv gestalten. Denn ich möchte, dass Sie nach dem Lesen dieses Buches nie wieder zu wenig Gehalt fordern und nie mehr Schmerzensgeld annehmen!

Viele haben die Idee, dass sie – wenn der Job schon nicht passt – die Tortur mit möglichst viel Geld emotional kompensieren. Deshalb nennen sie ihr Gehalt »Schmerzensgeld«. Dass Problem dabei ist, dass mehr Geld Sie nicht glücklicher macht, wenn der Chef Ihnen im Austausch das Leben zur Hölle macht.

Ihr Gehalt ist der angemessene Lohn für Ihre Leistung und ermöglicht Ihnen, dass Sie ein Leben finanzieren können, mit dem Sie sich wohlfühlen. Es ist kein emotionaler Ausgleich.

Tragen Sie Ihr Netto- und Brutto-Wunscheinkommen als Monats- und Jahresgehalt in Ihren Berufsstern ein. Den Geldanteil für Ihren Berufsstern in Sachen Rahmenbedingungen haben Sie damit schon ermittelt. Aber da gibt es ja noch mehr.

Wann passt es Ihnen?

Jetzt erforschen Sie den zweiten Bereich der Rahmenbedingungen: die Arbeitszeiten. Für den Einstieg empfehle ich, dass Sie sich die Leitfrage von vorhin wieder stellen: Was brauche ich, um mich in meinem Leben wohlzufühlen? Das ist die entscheidende Frage auf dem Weg zum Berufsglück.

Ganz wichtig ist dabei die Frage, wie Ihr Leben gerade ist:

- Haben Sie kleine Kinder und wollen deshalb nur halbtags arbeiten?
- Ist Frühsport Ihr Lebenselixier und Sie wollen deswegen nicht vor 9 Uhr morgens bei der Arbeit sein müssen?
- Führen Sie eine Fernbeziehung und wünschen sich folglich immer wieder ein paar Tage am Stück frei?

Schreiben Sie auf, wie Ihre Wunscharbeitszeiten aussehen. Werden Sie sich klar, *wofür* Sie Zeit haben wollen.

Maritas Freund gründete in seinem Studium einen Entwicklungshilfeverein in Uganda und suchte nach Gründungsmitgliedern. Marita, die bisher nicht viel mit Afrika, Waisenhäusern und Fundraising am Hut gehabt hatte, bot an, mitzumachen. In den nächsten zwei Jahren entwickelte sie eine echte, große Leidenschaft für das Kinderheim, und die Vereinstreffen und Benefizveranstaltungen, die sie zusammen organisierten, machten ihr richtig viel Spaß. Als sich Marita nach dem Jurastudium in einer großen Kanzlei bewarb, machte sie ihrem zukünftigen Chef schon im Vorstellungsgespräch deutlich, dass sie sich Zeit und Kraft für dieses soziale Engagement wünschte. Der Chef war begeistert. Er hatte auch ein Ehrenamt und engagierte sich für Obdachlose.

Ehrenamt, Kind, Hund, Triathlon, Partner, Freundeskreis – alle sozialen Kontakte, alle Aktivitäten, die Ihr Leben bereichern, brauchen Zeit. Aber auch für das Abspannen, Nachdenken, Luftholen, Zusichkommen benötigen Sie Raum in Ihrem Leben. Dafür sollten Sie Zeit neben Ihrem Beruf haben. Überprüfen Sie, welche Arbeitszeiten sich mit Ihren Bedürfnissen an Freizeit vereinbar sind. Haben Sie eine Zahl? Die dürfen Sie auf dem Berufsstern eintragen.

Wie lebensentscheidend es sein kann, dass Sie über Ihre zeitlichen Bedürfnisse im Job reden, will ich Ihnen mit folgendem Beispiel zeigen:

Stellen Sie sich vor, Sie sitzen während der WM beim Public Viewing in einer Kölner Bar und verlieben sich unsterblich in einen Jamaikaner, der auf Europareise ist. Sie verbringen zwei intensive Tage miteinander und sind hingerissen. Und er auch. Dann müssen Sie sich wieder trennen, er muss zurück in seine Heimat. Sie vermissen ihn – es ist mehr für Sie als eine kurze Verliebtheit. Sie möchten herausfinden, ob er nicht der Mann Ihres Lebens sein könnte. Dazu müssten Sie nach

Jamaika reisen. Nur reichen die zusammengekratzten letzten Urlaubstage nicht
für die lange Reise.
Stellen Sie sich jetzt vor, Ihr Chef bewilligt Ihnen ohne langes Zögern eine
vierwöchige Auszeit.
Sie steigen in den Flieger – vielleicht ändert diese Reise Ihr Leben. Und Ihr Job
hat es Ihnen möglich gemacht.

Das kann aber nur passieren, wenn Sie wissen, was Sie wollen, und sich trauen, auch danach zu fragen. Tun Sie es! Sie machen sich bei Ihrem Wunscharbeitgeber interessant, wenn Sie Ihre individuellen Vorstellungen äußern. Er wird auf Ihre Bedürfnisse eingehen, wenn er von Ihnen überzeugt ist und Sie wirklich haben will. Und das wird er, wenn Sie sich Ihre Berufsglück-Stelle sorgfältig gesucht haben.

Benefits

Mit Ihrem Bedarf an Geld und Arbeitszeit haben Sie zwei der drei Rahmenbedingungen Ihres Berufsglücks fixiert. Damit das Gesamtpaket stimmt, kommt jetzt noch: das Zusatzangebot, das Sie sich von Ihrem zukünftigen Arbeitgeber wünschen. Welche Benefits wünschen Sie jenseits vom Gehalt?

Ich spreche dabei nicht von den »geldwerten Vorteilen«, sondern von jenen, die Ihr Leben auf eine andere Weise besser machen.

Johannes erzählte in meinem Kurs von einem früheren Arbeitgeber. Diese Firma hatte er sehr ungern und nicht freiwillig verlassen – sein Arbeitsplatz war nach einer Firmenübernahme abgeschafft worden. Das Gehalt, das Johannes verdient hatte, war durchschnittlich, die Themenwelten, in denen er gearbeitet hatte, waren »okay«, wie er sagte. Was ihn dort aber begeistert hatte, war: der Ruheraum. Für Johannes, der schnell unter Reizüberflutung litt und dort jeden Mittag seine halbe Stunde Auszeit nehmen und abschalten konnte, hatte dieser Benefit einen großen Wert.

Überlegen Sie mal, welche Benefits Sie sich für Ihr Arbeitsleben wünschen. Ich kann Ihnen hier ein paar Stichpunkte zur Inspiration geben:

Weiterbildungsangebote, Gesundheitsförderung, Tisch beim Oktoberfest, Betriebskindergarten, Homeoffice, Arbeitszeitmodell mit Sabbatical, Benutzung der Betriebssportanlagen

Beim Sammeln der Benefits werden auch Ihre Unterstützer kluge und neue Ideen einbringen. Fragen Sie nach, was diese schon heute bekommen oder was sie sich wünschen.

Sammeln Sie alle Ideen in Ihrem Berufsglück-Tagebuch oder auf einem Blatt Papier. Wählen Sie per Bauchgefühl Ihre Top-3-Benefits aus und schreiben Sie sie auf Ihren Berufsstern.

Sehr gut! Jetzt sehen Sie in jedem Sternenstrahl aus dem Bereich Rahmenbedingungen konkrete Ergebnisse. Und die haben Sie sich gut überlegt. Darauf können Sie bauen.

Sie wissen, was Sie an Geld, an Zeit in Ihrem Leben und an Benefits brauchen und was der Job Ihnen bieten muss, damit Sie in ihm Ihr Berufsglück finden. Und Sie wissen, was Sie dafür zu bieten haben.

Die erste Hälfte Ihres Berufssterns haben Sie ausgefüllt: Alle Ich-Faktoren sind geklärt. Jetzt gehen Sie an die zweite Hälfte: die Wo-Faktoren.

KAPITEL 8

Wo-Faktor Menschen: Mit wem möchte ich arbeiten?

»Hallo, Frau Schmidt. Ich freue mich, dass Sie zum Vorstellungsgespräch gekommen sind. Und eins gleich schon mal vorab: Ich will Sie unbedingt als Mitarbeiterin gewinnen. Ja, genau Sie! Ich würde mich freuen, wenn Sie zusagen. Und ich hoffe, dass wir Sie als Arbeitgeber nicht enttäuschen werden.«

Ist Ihnen das schon einmal beim Vorstellungsgespräch passiert? Nein? Ich gebe zu, das hört sich irgendwie nach verkehrter Welt an. Der Chef will unbedingt seine neue Mitarbeiterin gewinnen und von seinem Unternehmen überzeugen. Toll, oder? Aber höchst selten, wenn nicht gar unmöglich.

Denn ein Gespräch läuft meistens so ab: Der Bewerber kommt frisch frisiert und in seinem besten Kostüm oder Anzug an, ist etwas nervös, die Hände sind vielleicht etwas schwitzig – und er weiß nicht so recht, was ihn erwartet. Er ist bestens vorbereitet, so zu sein, wie er für den Job zu sein hat. Er sagt, was der Chef hören will, versteckt und verstellt sich dabei. Und denkt sich: *»Oh je, Forderungen darf ich gar nicht stellen, sonst nimmt der mich nicht.«*

Rollentausch

So, und jetzt tauschen wir die Rollen mal. Sind Sie bereit? Und zwar bereit dazu, in die Chefrolle zu schlüpfen! Stellen Sie sich vor: Sie suchen einen Leistungsträger, der Ihre Firma voranbringt und neue Impulse setzt. Sie sitzen in Ihrem bequem gepolsterten Chefsessel, haben eine dampfende Tasse Kaffee vor sich und werfen einen letzten Blick in die Unterlagen Ihres Bewerbers. Schon interessant, der Herr Müller. Richtig sympathisch und dynamisch wirkt er auf seinem Foto. Jetzt sind Sie mal gespannt, wie die Realität aussieht.

Als Herr Müller eintritt, spüren Sie seine Nervosität. Mit einem Finger versucht er verlegen, seinen Kragen etwas zu weiten, als würde ihm die Luft fehlen. Er verkauft sich und seine Fähigkeiten zögerlich und sagt zu allem, was Sie ihn fragen, gleich Ja und Amen. Manchmal stimmt er Ihnen sogar so schnell zu, dass Sie Ihre Frage gar nicht fertig aussprechen können. Er hat nur wenige Fragen zum Unternehmen, seiner Kultur und zum Produkt und stellt schon gar keine Forderungen. Hm.

Nach diesem Gespräch sitzen Sie noch in Ihrem Chefsessel und denken über den Kandidaten nach. Der wird sicher alle Anweisungen ausführen, die man ihm anträgt. Aber er scheint kein größeres Interesse an der Firma zu haben. Seltsam! Und irgendwie: langweilig! So einem Menschen fehlt sicher die Souveränität, um das Unternehmen weiterzubringen.

Gut, nächster Termin, jetzt kommt die nächste Bewerberin für den Job: Frau Kellert. Selbstbewusst und mit festem Händedruck tritt sie ein und sitzt während des Gesprächs in entspannter Haltung vor Ihnen. Bei ihr haben Sie als Chef gleich ein anderes Gefühl. Sie stellt Fragen zum Unternehmen und seiner Unternehmenskultur. Sie weiß, was *sie* von der Firma erwartet, in der sie arbeiten will. Sie weiß, was sie benötigt, um einen guten Job zu machen, und kommuniziert ihre Wünsche offen. Sie ziert sich etwas und rennt Ihnen nicht die Tür ein, um den Job zu bekommen.

Na, was denken Sie als Chef nach diesem Gespräch? Vielleicht so etwas wie: »*Mensch, das ist ja eine, die es sich wohl aussuchen kann. Die auch mal weiterdenkt. Die könnte eine Bereicherung für unser Unternehmen sein.*« Ihr Interesse ist geweckt, und Sie haben schon nach diesem Gespräch ein Grundvertrauen in die Kompetenz dieser Bewerberin gefasst.

Interessant, oder? Das wirft ja alles über den Haufen, was Sie bislang über die Auswahl von Mitarbeitern gehört haben. Denn das bedeutet: Sie dürfen Bedürfnisse haben, Wünsche äußern und Ihre Meinung vertreten! Sie, ja, genau Sie! Denn das schafft Vertrauen und ist genau der Unterschied, der später das Quäntchen ausmacht, das Sie zum Erfolg führen kann. Und dabei soll Ihnen das nächste Kapitel helfen: Klarheit über Ihre Wünsche an einen potenziellen Arbeitgeber – Ihre Wo-Faktoren – zu bekommen. Und diese zu formulieren. Damit erschaffen Sie sich genau den richtigen Filter für Ihr Berufsglück, also für die Einschätzung potenzieller Arbeitgeber.

Was will ich?

Wahrscheinlich haben Sie schon Vorstellungen von den Menschen, mit denen Sie zusammenarbeiten wollen – die machen Sie nun noch etwas konkreter. Denn wenn die Chemie am Arbeitsplatz nicht stimmt, kann auch das beste Team nicht funktionieren. Und Sie schon gar nicht.

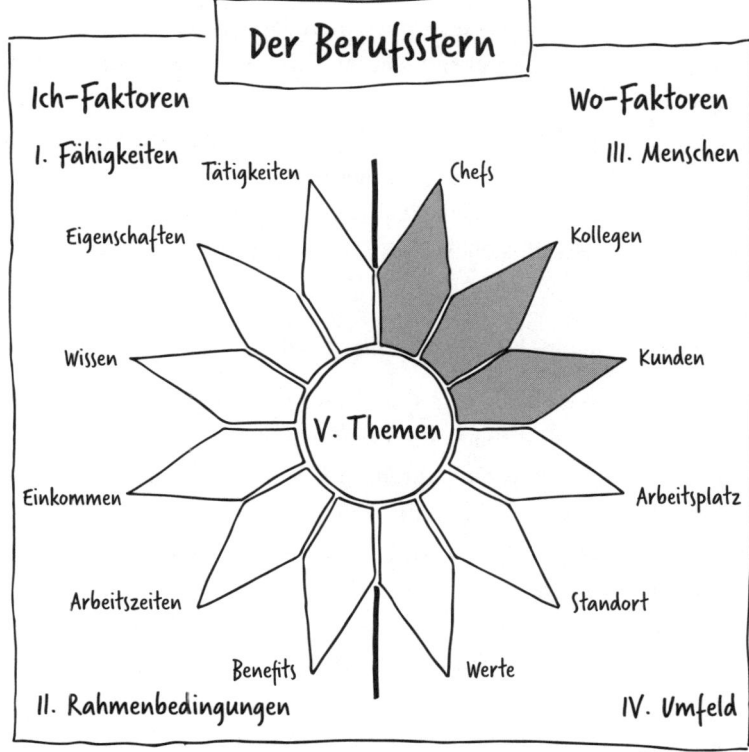

Damit Sie den Filter für Ihre Suche schärfen können, sollten Sie Ihre Anforderungen genau kennen: an die Zusammenarbeit mit Ihrem Chef, den Kollegen und den Kunden sowie an die Atmosphäre im Unternehmen. Es geht also um die Bedingungen des menschlichen Miteinanders, die erfüllt sein müssen, damit Sie dauerhaft mit hoher Motivation arbeiten können und Ihre Arbeit auch gut machen.

Nur: Welche sind das?

Die Chefs, die Sie sich wünschen

Die Menschen, mit denen Sie es in Ihrem Job zu tun haben, gehören in den meisten Fällen in eine der drei Gruppen: Chefs, Kollegen oder Kunden. Um Ihre Wünsche in diesen Feldern zu klären, schlage ich Ihnen vor, dreimal das exakt gleiche Verfahren anzuwenden: die Grusel-Methode. Sie bekommen damit schnell heraus, was Sie in Bezug auf Ihre Mitmenschen benötigen, um in Ihrem künftigen Job happy zu sein.

Ich gehe diese Methode jetzt Schritt für Schritt mit Ihnen durch – und zwar für die Anforderungen gegenüber Ihren künftigen Chefs. Für die Kollegen und Kunden wenden Sie anschließend das gleiche Schema an.

Wenn Sie bereit sind, widmen Sie sich nun den Chefs dieser Welt!

Schritt 1: Ihre Gruselliste

Nehmen Sie sich ein Blatt Papier – oder schlagen Sie eine neue Seite in Ihrem Berufsglück-Tagebuch auf – und schreiben Sie dort alle negativen, schlechten, furchtbaren, gruseligen Eigenschaften und Verhaltensweisen auf, die »Führungspersönlichkeiten« in Ihrem Leben hatten oder die Sie sich vorstellen können. Als Inspirationsquelle können Ihnen alle Menschen dienen, die jemals in Ihrem bisherigen Leben Ihnen gegenüber weisungsbefugt waren: Eltern, Kindergärtner, Lehrer, Ausbilder, der Tanzlehrer, die Fahrschullehrerin, Ausbilder, Professoren, alle Vorgesetzten im Job.

Schreiben Sie alles untereinander, nutzen Sie aber nur die linke Hälfte der Seite. Also zum Beispiel so:

ungerecht
ignoriert Mitarbeiter
setzt sich nicht für die Abteilung ein
desinteressiert
gibt den eigenen Druck nach unten weiter
arrogant
macht falsche Versprechungen
inkompetent, mangelndes Fachwissen
cholerisch
unfair
Besserwisser
bevorzugt Mitarbeiter
übergriffig
entscheidungsschwach
hat nie Zeit, dauernd im Stress
nicht kritikfähig
lässt Mitarbeitergespräche ausfallen
keine konstruktive Kritik
unstrukturiert
chronisch schlecht gelaunt
kann nicht delegieren
machtbesessen
unengagiert
hat kein Vertrauen in Mitarbeiter

Schritt 2: Ihre Zehnerliste

Jetzt schnappen Sie sich den Textmarker. Durchstöbern Sie Ihre Liste und markieren Sie aus dem Bauch heraus Ihre Top-Ten-Gruseleinträge. Die Auswahl könnte so aussehen:

setzt sich nicht für die Abteilung ein
gibt falsche Versprechungen
inkompetent, mangelndes Fachwissen
cholerisch
Besserwisser

entscheidungsschwach
lässt Mitarbeitergespräche ausfallen
unstrukturiert
machtbesessen
hat kein Vertrauen in Mitarbeiter

Schritt 3: Die Umkehrung

Füllen Sie dafür die rechte Seite des Blattes aus: Schreiben Sie neben jeden der zehn ausgewählten negativen Punkte die spiegelbildliche positive Übersetzung. Verwandeln Sie also die Grusel- in Wohlfühlfaktoren. Damit drücken Sie jeweils aus, was Sie sich *stattdessen* wünschen. Und das ist keine germanistische Klassenarbeit, die Aufgabe besteht also nicht darin, das korrekte Gegenteil des Gruselbegriffs aufzuspüren. Nein, es geht um Sie und um das, was Ihnen wirklich wichtig ist. Dann kann auf der rechten Seite des Blattes auch mal ein Begriff landen, der nicht die im Duden aufgelistete positive Entsprechung des Begriffs ist, dafür aber Ihr Bedürfnis genau trifft.

Hier kommt es darauf an, dass Sie wirklich positive Beschreibungen notieren, also nicht »nicht cholerisch« oder »kein Schwätzer«, sondern »gelassen« oder »empathisch«. Finden Sie also Übersetzungen, ohne die Wörter »nicht«, »kein«, »ohne«, »frei von« und so weiter. Klar? Also los! So in etwa:

setzt sich nicht für die Abteilung ein	*steht hinter seinem Team*
macht falsche Versprechungen	*ehrlich*
inkompetent, mangelndes Fachwissen	*kompetent*
cholerisch	*gelassen auch bei Konflikten*
Besserwisser	*kompromissfähig*
entscheidungsschwach	*entscheidungsfreudig*
lässt Mitarbeitergespräche ausfallen	*regelmäßiges Feedback*
unstrukturiert	*strukturiert*
machtbesessen	*gewährt Gestaltungsspielraum*
hat kein Vertrauen in Mitarbeiter	*hat Vertrauen in Mitarbeiter*

Schritt 4: Die Rangfolge

Schreiben Sie Ihre positiven Chef-Kriterien auf zehn Kärtchen und lassen Sie sie für Ihr Ranking gegeneinander antreten, so wie Sie es bei den Themen und den Fähigkeiten schon getan haben. Entscheidend ist einzig und allein Ihr Bauchgefühl.

Tipp: So schalten Sie den Verstand aus

Wenn Ihnen Ihr Verstand bei diesem Ranking immer wieder in die Quere kommt, dann ist mein Tipp: Ausmalen statt abwägen!

Malen Sie sich das, was es zu entscheiden gibt, lebhaft aus. Mit allen Assoziationen, die dazugehören. Wie mag es wohl aussehen, wenn Sie mit einem Chef, der die eine oder die andere Eigenschaft hat, sprechen? Was hören Sie? Was empfinden Sie?

So entstehen reichhaltige Vorstellungsbilder vor Ihrem geistigen Auge und erzeugen in Ihnen Emotionen. Und wenn Sie auf deren Basis blitzschnell entscheiden, kommt Ihr Verstand erst gar nicht dazu, mit seiner Argumentationsklatsche zuzuschlagen.

Tragen Sie die zehn wichtigsten positiven Chef-Kriterien in der ermittelten Reihenfolge hier ein:

Meine Chef-Kriterien

1. _____
2. _____
3. _____
4. _____
5. _____
6. _____
7. _____
8. _____
9. _____
10. _____

Schritt 5: Ihre Top 3

Schreiben Sie nun die Top-3-Kriterien für Ihre künftigen Chefs untereinander auf ein Extrablatt Papier oder – noch besser – in Ihr Berufsglück-Tagebuch. Einträge könnten sein:

hat Vertrauen in Mitarbeiter
kompetent
regelmäßiges Feedback

Schritt 6: Ihre Sätze

Dies ist Ihre Ergebnisseite: Wie in Kapitel 6 bei Ihren Fähigkeiten schreiben Sie zu jedem dieser drei positiven Kriterien erklärende Sätze auf, was Sie darunter verstehen und auch, warum Ihnen das wichtig ist. Es geht um die Wünsche, die Sie haben, damit Sie gut arbeiten können, dauerhaft motiviert bleiben und nachts gut schlafen können.

Also beispielsweise:

Mein Chef-Kriterium: Vertrauen in Mitarbeiter
Darunter verstehe ich, dass ... *sie den Fähigkeiten ihrer Mitarbeiter vertrauen und wissen, dass sie ihre Aufgabengebiete gut bearbeiten. Dadurch delegieren sie wichtige Aufgaben zügig an sie.*
Das ist mir wichtig, weil ... *ich selbstständiges Arbeiten mag. Ich kann entspannt arbeiten und habe keine Angst, Fragen zu stellen, wenn ich mal etwas nicht genau weiß.*

Voilà! Vor sich haben Sie einen praktikablen und immens wichtigen Baustein für Ihren Filter. Nach diesen Kriterien können Sie in Ihren Gesprächen die Unternehmen ganz konkret abklopfen. Und Sie können auch abwägen: Wenn ein Kriterium nicht erfüllt ist, kann ich damit noch leben oder ist der Job dann nichts für mich?

Schreiben Sie die drei wichtigsten Chef-Kriterien als Baustein der Wo-Faktoren in Ihren Berufsstern. An diesen Baustein fügen Sie jetzt noch zwei weitere.

Die besten Kollegen und Ihre Wunschkunden

Mit den Anforderungen an Ihre künftigen Kollegen und an Ihre Kunden verfahren Sie exakt nach der gleichen Gruselmethode: Gruselliste, Grusel-Top-Ten-Markierung, Umkehrung ins Positive, Rangfolge, Top 3 und dann Ihre Ergebnisseiten mit Erklärungssätzen.

Für die Kollegenliste sammeln Sie wie zuvor für die Chefs jede Menge unangenehme Eigenschaften und Verhaltensweisen. Zur Inspiration denken Sie an all die Menschen, die schon einmal in einer sozialen Gruppe auf einer Ebene mit Ihnen waren, also Geschwister, andere Kinder im Kindergarten, Mitschüler, Mannschaftskameraden, Kommilitonen, Mitteilnehmer bei Fortbildungen, Arbeitskollegen und so weiter.

Machen Sie die Liste lieber schön lang und das Brainstorming ausführlich. Mit anderen Worten: Die Qualität des Ergebnisses, das unten rauskommt, hängt von der Menge des Materials ab, das Sie oben hineinwerfen. Beispiele sind:

klauen Ideen, verkaufen sie als ihre
reagieren auf Fragen genervt
hektisch
Nörgler
nicht offen für Neues
unzuverlässig
permanent schlecht gelaunt
akzeptieren persönliche Grenzen nicht
Rechthaber
taktlos
lästern hinter dem Rücken über andere
faul
beschweren sich sofort beim Chef
ohne Rückgrat
nicht hilfsbereit
übermäßig mitteilsam
zickig
halten Informationen zurück
konkurrenzorientiert

inkompetent

überehrgeizig

intolerant

nehmen, aber geben nicht

ungepflegt

humorlos

suchen Schuld bei anderen

Wählen Sie aus Ihrer Liste die Top-Ten-Gruseleinträge aus und verwandeln Sie sie ins Positive. Sie ermitteln die Rangfolge durch Kärtchenschieben und übertragen sie in dieser Reihenfolge in die nachfolgenden Zeilen – ganz wie bei den Chefs.

Meine Kollegen-Kriterien

1. _____

2. _____

3. _____

4. _____

5. _____

6. _____

7. _____

8. _____

9. _____

10. _____

Notieren Sie Ihre Top-3-Kriterien als Ergebnisseite wieder auf einem Extrablatt oder in Ihr Berufsglück-Tagebuch. Schreiben Sie daneben, was Sie darunter verstehen und warum Ihnen das wichtig ist.

Und vergessen Sie nicht, die drei Kriterien in Ihren Berufsstern zu übertragen.

Dasselbe Spiel wenden Sie jetzt auf die Kunden an. Zunächst erstellen Sie die Gruselliste: Welche unangenehmen Eigenschaften oder Verhaltensweisen sind Ihnen bei Menschen, für die Sie etwas getan haben, schon begegnet, oder von welchen unerfreulichen Erfahrungen haben Sie schon gehört?

Zur Inspiration können Sie sich in verschiedene Berufe hineindenken und sich Gäste, Teilnehmer, Schüler, Studenten, Klienten, Mandanten, Patienten, Käufer und so weiter vorstellen. Wenn Sie ein paar Stichworte zur Inspiration benötigen, bitteschön:

zahlungsunwillig

lesen Anleitungen nur unvollständig

beratungsresistent

unfreundlich

wollen immer mehr

beschweren sich permanent

überkritisch

unfreundlich

halten Informationen zurück

aggressiv

springen nach langer Beratung doch ab

setzen Zeitdruck

lassen einen nicht ausreden

ändern dauernd den Auftrag

besserwisserisch

ungeduldig

feilschen um jeden Cent

nie zufrieden

unentschlossen

Wählen Sie Ihre Top-Ten-Gruselkandidaten aus, markieren Sie diese in der Liste, verwandeln Sie sie ins Positive, ermitteln Sie Ihr Ranking und notieren Sie die ermittelten Top-Ten-Positivkriterien Ihrer zukünftigen Kunden in der richtigen Reihenfolge hier:

Meine Kunden-Kriterien

1. _____

2. _____

3. _____

4. _____

5. _____

6. _____

7. _____

8. _____

9. _____

10. _____

Schreiben Sie als Ergebnisseite »Kunden« Ihre Top 3 auf ein neues Blatt oder in Ihr Berufsglück-Tagebuch und daneben, was Sie darunter verstehen und warum Ihnen das wichtig ist.

Wenn Sie die Top-3-Begriffe dann auch noch in Ihren Berufsstern übertragen haben, besitzen Sie den perfekten Filter, um Ihr künftiges Umfeld auf das Wohlfühlmiteinander hin zu scannen, das Sie brauchen.

KAPITEL 9

Wo-Faktor Umfeld:
Wie fühle ich mich wohl?

Nach so viel Nachdenkerei über Chefs, Kollegen und Kunden ist es doch jetzt mal an der Zeit, dass Sie sich zurücklehnen dürfen! Kommen Sie auf einen kleinen Gedankenausflug mit mir: Wir fahren in den Urlaub!

Schon lange haben Sie sich auf diese Tage gefreut. Sie haben Ihr Reiseziel sorgfältig ausgewählt, ein gut gelegenes Hotel gesucht, das Wetter scheint zu passen. Und jetzt das: Die Matratze ist durchgelegen, das Zimmer ist winzig, im Frühstücksraum gibt es kein Fenster und im Obergeschoss wird gebaut: Staub und Lärm den ganzen Tag. Vor Ort finden Sie heraus, dass Ihre Urlaubsinsel im Herbst immer von starken Stürmen heimgesucht wird, es regnet schon seit drei Tagen. Heute hat sich der Empfangschef auch noch über Ihre spielenden Kinder aufgeregt. Na, Familienfreundlichkeit stellen Sie sich anders vor.

Nun sagen Sie mir eins: Wie viel Spaß macht Ihnen dieser Urlaub noch? Richtig, verdammt wenig, denn das Umfeld passt vorne und hinten nicht.

Genauso kann Ihnen auch im Job das Umfeld Ihr Leben versauen. Wenn Sie als Kundenberaterin im ältesten, klapprigsten Firmenwagen jeden Tag im Stau stehen müssen – mit wie viel Motivation gehen Sie da wohl in den Kundentermin? Wenn Sie sich als Lehrerin jeden Tag in den beschmierten Fluren und den heruntergekommenen Klassenzimmern Ihrer Schule bewegen müssen, wie viel Freude bringt das Unterrichten dann?

Ja, Ihr direktes Umfeld, in dem Sie arbeiten, bestimmt mit, wie wohl Sie sich bei Ihrer Arbeit tatsächlich fühlen. Das gilt für die äußerlichen Dinge genauso wie dafür, welche Werte dort gelebt werden. In diesem Kapitel erarbeiten Sie Bereich für Bereich, welches Umfeld Ihnen guttut und was Ihnen besonders wichtig ist. Wenn Sie das erst einmal wissen, können Sie sehr leicht prüfen, welcher zukünftiger Job Ihnen auch in diesem Punkt Ihr Berufsglück bringt.

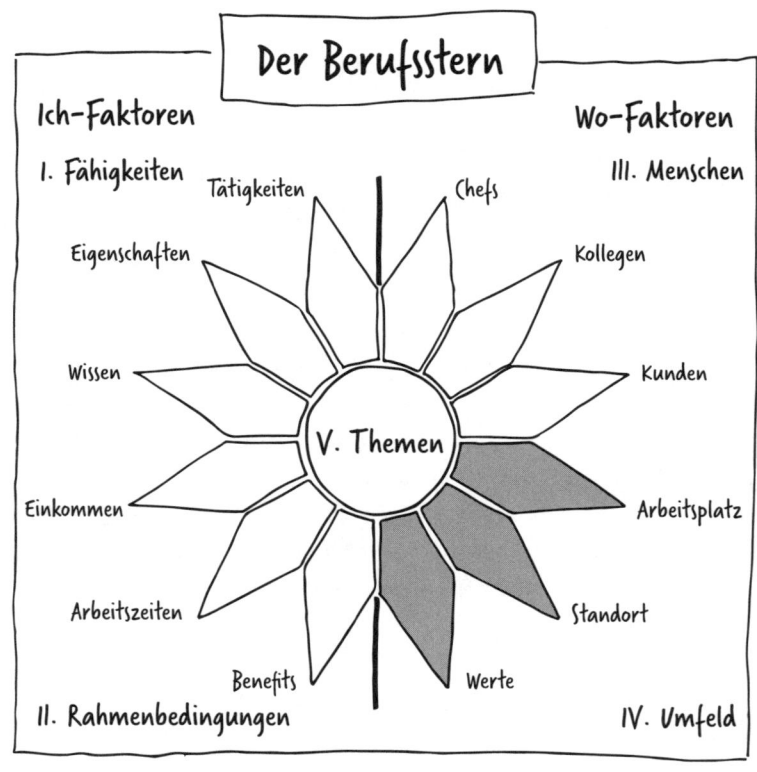

Sie finden zunächst die Wohlfühlbedingungen für Ihren Arbeitsplatz heraus, dann die für den Standort und schließlich die für Sie wichtigsten Werte.

Es macht gar nichts, dass Sie jetzt noch nicht genau wissen, wo Sie denn jobmäßig hinwollen – so weit sind Sie noch nicht. Sie entwerfen Ihren Wunscharbeitsplatz und seinen Standort hier zunächst einmal generisch. Später, wenn Sie wissen, was Sie konkret machen möchten, können Sie die Kriterien jederzeit spezifizieren.

Wo wollen Sie sitzen?

Romina hat bei der Arbeit gerne Trubel um sich. Das hält ihren Kopf wach, und ein Kaffeeplausch zwischendurch ist der perfekte Ausgleich zur geistigen Anstrengung. Trotzdem fühlt sie sich im Großraumbüro ihrer Redaktion nicht wohl. Es ist dunkel, die Fenster lassen sich nicht öffnen und vom Zug der Klimaanlage bekommt sie Nackenschmerzen.

Deshalb überlegt Romina, ihren Job zu wechseln, obwohl sie die Arbeit mag. Denn eine Freundin von ihr arbeitet ein paar Straßen weiter. Ebenfalls im Großraumbüro, aber alles ist in hellen Farben gestrichen. In der Mitte steht eine riesige Kaffeeinsel, an der man sich auch zu Besprechungen treffen kann. Und eine individuell einstellbare Klimaanlage gibt es hier auch!

Ob Sie nun an einem Schreibtisch arbeiten, viel Zeit im Firmenwagen verbringen oder hinter einem Tresen stehen: Ihre Jobzufriedenheit steigt, wenn Sie die Räumlichkeiten und die Ausstattung an Ihrem Arbeitsplatz mögen!

Vieles haben Sie selbst im Griff – der Kabelsalat unterm Tisch ist schnell aufgeräumt, die verdorrte Pflanze entsorgt –, aber bei größeren Arbeitsplatzschwächen hilft manchmal tatsächlich nur der Jobwechsel. Fehlende Fenster, defekte Klimaanlagen oder einen miefenden Teppichboden können Sie schlecht »wegräumen«.

Das Verfahren, mit dem Sie herausbekommen, welche Kriterien Ihr zukünftiger Arbeitsplatz auf jeden Fall aufweisen soll, kennen Sie schon aus dem vorherigen Kapitel: Es ist die Gruselmethode.

Sie machen sich also zunächst eine lange Liste von Arbeitsplatzmerkmalen, die Sie nicht leiden können. Das können welche sein, die Sie selbst schon erlebt haben, aber auch welche, die Sie sich in Ihrer Fantasie ausmalen. Wenn Sie ein paar Beispiele zur Inspiration brauchen, hier bitte:

dunkles Büro
unbequeme Bestuhlung
dreckige Toiletten
keine Teeküche
Geruchsbelästigung
minderwertige oder keine Kantine

70er-Jahre-Einrichtung

wechselnde Arbeitsplätze

keine gute Ablagefläche

keine Pflanzen

Großraumbüro

nicht verstellbare Tische

einsehbarer Bildschirm

6. Stock ohne Fahrstuhl

alte Hardware

Durchgangsverkehr

lautes Radiogedudel

Ihre Liste ist wie immer Ihre ganz subjektive Sammlung. Was die einen toll finden, ist für die anderen grauenhaft. Ob Sie es genießen, sich jeden Tag einen anderen Schreibtisch suchen zu dürfen, oder ob das für Sie der Horror ist, können nur Sie wissen.

Aus den vielen gesammelten Begriffen wählen Sie das Top-Ten-Gruselkabinett aus, indem Sie die furchtbarsten Einträge in Ihrer Liste markieren, und verwandeln sie dann in ein positives Gegenstück. Das könnte dann so aussehen:

unbequeme Bestuhlung	*ergonomischer Stuhl*
Geruchsbelästigung	*gute Luft*
lautes Radiogedudel	*geräuscharme Umgebung*
dreckige Toiletten	*saubere Waschräume und WCs*
nicht verstellbare Tische	*höhenverstellbarer Tisch*
keine Teeküche	*Küche mit Aufenthaltsraum*
dunkles Büro	*Büro mit Tageslicht*
Großraumbüro	*Einzelbüro*
alte Hardware	*moderne IT*
70er-Jahre-Einrichtung	*stilvolle Büroeinri htung*

Wenn Sie alle zehn positiven Kriterien haben, notieren Sie sie auf Kärtchen. Legen Sie wie in den vorangegangenen Kapiteln Ihre Rangordnung durch Kärtchenvergleich, und schreiben Sie die zehn nacheinander hier hinein:

Meine Arbeitsplatz-Kriterien

1. _____
2. _____
3. _____
4. _____
5. _____
6. _____
7. _____
8. _____
9. _____
10. _____

Erstellen Sie Ihre Ergebnisseite. Schreiben Sie dazu Ihre Top-3-Punkte auf ein Extrablatt oder in Ihr Berufsglück-Tagebuch und notieren Sie für jeden, was Sie darunter verstehen und warum Ihnen dieses Kriterium so wichtig ist. Beispielsweise:

Mein Arbeitsplatz-Kriterium: Einzelbüro

Darunter verstehe ich, dass … *ich ein ruhiges Büro habe, in dem ich alleine sitze und das kein Durchgangszimmer ist. Ich darf es individuell gestalten und meine eigene Ordnung schaffen.*

Das ist mir wichtig, weil … *ich, um konzentriert zu arbeiten, Ruhe benötige. Ich habe zum Beispiel mal mit einem anderen Kollegen ein Büro geteilt. Wir haben uns zwar sehr gut verstanden und hatten viel Spaß, nur leider musste er sehr viel telefonieren, da war an Konzentration nicht mehr zu denken.*

Notieren Sie Ihre drei Lieblingskriterien für Ihren Arbeitsplatz in Ihrem Berufsstern. Und dann gehen Sie an die Kriterien für den Standort Ihres neuen Arbeitsplatzes.

Wo ist der Standort Ihres Unternehmens?

Für Ihren neuen Job schauen Sie nun über Ihren Schreibtisch und Ihre Zimmerpflanze hinaus: Wie sieht es mit dem Standort des Unternehmens aus?

Uwe arbeitet in einem hochmodernen Bürokomplex. Die Räume sind minimalistisch eingerichtet, genau wie er es mag. Wie alle Mitarbeiter hat er jeden Morgen die freie Wahl, wo er heute seinen Laptop auspacken möchte: an der großzügigen Tischinsel mit großem Fenster, in der Besprechungslounge mit den Designersesseln, im Ruhearbeitsraum. Hier ist es überall schön. Nur der Weg zur und von der Arbeit, ist nervenaufreibend. Erst über die massiv befahrene Alexanderstraße – die hat ihn auf seinem Fahrrad schon zweimal fast das Leben gekostet. Auch die Umgebung hier im Industriegebiet ist grau und trist, es gibt kein grünes Fleckchen, und auch ein Mittagsangebot ist hier Fehlanzeige.

Wie soll der Standort Ihrer neuen Arbeitsstelle auf gar keinen Fall aussehen? Erstellen Sie wieder eine möglichst lange Gruselliste dazu. Darauf könnte stehen:

ödes Industriegebiet
Geruchsbelästigung vom Betrieb nebenan
keine oder teure Parkplätze
zu viel Regen
laute Durchgangsstraße
keine Natur
seelenlose Umgebung
Kraftwerk in der Nähe
wenige kulturelle Angebote
schlecht ausgebaute Radwege
ausländerfeindliche Umgebung
Hochspannungsleitungen ganz in der Nähe
Stau
keine Cafés
hohe Kriminalitätsrate
weit ab vom Schuss

Suchen Sie die Top-Ten-Merkmale heraus, die für Sie überhaupt nicht gehen, und gehen Sie an ihre Umkehrung. Beispielsweise so:

ödes Industriegebiet	gewachsener Stadtteil
Geruchsbelästigung vom Betrieb nebenan	gute Luft
keine oder teure Parkplätze	kostenlose Parkplätze
keine Natur	mit Wasser in der Umgebung
seelenlose Umgebung	Jugendstil-Architektur
schlecht ausgebaute Radwege	kurzer Radweg durchs Grüne
Stau	gute ÖPNV-Anbindung
keine Cafés	Essenangebote in unmittelbarer Nähe
hohe Kriminalitätsrate	sicheres Umfeld

Nochmal zur Erinnerung: Sie dürfen in diesen Kapiteln träumen. Wenn für Sie die Vorstellung toll ist, auch mal unter Palmen zu arbeiten, schreiben Sie es auf. Viele meiner ehemaligen Seminarteilnehmer arbeiten heute an den ungewöhnlichsten Orten: Eine ist zum Beispiel Yogalehrerin in Barcelona geworden. Seien Sie mutig und führen Sie auf, was Sie sich wirklich wünschen.

Wenn Sie also Ihre zehn positiven Standortbedingungen haben, schreiben Sie sie auf Kärtchen, baldowern deren Reihenfolge aus und tragen sie hier ein:

Meine Standort-Kriterien

1. _____
2. _____
3. _____
4. _____
5. _____
6. _____
7. _____
8. _____
9. _____
10. _____

Für Ihre Ergebnisseite schreiben Sie Ihre Top 3 wieder separat auf und notieren Sie für jeden Punkt, was Sie darunter verstehen und warum Ihnen dieses Kriterium so wichtig ist. Beispielsweise:

Mein Standort-Kriterium: kurzer Radweg durchs Grüne

Darunter verstehe ich, dass … ich mit dem Rad in weniger als 30 Minuten zur Arbeit fahren kann, möglichst abseits von lauten, viel befahrenen Straßen.

Das ist mir wichtig, weil … mir Bewegung an der frischen Luft wichtig ist. An normalen Arbeitstagen komme ich nicht dazu, noch zusätzlich Sport zu treiben, daher finde ich es gut, wenn das automatisch mit eingebaut ist. Das schafft Entspannung ganz nebenbei und lässt mich ausgeglichen sein.

Ergänzen Sie in Ihrem Berufsstern die drei Kriterien für den Standort.

Nachdem Sie sich nun überlegt haben, wie Ihr Arbeitsplatz und der Standort Ihres Wunschunternehmens aussehen, schauen Sie zuletzt auf die Werte, die in Ihrem Wunschunternehmen gelebt werden: Wie soll dieser Laden eigentlich ticken?

Die Werte der Firma

Welche Werte sollen in der Firma vertreten werden, für die Sie künftig arbeiten? Soll es dort hintenrum und unehrlich zugehen? Soll das Recht des Stärkeren gelten und sollen schwächere Mitarbeiter gemobbt werden? Soll die Umwelt egal sein?

Ich kann mir nicht vorstellen, dass Sie sich solche Einstellungen in Ihrer Zukunftsfirma wünschen. Ich gehe vielmehr davon aus, dass Ihr Wunschunternehmen sich nach einem Werteverständnis ausrichten soll, das mit Ihren Vorstellungen im Einklang ist – und dass alle Führungskräfte und Mitarbeiter dieses auch leben. Die Frage ist nur: Welche Werte haben Sie eigentlich? Welche davon liegen Ihnen besonders am Herzen? Und welche sollten auch in Ihrer Arbeitswelt gelebte Wirklichkeit sein?

Sie suchen also nach Ihrer ganz individuellen Sichtweise. Jeder Mensch trägt Werte in sich, nach denen er handelt. Sie sicher auch! Das sind Einstellungen, Handlungen, Eigenschaften oder Qualitäten, die Sie als moralisch richtig, wertvoll und erstrebenswert erachten. Und: Diese inneren Grundüberzeugungen schlummern häufig erstaunlich unbewusst in uns.

Werte entscheiden wie ein innerer Kompass darüber, was Ihnen sinnstiftend erscheint. Sich Ihrer eigenen Wertvorstellungen bewusst zu werden, kann eine große Orientierungshilfe sein. Auch jedes Unternehmen lebt einen individuellen Wertekanon. Und damit meine ich nicht die typischen Hochglanzunternehmensfloskeln, die Leitbilder, die in den Fluren, im Besprechungsraum oder im Eingangsbereich an der Wand hängen und die oftmals nichts sind als heiße Luft. Nein, ich meine, die Normen und Grundeinstellungen, die im Unternehmen tatsächlich und tagtäglich gelebt werden.

Da Werte so fundamental die Ausrichtung unseres Lebens bestimmen, ist es wichtig, dass Sie die wichtigsten Werte Ihres Leben erforschen und aus diesen ableiten, welche Grundüberzeugungen auch in Ihrem (künftigen) Unternehmen gelten sollen.

Wenn Sie sich viele Gedanken machen, welche Welt wir unseren Kindern hinterlassen, könnte der Wert *Nachhaltigkeit* oder *Ressourcenschonung* für Sie extrem wichtig sein. Selbstverständlich suchen Sie dann ein Umfeld, in dem dieser für Sie hohe Wert nicht mit Füßen getreten wird. In einem Unternehmen, das über keinerlei ökologisches Bewusstsein verfügt, werden Sie immer wieder auf Dinge stoßen, die Ihnen gegen den Strich gehen. Egal, wie gut alle anderen Faktoren sind – das Gehalt, der Chef oder Ihr Tätigkeitsfeld –, dieses Unternehmen wird Ihnen langfristig nur minimales Berufsglück bieten können. Es ist daher nicht unbedeutend, dass Sie sich auch über Ihre Werte und die entsprechenden Anforderungen an Ihren zukünftigen Arbeitgeber im Klaren sind.

Dabei können die Werte am Arbeitsplatz denen in Ihrem persönlichen Leben entsprechen, sie müssen aber nicht deckungsgleich sein. Lassen Sie uns genauer hinschauen.

Im Gegensatz zu Ihren Vorstellungen von Arbeitsplatz und Standort sammeln Sie diesmal keine Gruselliste. Ihr Werteverständnis entwickelt sich aufgrund Ihrer Erziehung – und damit meine ich *Erziehung* im weitesten Sinne, also durch gesellschaftliche Normen, Eltern, Schule, Freundeskreis – und aufgrund Ihrer Erfahrungen. Wie sehr unsere persönlichen Erlebnisse unsere Einstellung prägen, können Sie an den Generationsunterschieden ablesen: Wenn Sie zum Beispiel Kriegserfahrung haben, hat der Wert *Frieden* für Sie eine andere Bedeutung und Wichtigkeit, als wenn Sie noch nie Krieg erlebt haben. Haben Sie unter einem persönlichen Betrug gelitten, wird Ihnen *Ehrlichkeit* als Wert eventuell wichtig sein. Haben Sie viel *Wertschätzung* und *positives Feedback* erfahren, möchten Sie dies eventuell im besonderen Maße anderen zuteil werden lassen und reagieren besonders gereizt, wenn Menschen nicht gefördert werden. Haben Sie schon einmal Mobbing erfahren oder miterlebt, finden Sie vielleicht die volle *Akzeptanz von Individualität* wichtig.

Los geht es mit einer Auflistung Ihrer persönlichen Erfahrungen. Machen Sie sich dazu entweder auf einem Blatt Papier oder in Ihrem Berufsglück-Tagebuch nacheinander zu folgenden Fragen Notizen:

1. Wer oder was hat mich womit in meinem Leben unterstützt, gefördert oder vorangebracht? Wofür bin ich in meinem Leben dankbar?
2. Wer oder was hat mich womit in meinem Leben gebremst, verletzt oder behindert? Wofür bin ich weniger dankbar?
3. Welche Werte und Wertvorstellungen habe ich? Sowohl aus den Positiv- als auch aus den Negativerfahrungen haben Sie im Laufe Ihres Lebens Ihre Grundeinstellungen entwickelt, die Sie hier eintragen können.

Sammeln Sie alle Werte, die Ihnen wichtig sind.

So kam Sophie bei mir im Kurs auf einen ihrer höchsten Werte: Sie fragte sich, an welche Situationen im Leben sie sich erinnert, in denen sie Dankbarkeit empfand. Dabei wurde ihr klar, dass in ausnahmslos allen Situationen, die ihr in den Sinn kamen, wertschätzend mit ihr kommuniziert wurde. Also formulierte sie als Wert: »wertschätzende Kommunikation«.

Später fand sie einen Kostümdesigner in Hamburg, der für seine große Kostümproduktion Mitarbeiter suchte und daran interessiert war, sie einzustellen. Sie hatte ihn über ihre Nachbarin kennengelernt und saß eines Tages bei ihm im Büro. Er erzählte, dass alle seine Mitarbeiter einen Kurs in gewaltfreier Kommunikation machen. Und zwar weil er möchte, dass gerade dann, wenn es in Hochproduktionsphasen sehr stressig wird, seine Mitarbeiter so miteinander umgehen, dass allen die Arbeit noch Freude macht. Sophies Ampel schaltete auf Grün, denn sie wusste: Hier bin ich richtig, hier wird es mir gutgehen.

Ist Ihre Liste lang genug? Wenn nicht, hier eine kleine Auswahl zur Inspiration:

Vertrauen, Respekt, Fairness, Humor, Freiheit, Erfolg, Humor, Sinn, Sicherheit, Begeisterung, Achtsamkeit, Dankbarkeit, Eigenständigkeit, Geselligkeit, Optimismus, Ordnung, Spaß, Umweltschutz …

Tauschen Sie sich auch mit anderen aus oder lassen Sie sich im Internet inspirieren, um Ihre Liste zu vervollständigen. Ergänzen Sie Ihre Liste mit Werten, die in der Firma gelebt werden sollten, damit Sie sich wohlfühlen:

Wirtschaftlichkeit, Sicherheit, Umweltbewusstsein, Gesundheit, Innovation, Chancengleichheit, Individualität, Transparenz, Nachhaltigkeit, Großzügigkeit …

Wählen Sie aus der Gesamtliste der Werte die zehn aus, die für Sie besonders wichtig sind und die in Ihrer Zukunftsfirma gelebt werden sollen. Schreiben Sie sie auf Kärtchen, damit Sie die Reihenfolge ermitteln können. Ihr Ergebnis tragen Sie hier ein:

Meine Werte
1. _____
2. _____
3. _____
4. _____
5. _____
6. _____
7. _____
8. _____
9. _____
10. _____

Ein Beispiel für eine solche Auswahl:
Individualität
Chancengleichheit

Transparenz

Hilfsbereitschaft

Nachhaltigkeit

Humor

Großzügigkeit

Fehlerkultur

Selbstorganisation von Teams

Flache Hierarchien

Ihre Top-3-Werte notieren Sie wieder als Ergebnisseite separat auf einem Blatt oder in Ihr Berufsglück-Tagebuch. Daneben ergänzen Sie, was Sie konkret damit meinen und welche Bedeutung es für Sie hat. Etwa so:

Mein Wert: Individualität

Darunter verstehe ich, dass ... *jeder Mitarbeiter in einem Unternehmen sich frei entfalten darf und gerade für seine Besonderheiten wertgeschätzt wird. Es wird immer versucht, Menschen, die anders ticken, zu verstehen und zu integrieren.* **Das ist mir wichtig, weil** ... *ich schon erlebt habe, wie es ist, wenn Kollegen gemobbt werden. Das Leid und die Verletzungen, die daraus entstehen, waren für den Betroffenen schwer zu verkraften. Ich habe ziemlich gelitten, weil ich mich machtlos fühlte. Daher ist mir eine grundsätzliche Haltung von Akzeptanz gegenüber dem »Anderssein« sehr wichtig. Eine Firma, in der viel gelästert wird, strengt mich an und kostet mich Energie.*

Vervollständigen Sie Ihren Berufsstern im Bereich Umfeld nun um Ihre drei zentralen Werte.

Wow! Ihr Stern ist vollständig. Ich gratuliere Ihnen, denn das ist eigentlich ein toller Moment.

Ich sage »eigentlich«, weil ich bei ganz vielen meiner Seminarteilnehmer beobachte, dass sie in diesem Augenblick immer noch kein wirklich gutes Gefühl haben. Im Gegenteil, denn sie fragen sich verunsichert: »Okay, mein Stern ist voll. Aber was mache ich jetzt damit? Was soll jetzt aus mir werden?«

KAPITEL 10

Ideenfindung:
Was soll nur aus mir werden?

Erst war es ganz zart, doch jetzt wird es immer deutlicher. Es ist ein wohliges Gefühl, das sich unaufhaltsam im ganzen Körper ausbreitet. Ich nenne es das »glückselige Kribbeln«. Und dieses Kribbeln wird begleitet von dem Gedanken: *Das ist fast zu schön, um wahr zu sein!*

Das Kribbeln kommt dann, wenn Sie merken, dass Sie etwas unbedingt wollen, wenn Sehnsucht aufkommt – auch wenn Sie noch nicht wissen, wonach genau. Eine Idee erfasst Sie und lässt Sie Wollen und Wünschen empfinden. Diese Idee begeistert Sie.

Und in genau dieses Gefühl werden Sie nun Ihre vielleicht noch vorhandene Ratlosigkeit verwandeln. In den folgenden Kapiteln werden Sie all Ihre Einträge aus dem Berufsstern zusammenführen und konkrete Ideen für Ihr Berufsglück generieren. Dabei sind Sie auf der Suche nach dem wohligen und glückseligen Kribbeln.

Das Kribbeln ist natürlich eine Bewertung und Reaktion Ihres Bauchsystems. Und das macht sich durch starke, positive Gefühle bemerkbar. Vielleicht fühlen Sie sich erleichtert und gelöst oder erregt und voller Sehnsucht, oder Sie müssen spontan breit grinsen. Achten Sie auf diese Gefühlsregungen und lassen Sie sich nicht zu schnell von Ihrem Verstand irritieren, der sich bestimmt auch einschaltet und fragt: »Wie? Ich soll das machen können? Wie soll ich das denn hinbekommen?«

Das Kribbeln sagt Ihnen: Ihr Bauch findet eine Vorstellung, eine Idee super! Und genau das ist die Voraussetzung, damit Sie weitermachen können. Sie sind damit noch nicht am Ziel, doch Sie sind auf einem guten Weg dahin. Ihr Berufsglück finden Sie noch. So wie Tom vor einiger Zeit:

Als er in mein Seminar kam, war er völlig ratlos. Er hatte gerade seine Kfz-Lehre abgebrochen. Nun stand er vor einem scheinbar äußerst begrenzten Stellenmarkt

und war frustriert. Dementsprechend mutlos machte sich Tom mit seiner Unter-
stützergruppe aus dem Seminar auf die Suche nach neuen Ideen. Erschwerend
kam hinzu, dass er ein bisschen unsicher mit seinen Tätigkeiten war ...

- *basteln*
- *reparieren*
- *fahren*
- *Maschinen bedienen*
- *Problemlösungen erkennen*

Und dass seine Themen, die ihn begeisterten und sein Herz berührten, ihm uto-
pisch und wenig realistisch vorkamen:

- *Meer*
- *Stürme/Gewitter*
- *Autos*

In ihm hämmerte die Frage:»Was soll nur aus mir werden?« Mit Hilfe seines Teams
war er in der Lage, Wunschvorstellungen zu entwickeln. Die Ideen begannen zu
purzeln. Und er begann, das Kribbeln zu spüren.

Und jetzt? Sind Sie neugierig? Glauben Sie, aus dieser wilden Sammlung
kann Berufsglück entstehen? Aber ja! Tom ist der lebende Beweis. Tom
wartet heute alte Seenotrettungskreuzer an der Küste. Und ist rundum
zufrieden mit seinem Job. Von dem er vor seinen Gesprächen lange Zeit
gar nicht wusste, dass es ihn überhaupt gibt.

Das wollen Sie auch? Ich zeige Ihnen jetzt, wie es geht.

Im Land der unbegrenzten Jobideen

Eine (Job-)Idee kommt mit der Berufsglück-Methode glücklicherweise
selten allein. Das ist gut so, denn Sie brauchen in diesem Stadium viele
Ideen, die alle eines gemeinsam haben: Sie fühlen sich gut an.

Bestimmt kommen Sie alleine schon auf einige Ideen, aber ich garan-
tiere Ihnen: Eine Gruppe kann mit Ihnen zusammen noch viel mehr
gute Visionen entwickeln. Damit Sie also möglichst viele Vorstellungen
finden, was aus Ihnen werden kann und soll, holen Sie sich kreative Köpfe

dazu. Greifen Sie dafür ruhig auf Ihre bisherigen Unterstützer zurück. Bevorzugen Sie diejenigen, die mit Ihnen und Ihrer Neuorientierung mitfiebern. Mister Was-soll-denn-das-jetzt und Fräulein Spinn-doch-nicht-rum dürfen Sie getrost außen vor lassen.

Treffen Sie sich am besten gemeinsam mit mindestens drei anderen Personen, denn in der Runde ticken sich bei der Ideenfindung alle gegenseitig an. Dafür brauchen Sie keinen Seminarraum, aber ein ruhiges Plätzchen wäre wünschenswert. Die Übung dauert auch nicht länger als 20 Minuten.

Zur Vorbereitung notieren Sie auf zwei unterschiedlichen DIN-A5-Blättern in großen Buchstaben die fünf Tätigkeiten, die in Ihrem Berufsstern stehen, und auf dem anderen Blatt die drei Themen aus der Sternenmitte. Jetzt bitten Sie noch jemanden aus der Gruppe, für Sie alle Ideen mitzunotieren, die kommen, und schon sind Sie gerüstet für Ihre Reise ins Land der unbegrenzten Jobideen.

Zunächst präsentieren Sie nun die beiden vorbereiteten Zettel Ihrer Unterstützergruppe. Mit einer konkreten Anleitung:

»Schaut mal, hier sind fünf Tätigkeiten, die erkläre ich euch jetzt kurz. Außerdem erzähle ich euch ein Erlebnis dazu, das ich mit der Tätigkeit verbinde.

Die erste Tätigkeit ist kommunizieren. Vor Kurzem habe ich zum Beispiel mit einer Freundin gesprochen, die unter Liebeskummer leidet. Danach ging es ihr schon wesentlich besser.

Und hier sind meine drei Themen. Mein erstes Thema ist Bildungschancen für benachteiligte Kinder. Ich würde gerne in einer Firma arbeiten, die sich dafür einsetzt, dass alle Kinder in Deutschland gut lernen können. Ich finde es zum Beispiel schwierig, dass Kinder mit Migrationshintergrund an den Grundschulen in Brennpunktstadtteilen kaum Deutsch lernen, da sie nur wenige Mitschüler haben, die Deutsch können.

In diesem Sinne schildern Sie alle fünf Tätigkeiten und anschließend noch Ihre drei Themen. Alles, was Sie für Ihre näheren Erläuterungen benötigen, steht übrigens auf Ihren Ergebnisseiten. Dann stellen Sie die alles entscheidende Frage: »Was soll nur aus mir werden?!«

Um die Ecke gedacht

Die Aufgabe für Ihre Ideengeber ist einfach: Sie sollen eine Tätigkeit oder ein Thema auswählen und loslegen. Gerne dürfen sie auch Begriffe kombinieren oder womöglich alle sechs unter einen Hut bringen. Alles ist erlaubt, wenn Sie und Ihre Unterstützer ihrer Fantasie freien Lauf lassen. Hauptsache, sie nennen Ihnen am Ende möglichst viele Ideen, was Sie in Zukunft beruflich tun könnten.

Erika Mierow kam mit 59 in mein Seminar. Auf ihrem Tätigkeitenzettel stand: visualisieren, beraten, motivieren, Ideen kreieren, gestalten.

Auf ihrem Themenzettel tummelten sich: Möbel, Raumatmosphäre, Blumen.

Als sie mit diesem Mix im Seminar ihre Mitstreiter befragte, kamen die tollsten Ideen heraus: Ein Aufräumcoach müsste sie werden! Eine Gärtnerin oder eine Balkonbepflanzerin! Oder jemand, der die Toilettenräume in Firstclass-Hotels und Restaurants in eine Wohlfühllandschaft verwandelt. Eine Mitteilnehmerin erzählte von einem Café, das nur deshalb so erfolgreich sei, weil der Besucher auf dem stillen Örtchen das Gefühl habe, er käme auf eine Blumenwiese. Auch Möbel könnte sie mit der Kombi doch sicher verkaufen.

Heute reist Erika durch die Welt. Sie gestaltet unter anderem Trendbücher für internationale Möbelhersteller und berät diese, welche Möbel in Europa gut ankommen werden. Darüber hinaus ist sie professionelle Wohn- und Architekturpsychologin. Besuchen Sie Erika doch mal im Internet unter: https://www.coachfortrends.com

Sie dürfen und sollen sich also jede scheinbar noch so kuriose Idee anhören, wie Sie Ihre Tätigkeiten und Themen in einem Beruf verwirklichen könnten. Abgefahrene Ideen sind in vielen Fällen einfach Nischen und kommen Ihnen deswegen abwegig vor. Ihr »Protokollant« sollte alle Antworten aus der Gruppe aufschreiben, egal wie unrealistisch sie erscheinen. Denn es geht bei dieser Übung darum, dass Sie mit dem Bauch entscheiden.

Welche Jobidee lacht Sie an? Welche Aufgaben lösen in Ihnen ein glückseliges Kribbeln oder das breite Grinsen aus? Den Realitätscheck für Ihr Berufsglück machen Sie dann noch früh genug. Hier geht es erst einmal nur darum, nach den Sternen zu greifen.

Die Probe aufs Exempel

Wenn Sie gemeinsam einen ersten großen Schwung Ideen gesammelt haben, machen Sie die erste Probe aufs Exempel: Wie fühlen sich die Berufsideen an, die Ihr Protokollant für Sie mitgeschrieben hat? Wie stark sind Sie von den Vorschlägen Ihrer Gesprächspartner berührt? Ist schon eine Idee dabei, die Ihnen sofort ein wohliges Gefühl in der Magengrube bereitet?

Wenn noch keine Ideen dabei sind, die so ein Kribbeln auslösen: Kein Problem, dann machen Sie gemeinsam einfach noch eine Runde mit neuen Begriffen.

Das Feedback Ihrer Ideenrunde hilft Ihnen nämlich, die Begriffe auf Ihren Zetteln einzuschätzen. Wenn ein Thema Sie in der Runde schnell nervt, dürfen Sie es sang- und klanglos rauswerfen und ein anderes aus Ihrer Top-Ten-Auswahl (blättern Sie in Kapitel 5 nach) einfügen. Genauso verhält es sich mit den Tätigkeiten.

Spielen Sie die Übung weiter – so lange, bis es funkt. Bis Sie mindestens sechs Jobideen herausbekommen haben, bei der Sie dieses Buch eigentlich am liebsten in die Ecke legen und sofort loslaufen würden, um Gespräche zu führen und Ihre Möglichkeiten auszukundschaften!

Aufgepasst!

»Das ist ja eine tolle Idee, aber …« – Aber! Oh nein, dieses Aber ist hier nicht erlaubt! Auch wenn ich verstehe, warum es sich meldet: Ihr Verstand schaltet sich ungefragt ein, weil er Bedenken hat und Sie möglicherweise beschützen möchte. Im Moment ist aber nur Ihr Bauchsystem gefragt. Sagen Sie Ihrem Verstand also: *»Danke für den Hinweis. Ich komme noch zu dir, aber erst später.«* Das dürfen Sie sogar guten Gewissens tun. Ich habe im Laufe der Jahre viele Leute erlebt, die letztendlich ihr Berufsglück gefunden haben, die jedoch nie und nimmer so weit gekommen wären, wenn sie in so einem frühen Stadium ein Aber zugelassen hätten.

Darum nochmal zur Erinnerung: Sie befinden sich in einer echten »Traumfabrik«. In dieser Phase ist Träumen erwünscht, Spinnen erlaubt, Fantasieren gefragt. Wenn Sie jetzt aber meinen, die Ideen sofort auf ihren Gehalt an Realismus prüfen zu müssen, dann bringen Sie Ihre eigenen Träume zum Platzen. Ich sage es ganz deutlich: Einwände, Gegenargumente und Totschlagargumente wie *»dafür bin ich zu alt«* oder *»damit kann man doch kein Geld verdienen«* oder *»dafür gibt's keinen Markt/keine Kunden/keine Chance«* oder *»dafür habe ich die völlig falsche Ausbildung«* sind hier und jetzt verboten!

Stellen Sie sich vor, auf Ihrer Themenliste stünden *Kaffee* und *Katzen*. Ein Skeptiker würde sofort behaupten, dass diese beiden Themen auf gar keinen Fall kombinierbar sind – und schon gar nicht für Geld. Na, dann verrate ich Ihnen mal was: Kopi Luwak – oder »Katzenkaffee« – ist so ziemlich der teuerste Kaffee der Welt. Die Kaffeekirsche wird von einer asiatischen Schleichkatzenart gefressen. Dabei wird der Kern, nämlich die Kaffeebohne, unzerkaut verschluckt, verdaut und ausgeschieden. Durch diesen »Prozess« erfährt der Kaffee eine besondere Fermentierung, die für einen einzigartigen Geschmack sorgt. Sie sehen: Mit der Idee Kaffee plus Katze kann man sich dumm und dämlich verdienen. Oder Sie wären mit dieser Kombination vor zehn Jahren auf die Idee gekommen, ein Café zu eröffnen, in dem sich im Gastraum auch Katzen aufhalten. Ihr Verstand hätte dieses Geschäftsmodell im ersten Moment mit großer Wahrscheinlichkeit als unsinnig abgetan. Heute gibt es sie in vielen Großstädten. Sie sind so beliebt, dass man sie oftmals nur mit langfristiger Reservierung besuchen kann.

Ich bin sicher, dass es da draußen viel mehr Jobideen für Sie gibt, als Sie sich jetzt vorstellen können. Da Sie frei von Berufsbezeichnungen erst einmal nur über Ihre Themen plus Tätigkeiten suchen, finden Sie eine Vielzahl von passenden Nischen!

Worauf Sie beim Ideensuchen achten sollten

- Sagen Sie nie »Aber …«.
- Berücksichtigen Sie auch Ideen, die beim ersten Hören unrealistisch klingen.
- Schreiben Sie unbedingt Ihre liebsten Tätigkeiten und Themen auf, auch wenn diese scheinbar nicht zusammenpassen, denn auch die nicht so naheliegenden Kombinationen sind interessant.
- Geben Sie nicht zu früh auf! Wiederholen Sie die Kombinationsrunden mit neuen Themen und Tätigkeiten, bis Sie Ideen mit Zugkraft haben.
- Suchen Sie sich fürs Brainstorming keine Skeptiker aus.
- Suchen Sie Ihre Ideen gemeinsam in einer Gruppe von Unterstützern.
- Brainstormen Sie wie ein fantasievolles Kind. Ihr Erwachsenenverstand kommt schon noch zum Zuge … später!

In einem meiner Kurse durfte ich eine Ergotherapeutin kennenlernen, die unzufrieden in ihrem Beruf war. Anne wusste, dass sie keine Ergotherapeutin mehr sein wollte, aber sie hatte keine Idee, was sie stattdessen tun könnte.

Beim Ausfüllen ihres Berufssterns kam sie auf sehr besondere Themen: Sie liebte diese Wackeldackel, die auf der Hutablage hinten im Auto stehen. Außerdem fand sie Gürteltiere toll und gebastelte Spinnen. Wenn sie daran dachte, kam dieses sehnsuchtsvolle Kribbeln.

Ihre Themen kamen ihr selbst nämlich ziemlich abgefahren vor, so dass sie etwas niedergeschlagen dachte:»Was, bitte schön, soll ich denn damit anfangen?«

Obwohl sie ein wenig mutlos war, begab sie sich mit einer Gruppe aus dem Seminar auf Ideensuche. Und die war erfolgreich! Heute ist sie Prop-Designerin, das heißt, sie baut Attrappen, Kulissen, Dummies und Requisiten für Theater, Film,

Fernsehen und Escape-Rooms – und eben auch genau solch tolles Zeug wie Wackeldackel, Spinnen, Gürteltiere und vieles mehr.

Finden auch Sie diesen Mut und gehen Sie mit Unterstützern auf Ideensuche, bis Ihnen das Kribbeln begegnet und Sie eine Liste mit sechs wunderschönen Berufsideen gesammelt haben. Könnte aus einer davon etwas werden?

KAPITEL 11

Szenario: Der perfekte Tag

Folgen Sie mir auf eine kurze Gedankenreise in ein traumhaftes Szenario:

Ich wache auf. Es ist Donnerstag, der 28. Februar 2012. Durch die Fenster in meinem Schlafzimmer scheint die frühe, klare Wintermorgensonne. Ich bleibe noch ein paar Minuten im Bett liegen und lausche dem Rauschen der Bäume vor meinem Fenster. Sonst ist nur Stille.

Ich stehe auf und tapse noch etwas schlaftrunken in die Küche und stelle den Wasserkocher an. Dann gehe ich durch die offene Küche ans Wohnzimmerfenster. Mein Blick fällt auf unser Seminarhaus, das nebenan ist. Ich sehe meinen Mann in einem der Räume die Lichter anschalten. Er sieht mich am Fenster stehen. Wir winken uns zu. Ich bereite in Gedanken den heutigen Workshop vor.

Unser Hund kommt an meine Seite, wedelt mit dem Schwanz und freut sich, dass ich aufgestanden bin. Er gähnt und streckt sich. Er steckt mich damit an. Ich gähne auch. Und strecke mich. Ich gehe mit ihm zurück in die Küche und mache mir einen Vanilletee, den ich mit ins Badezimmer nehme. Unter der Dusche lasse ich mir warmes Wasser über den Körper laufen. Dabei schließe ich die Augen und verabschiede langsam meine Träume.

Ich ziehe mich an und mache mich fertig für eine Runde mit unserem Hund. Wir laufen über Wiesen und Felder, an unserem Seminar-Zentrum vorbei. Am Waldrand mache ich vor dem Start in den Arbeitstag eine Runde Tai-Ji in der kühlen Februarsonne.

Der gute Grund, Ihr Szenario zu schreiben

Was Sie da gerade gelesen haben, habe ich selbst geschrieben, und zwar genau zehn Jahre zuvor, am 28. Februar 2002. Ich habe mir an diesem

Tag einfach ausgedacht, wie mein perfekter Tag in zehn Jahren aussehen wird.

Und genau das bitte ich Sie nun, ebenfalls zu tun!

Warum? Weil Ihnen eine große innere Motivation helfen wird, wenn Sie Ihre beruflichen Ziele erreichen und eine wesentliche Veränderung in Ihrem Leben herbeiführen wollen. Und diese Übung, die Beschreibung Ihres perfekten Tages, ist ein bewährtes, funktionierendes Verfahren dafür.

Der Grund dafür ist, dass ein großer Teil Ihres alltäglichen Verhaltens von Ihrem Unbewussten gesteuert wird. Für die Steuerung sorgt Ihr neuronales Belohnungssystem. Dieses Belohnungssystem besteht aus einer Reihe von Hirnarealen und Nervenverbindungen. Es funktioniert wie ein Schaltkreis: Ein positiver Auslöser von außen lässt das limbische System reagieren. Diese Reaktion kommt in der Großhirnrinde als Signal für bewusstes Verlangen an. Und die gibt daraufhin dem Körper den Befehl zu agieren.

Wenn Sie also so ein Szenario schreiben, halten Sie sich im übertragenen Sinne selbst eine Möhre vor die Nase und sagen: So soll mein Leben aussehen. So soll es sich anfühlen. So soll es schmecken und riechen. Deshalb gehe ich jetzt los. Weil ich dieses Leben haben möchte!

Gestalten Sie Ihr Szenario also so bunt und schön, wie es nur irgendwie geht. Sie dürfen sich hier richtig austoben. Das darf sogar kitschig sein. Schöpfen Sie aus dem Vollen.

Und: Schreiben Sie Ihr Szenario am besten mit der Hand. Neurowissenschaftler haben herausgefunden, dass bei handschriftlich verfassten Texten das gesamte Gehirn mitarbeitet, also auch der Teil, der später tatsächlich die Aktionen ausführt. Das macht die Vorstellung umso nachdrücklicher.

Das Verblüffende an diesen Szenarien ist ihre Langzeitwirkung. Bei mir hat es nur ein Jahr gedauert, bis ich den ersten Auftrag in meinem Wunschberuf hatte. Danach ist Schritt für Schritt ein großer Teil meines Zehn-Jahres-Szenarios, wie ich es 2002 aufgeschrieben hatte, Realität geworden.

Allerdings ist es für die Motivationswirkung gar nicht so wichtig, ob und wie genau Ihr Zukunftsbild wahr wird.

Anleitung: So bauen Sie sich den perfekten Tag

- Beschreiben Sie einen ganzen Tag, wie Sie ihn von heute an gerechnet in zehn Jahren am liebsten hätten.
- Beamen Sie sich in die Zukunft, in die Zeit, in der Ihr Szenario spielt. Beginnen Sie mit: *Ich wache auf.* Enden Sie mit: *Ich schlafe ein.*
- Schreiben Sie im Präsens und in ganzen Sätzen.
- Rechtschreibung und Grammatik spielen keine Rolle.
- Es geht um einen normalen Arbeitstag (egal, wie alt Sie bis dahin sind) inklusive des Privatlebens drumherum. Aber es geht nicht darum, im Lotto gewonnen zu haben und dann mit dem Cocktail auf Ihrer eigenen Insel am Strand zu sitzen.
- Die wichtigste Regel für diese Beschreibung ist: Es ist ein rundherum schöner Tag!
- Entscheiden Sie sich für eine Ihrer Berufsideen. Eine, die Sie anlacht.
- Nehmen Sie Ihren ausgefüllten Berufsstern als Vorlage. Bauen Sie so viel wie möglich von den Ergebnissen, die Sie darin eingetragen haben, in Ihr Szenario ein.
- Dabei müssen Sie an diesem einen Tag nicht alles selbst aktiv tun. Haben Sie zum Beispiel die Tätigkeit *Tennis spielen*, müssen Sie an diesem Tag nicht selbst ein Match absolvieren. Sie könnten auch abends einen Tennisurlaub buchen oder der Paketlieferdienst bringt Ihnen Ihren neuen Schläger vorbei. Sie dürfen auch mit Vor- und Rückblenden arbeiten, um noch mehr aus Ihrem Berufsstern in Ihr Szenario einzubauen.
- Wenn Sie trotz dieser Tricks nicht alle Ergebnisse unterkriegen: halb so schlimm. Viel wichtiger ist es, dass dieser Tag so richtig schön ist. Sie müssen also nicht krampfhaft versuchen, alles aus Ihrem Berufsstern unterzubringen. Und wenn Ihnen beim Träumen spontan noch etwas Neues einfällt, darf das auch gern in Ihr Szenario hinein.

Zurück im Haus esse ich eine Kleinigkeit und gehe dann kurz nach 8 Uhr rüber ins Seminarhaus. Das Haus steht direkt an einem kleinen Badeteich, hat große Fenster und hohe Decken und alles ist aus Holz.

Im Büro sitzt Elisabeth, mit der ich mich hervorragend verstehe. Irgendwie hat sie den gleichen Humor und wir lachen viel, auch wenn es mal Schwierigkeiten gibt. Elisabeth ist ein Glücksfall, denn sie übernimmt für mich alles Organisatorische, nimmt Seminaranmeldungen entgegen und verwaltet das Personal. Wir gehen kurz durch, was heute anliegt. Dann gehe ich in den Essensraum, wo die Gäste der Woche gerade beim Frühstück sitzen. Die Stimmung ist ausgelassen. Ich rede mit einzelnen Teilnehmern und frage nach, wie es ihnen geht.

Im Raum sind einige Gruppen, die sich ins Seminarhaus eingemietet haben, aber auch die Gruppe, die ich aktuell persönlich leite: eine Gruppe von Frauen, die sich für ihre berufliche Zukunft neu orientieren will.

Ich gehe vor den Frauen in den Seminarraum und bereite ihn vor. Ich schalte die Musik ein. Im Raum steht ein großer Strauß duftender Blumen. Langsam trudeln die Teilnehmerinnen ein. Da der Kurs schon ein paar Tage läuft, sind alle miteinander vertraut. Wir kommen also schnell und ohne lange Vorrede ins Arbeiten.

Sarah ist heute besonders aktiv und gesprächsbedürftig. Ich spüre, dass sie sich Unterstützung von mir wünscht. Denn Sarah steht zwischen den Stühlen: Sie liebt ihren Job, kommt aber so gar nicht mit dem Leben in der Großstadt zurecht. Soll sie deshalb kündigen?

Ich genieße es, wie Sarah mit meiner und der Hilfe der anderen Frauen nach und nach ihre Möglichkeiten auslotet. Mit meiner Methode spüren wir Schritt für Schritt tiefer, bis Sarah die Lösung gefunden hat: Sie wird ihre Firma nicht verlassen, ihren Chef aber auf die Möglichkeit ansprechen, mehr im Homeoffice zu arbeiten, also in ihrem ruhigen Häuschen im Grünen.

Ich sehe, wie sich ihre Schultern entkrampfen und nach unten sacken. Das macht mich zufrieden. Die anderen Frauen im Raum freuen sich mit ihr. Eine klopft Sarah auf die Schulter und sagt:»Siehst du, ich habe dir doch gesagt, dass du in diesem Seminar sicher eine Lösung findest!« Ich lächle.

Kein Blick in die Glaskugel

Wenn Sie Ihren perfekten Tag entwickeln, gehen Sie nur danach, was Sie sich wünschen. Das ist also kein Blick in die Kristallkugel einer Wahrsagerin, der Ihnen sicher vorhersagen soll, wie Ihr Leben garantiert in zehn Jahren aussehen wird. Nein, es ist allein Ihr Wunschdenken, das diesen Tag zusammenbaut und die einzelnen Elemente entwirft.

Wollten Sie schon immer einen Hund haben – in diesem Szenario gibt es die Möglichkeit dazu. Oder einen eigenen Garten, der idyllisch ländlich gleich neben dem Eingang Ihres Geschäfts liegt, in dem Sie aufgearbeitete Antiquitäten verkaufen? Immer her damit. In Ihrem perfekten Tag können Sie das alles verwirklichen.

Selbst der rationalste Mensch kann nicht vorhersagen, was in zehn Jahren tatsächlich sein wird. Er kann es vielleicht in verschiedenen Bereichen ahnen, aber das ist auch alles. Und dass Sie hier ungestört träumen und gestalten können, macht ihren perfekten Tag umso schöner.

Keine Angst vorm Schreiben

Da es sich um Ihr eigenes und freies Wunschdenken handelt, können Sie Ihrer Fantasie beim Schreiben völlig freien Lauf lassen. Und dann läuft es auch schon. Schauen Sie in sich hinein und schreiben Sie am besten völlig aus dem Bauch heraus einfach alles runter, was in diesen Tag soll.

Falls Sie das Gefühl haben, dass Sie vor der Größe der Aufgabe oder vor der Länge des Textes zurückschrecken, dann können Sie mit einem ganz einfachen Trick arbeiten: dem Baukastensystem!

Überlegen Sie sich zu jedem Wort auf Ihrem ausgefüllten Berufsstern eine kleine Story. Das sind die verschiedenen Teile Ihres Baukastens. Zum Beispiel:

- Gehören *Kräuter* zu Ihren Themen, könnten Sie schreiben: Ich habe einen kleinen Kräutergarten, trockne die Kräuter und liefere sie an Sternerestaurants in der Region.
- Oder in Ihrem Feld »Chefs« steht *wertschätzend*, dann erzählen Sie: Mein Chef kommt wie jede Woche einmal vorbei und hört bei uns nach, wie es läuft.
- Oder Sie wünschen sich für Ihr Umfeld *moderne IT*, schreiben Sie: Ich arbeite am Apple Mac und darf ständig auf Schulungen gehen.

Diese Bausteine können Sie dann aneinanderreihen und schon haben Sie Ihren großartigen Tag – reichhaltig bestückt mit schönen Erlebnissen!

Hürde gemeistert!

Haben Sie Ihr Szenario fertiggeschrieben, nehmen Sie sich bitte noch ein weiteres neues Blatt zur Hand oder schlagen eine neue Seite in Ihrem Berufsglück-Tagebuch auf.

Sie versetzen sich in die Zeit, in der Ihr Szenario angesiedelt ist: also heute in zehn Jahren. Von dieser Warte aus schauen Sie nun zurück auf die vergangenen zehn Jahre. Was war die größte Hürde, die Sie auf dem Weg bis hierher zu bewältigen hatten? Schreiben Sie sie auf.

Darunter notieren Sie, wie Sie diese Hürde gemeistert haben. Denn das haben Sie. Sonst wären Sie jetzt nicht da, wo Sie sind.

In meinem Szenario zum Beispiel stand, dass ich einen Geldgeber finden müsse, um mein eigenes Seminarhaus zu kaufen. Und als Lösung hatte ich notiert: *Ich überrede einen reichen Freund meines Vaters, mich zu unterstützen.*

Das Ganze dient dazu, dass Sie die Fallstricke schon vorausdenken und überlegen können, wie Sie darauf reagieren. So haben Sie eine Lösung parat, bevor die Schwierigkeit wirklich auftaucht. Sie wissen, was zu tun ist, wenn sie kommt.

Bei mir kam es dann eh ganz anders, weil mir nach Gesprächen mit vielen Seminarhausleitern klar wurde: Selbst so ein Haus führen wollte ich nicht. Es gab ja auch eine gute Alternative: Ich habe mir meine Räume einfach nach Bedarf gemietet.

Kaum zu glauben

Als ich meinen perfekten Tag geschrieben habe, glaubte ich damals noch gar nicht, dass ich tatsächlich Teile meiner Geschichte später umsetzen könnte. Ich kam mir sogar an manchen Stellen meiner Geschichte ziemlich blöd vor, hatte ich doch in Wahrheit keine Ahnung, wie man ein solches Seminar inhaltlich oder didaktisch wirklich gestaltet.

Ich dachte, um Menschen für ihre berufliche Neuorientierung beraten zu können, müsste ich Psychologie studieren oder zumindest Sozialpädagogik oder Erwachsenenbildung. Auf keinen Fall könnte ich so etwas doch mit meinem Hintergrund als Glasbläserin und Projektmanagerin in den neuen Medien! Das konnte ich mir nicht vorstellen.

Ich machte mich dennoch auf den Weg und redete mit Menschen, die das verwirklicht hatten, was ich mir wünschte. Der Zaubertrick, um meine Lage unter Kontrolle zu behalten, war ganz einfach: Ich musste mich nur auf die Dinge konzentrieren, die ich beeinflussen konnte – nicht auf die, die ich nicht unter Kontrolle habe, wie einen Partner finden oder Kinder bekommen.

Am einfachsten und klarsten wurden meine Pläne, als ich mich auf meinen Kerngedanken fokussierte: Ich möchte Menschen bei ihrer beruflichen Neuorientierung unterstützen. Und das schien möglich. In den Gesprächen mit Karriereberatern und Berufsberatern fand ich heraus, dass viele von ihnen Quereinsteiger mit spezialisierten, kurzen Fortbildungen waren. Zu meiner Überraschung erfuhr ich: Auch sie waren keine Psychologen, Sozialpädagogen oder Erwachsenenbildner, sondern hatten, so wie ich, krumme Berufsbiografien und ganz unterschiedliche Studienhintergründe. Und so eine Weiterbildung, das kam auch für mich noch infrage!

Inzwischen habe ich einen großen Teil meines Traumszenarios verwirklicht. Das ist toll. Das heißt aber nicht, dass ich nur genau auf diese Weise hätte glücklich werden können. Ihr Szenario ist *eine* Möglichkeit unter vielen, wie Ihr Leben gut werden kann.

Ziel des Szenarios ist nicht, dass jedes Detail exakt so eintreten muss. Vielleicht werden Sie Ihr Leben auf völlig andere Weise genießen. Wohin die Reise Sie letztendlich führt, können Sie nicht wissen. Mein Partner Ralf, der gelernter Zahntechniker ist und vor Jahren bei mir an einem

Seminar teilnahm, hat heute neben seiner Selbstständigkeit eine 50-Prozent-Stelle im Changemanagement auf Malta. Das hätte er sich in seinen kühnsten Szenarien nicht ausdenken können. Ja, sein Szenario ist nur zum kleinen Teil eingetroffen. Aber er würde heute nicht tauschen wollen. Und auf gewisse Weise hat ihn sein Szenario auch dorthin geführt. Denn das Entscheidende bei Szenarien ist: dass Sie nach der Entwicklung des perfekten Tages einfach sehr große Lust haben loszulegen. Dass Sie es gar nicht mehr erwarten können! Nur dafür ist Ihr Szenario gut. Malen Sie sich einfach aus, wie schön das Leben sein könnte, und genießen Sie es!

Am Ende des Seminars gehen die Teilnehmer zum Essen. Nun habe ich Zeit für mein Nachbarskind, dem ich ab und zu Nachhilfe gebe. Wir erledigen zusammen seine Hausaufgaben. Anschließend bereite ich mit meinem Mann das Abendessen zu. Wir genießen die Zeit zu zweit.

Nach dem Essen gebe ich ein Einzelcoaching und berate Ute bei ihrem anstehenden Jobwechsel. Danach geht's noch einmal mit dem Hund raus.

Auf dem Heimweg gehe ich am Stall vorbei und sage meinem Pferd gute Nacht. Zu Hause schlüpfe ich ins warme Bett. Ich schlafe ein.

KAPITEL 12

Goldschürfen: Die Erkundungsphase

Damit das Szenario, Ihre Vorstellung von einem perfekten Tag in Ihrem Berufsglück, keine Illusion bleibt, sondern zur Realität wird, fehlt nicht mehr viel: Sie müssen raus in die Welt, Möglichkeiten erkunden und Ihre Nische finden. Das Ziel dieser Erkundungsphase ist, Antworten auf folgende Fragestellungen zu finden:

- Sind Ihre Jobideen in der Wirklichkeit so schön, wie Sie sich das in Ihrem Kopf ausgemalt haben?
- Können Sie Ihr angestrebtes Ziel in einem angemessenen Zeithorizont erreichen? Wenn ja, benötigen Sie dafür weitere Ausbildungen oder Qualifizierungen?
- Gibt es in dem Themenfeld langfristig Bedarf, sprich werden Menschen mit Ihren Fähigkeiten in dem Bereich gebraucht, und werden Sie gut davon leben können?

Darüber hinaus lernen Sie Entscheider oder nahe Bekannte von Entscheidern kennen, so dass Sie bei freien Stellen und zu vergebenden Aufträgen in der ersten Reihe stehen.

Diese Fragen können Sie nun Schritt für Schritt gut strukturiert beantworten. Denn alles, was Sie dafür brauchen, haben Sie sich mit diesem Buch schon erarbeitet. Sie haben Ihren Rucksack gefüllt:

- Sie können routiniert und methodisch gute Gespräche über Jobs und Berufsbereiche führen.
- Sie haben mindestens drei Ideen, in welchen Themenfeldern Ihr Berufsglück liegen könnte.
- Sie haben eine klare Vorstellung davon, welche Fähigkeiten Sie ausmachen, insbesondere welche Tätigkeitsbereiche Ihnen besonders liegen.

- Sie wissen, wie Ihr zukünftiger Job gestaltet sein muss, um zu Ihrem Leben zu passen.

Und diesen Rucksack schnallen Sie sich jetzt um und machen sich auf die Reise zu Ihrem persönlichen Berufsglück.

Worum geht es? Es geht darum, über *warme Kontakte* Gespräche zu initiieren, Ihre Gesprächspartner anzurufen, ein Treffen zu vereinbaren und Erkundungsgespräche zu führen! Mit *warmen Kontakten* sind alle Menschen gemeint, die Sie persönlich so gut kennen, dass sie bei Anfragen sofort bereit sind, ein Gespräch mit Ihnen zu führen. Dazu zählen Familienmitglieder, Freunde, Bekannte, und Personen, deren Kontaktdaten Sie über eine persönliche Empfehlung bekommen haben. Natürlich dürfen Sie auch immer noch, wie in der Startphase erprobt, kalte Gespräche führen, darin sind Sie ja inzwischen geübt.

Der Weg in der Erkundungsphase besteht aus sieben Schritten, die ich mit Ihnen in diesem Kapitel gehen werde:

Schritt 1: Themenwahl
Schritt 2: Sprengen
Schritt 3: Wer kennt wen?
Schritt 4: Internetrecherche
Schritt 5: Termine vereinbaren
Schritt 6: Gespräche führen
Schritt 7: Danach: Danke!

Aus meiner Erfahrung mit meinen Seminarteilnehmern kann ich Ihnen verraten: Erkundungsgespräche führen – gerade da, wo Bedarf besteht – mit der Zeit zu Jobangeboten. In der Erkundungsphase sprechen Sie möglicherweise zum ersten Mal mit Ihrem nächsten Arbeitgeber!

Neues in der Erkundungsphase

Bevor Sie starten, lassen Sie mich die vier Punkte erläutern, die in der Erkundungsphase neu für Sie sind.

Punkt 1: Sie stellen nun sechs statt nur vier Fragen

 Sie fragen nach dem Werdegang.

☺ Sie fragen nach dem Guten.

☹ Sie fragen nach dem weniger Guten.

 Sie fragen nach Veränderungen in der Zukunft.

[♥] Sie fragen nach den Fähigkeiten.

 Sie fragen nach weiteren Kontakten.

Punkt 2: Stellen Sie sich darauf ein, dass Sie drei verschiedenen Gesprächstypen begegnen werden

1. Menschen, die das machen, was Sie machen möchten – natürlich im gewünschten Themengebiet,
2. Kunden in Ihrem Themengebiet,
3. Auftraggeber/Multiplikatoren in Ihrem Themengebiet.

Je nachdem mit welchem Typ Sie sprechen, modifizieren Sie Ihre Fragen:

Bei *Gesprächstyp 1* können Sie die Fragen ganz normal abhandeln und bekommen heraus, ob Ihre Jobidee wirklich zu Ihnen passt.

Von *Gesprächstyp 2*, den Kunden, bekommen Sie in erster Linie Informationen zum Angebot und zum Vertriebskonzept anderer Unternehmen.

Von *Gesprächstyp 3* dagegen erfahren Sie mehr über das Angebot und über mögliche Kooperationspartner.

Was das in der Praxis bedeutet, zeige ich Ihnen am Beispiel von Chris.

Chris kam in meine Beratung, als er 42 war. Er arbeitete in einer Unternehmensberatung als SAP-Consultant. Das war ihm aber schon seit Jahren zu techniklastig. Im Laufe des Beratungsprozesses fand er heraus, dass ihn das Thema Kommunikation für Führungskräfte sehr viel mehr interessierte. Um mehr zu erfahren, suchte er den Kontakt mit allen drei Gesprächstypen.

So sprach er mit Menschen, die Kommunikationstrainings und Coachings für Führungskräfte geben – also Typ 1. Ihnen stellte er die sechs Fragen »standardmäßig«, so wie Sie es schon in der Startphase mit vier Fragen erprobt haben und wie es oben beschrieben ist, also:

Wie kamen Sie zu dem Thema Kommunikation und Führungskräftetrainings?
Durch die Informationen zum Werdegang ermittelte Chris, welche Qualifikationen und Weiterbildungen andere Trainer und Coaches besitzen und er eventuell benötigt.

Was gefällt Ihnen gut daran?
Hier erkannte Chris, ob seine Wunschvorstellungen der Realität entsprechen und ob die Tätigkeit wirklich erstrebenswert ist.

Gibt es auch Aspekte, die Ihnen weniger gut gefallen?
So sah Chris, auf welche weniger guten Aspekte er sich einstellen müsste und ob sich der Bereich auch finanziell lohnen würde. Teilweise hörte er auch schon einen Bedarf heraus, da einige Gesprächspartner überarbeitet schienen.

Was meinen Sie, welche Veränderungen kommen auf den Bereich Führungskräftetrainings in den nächsten zwei bis drei Jahren zu?
So entdeckte Chris, was der zukünftige Bedarf sein könnte. Er hörte zum Beispiel immer wieder den Hinweis, dass agiles Arbeiten eine immer größere Rolle spielen würde.

Welche Fähigkeiten muss aus Ihrer Sicht ein Trainer mitbringen, um erfolgreich Führungskräftetrainings anzubieten und sie auch im Bereich Agilität zu unterstützen?
So konnte Chris prüfen, ob er die benötigten Fähigkeiten besaß, und seinen Fortbildungsbedarf bei Zukunftsthemen bestimmen.

Könnten Sie mir noch jemanden empfehlen, der auch Führungskräfte trainiert, vielleicht auch im Bereich Agilität?
So bekam Chris weitere Kontakte auch in neuen Bereichen.

Er redete auch mit Teilnehmern von Führungskräfteseminaren. Diesem Gesprächstyp 2 stellte er folgende Fragen:

Wie wurden Sie auf das Führungskräfteseminar aufmerksam?
So hörte Chris ab, welche Vertriebskanäle Trainer nutzen.

Was fanden Sie gut am Seminar?
Hier erfuhr Chris, was die Erfolgsfaktoren eines Seminars sind, also was er anbieten müsste, um genauso gut wie seine späteren Mitanbieter zu sein.

Was weniger gut?

Chris fand heraus, was er später besser als seine Konkurenz machen könnte, sollte er sich für diesen Bereich entscheiden.

 Was meinen Sie, zu welchen Themen werden Führungskräfte in den nächsten zwei bis drei Jahren noch Fortbildungen benötigen?

Ohne direkt danach zu fragen, ermittelte Chris so, was der zukünftige Bedarf sein würde, und wo es vielleicht auch eine spezielle Nische gab.

 Welche Fähigkeiten muss aus Ihrer Sicht ein Trainer mitbringen, der mit Führungskräften erfolgreich arbeitet?

So konnte Chris prüfen, ob er diese schon hatte.

 Könnten Sie mir noch jemanden empfehlen, der an einem Führungskräfteseminar teilgenommen hat, oder auch einen Trainer?

So konnte Chris sein Netzwerk erweitern und bekam weitere Kontakte auch für andere Gesprächspartner.

Chris ging auch zu einer Führungskräfteakademie, also einem potenziellen Auftraggeber und damit Gesprächstyp 3. Dort stellte er diese Fragen:

 Wie hat sich Ihr Seminarprogramm über die letzten Jahre entwickelt?

 Welche Seminare werden gut nachgefragt?

 Welche weniger gut?

 Was glauben Sie: In welche Richtung wird sich das Seminarprogramm in den nächsten Jahren entwickeln?

 Welche Fähigkeiten muss ein Führungskräftetrainer aus Ihrer Sicht mitbringen?

 Kennen Sie noch andere Weiterbildungsträger, mit denen ich reden kann, oder wäre es sogar möglich, dass ich mal mit einem Ihrer Trainer spreche, um für mich entscheiden zu können, ob ich diesen Weg weiterverfolgen möchte?

Je nach Gesprächspartner ändern sich sowohl die Gesprächseinleitung als auch Ihre Fragen. Das ist der Grund, warum ich Ihnen Symbole vorgebe und keine Formulierungen zu den Fragen. Gehen Sie spielerisch mit den Fragen um und entwickeln Sie für jedes Thema, jeden Gesprächstyp und jeden einzelnen Gesprächspartner eine neue Variation für Ihre Gesprächssymbole.

Punkt 3: Sie generieren Ihre Gespräche über warme Kontakte und machen – anders als in der Startphase – Terminabsprachen.

Punkt 4: Die Gespräche dauern bei einer Terminvereinbarung nun zwölf anstatt sieben Minuten.

Und jetzt sind Sie an der Reihe!

Schritt 1: Themenwahl

Beginnen Sie erst einmal im geschützten Raum Ihrer vier Wände. An einem Ort, wo Sie gut denken können, über Internet verfügen und wo ein Telefon griffbereit steht.

Holen Sie Ihren Berufsstern hervor. Sie beschäftigen sich heute mit Ihren Lieblingsthemen, die in der Sternenmitte prangen. Um den Fokus zu behalten, bearbeiten Sie Ihre Themen nacheinander und entscheiden sich jetzt für eins, das Sie als Erstes Schritt für Schritt angehen. Mit welchem Thema von den dreien möchten Sie beginnen? Die zwei anderen Themen legen Sie erst einmal beiseite. Keine Angst, Sie widmen sich diesen beiden später.

Jetzt arbeiten Sie mit Ihrem ausgewählten Thema weiter.

Schritt 2: Sprengen

Im nächsten Schritt sprengen Sie Ihr ausgewähltes Herzensthema und erstellen eine Mindmap. Mit der Technik des Sprengens haben Sie sich in der Startphase ja schon vertraut gemacht.

Schreiben Sie Ihr Thema groß und deutlich auf ein Blatt Papier oder in Ihr Berufsglück-Tagebuch. Notieren Sie nun um Ihr Thema herum alle Betriebsarten, die näher oder ferner mit dem Begriff in Verbindung stehen. Ihre Sprengung sollte zum Schluss mindestens 15 Betriebsarten aufweisen.

> **Tipp: Fragen kostet nichts**
> Wenn Ihnen zu Ihrem Thema auf Anhieb nicht so viele Betriebsarten
> einfallen, ist das ein guter Zeitpunkt, Ihre Unterstützer wieder auf den
> Plan zu rufen.

*Ullas Herzensthema war »Historische Gebäude und Denkmalpflege«. Doch beim
Sprengen kam sie nur auf wenige, naheliegende Betriebsarten: Architekturbüros,
Stadtplanungsbehörden, Denkmalämter, Immobilienfirmen.*

*Dann bat sie ihre Freundin Johanna um Unterstützung. Kaum hatte Ulla er-
klärt, wie das Sprengen funktioniert, kam Johanna eine Idee nach der anderen:
Büros für Innenarchitektur, Behörde für Tiefbau, Stiftungen, UNESCO, Stukkateur-
unternehmen, Statikbüros, Architektenkammern, Malerbetriebe, Museen, Burgen,
Schlösser, Universitäten, Messe, Parkanlagen, Verlage, Berufsschulen, Kirchen ...*

*Schließlich hatte Ulla 19 Betriebsarten beisammen und freute sich über jede
einzelne: Dort würden überall Menschen anzutreffen sein, die sich für Architektur
interessierten – und die somit bestimmt Kontakte hatten zu Menschen, die historische Gebäude liebten, so wie Ulla.*

Schritt 3: Wer kennt wen?

In Ihrer Sprengungs-Mindmap gruppieren sich nun viele Betriebsarten
um Ihr erstes Herzensthema. Überlegen Sie als Nächstes, ob Sie persönlich Menschen kennen, die in diesem Themenfeld oder einer der
Betriebsarten arbeiten. Denken Sie an die drei Gesprächstypen von
vorne. Kurzum: Menschen, mit denen Sie sich über Ihr Herzensthema
unterhalten können.

*Auf Svenjas Mindmap standen die Betriebsarten Konditorei und Käserei. Ihr fiel ein,
dass ihre jüngere Cousine während des Studiums in einem Café mit angeschlos-
sener Konditorei an der Kasse gearbeitet hatte. Ihren Namen notierte sie sich,
genauso wie den von Helmut, ihrem früheren Nachbarn, der als Fahrer für einen
kleinen Biobauernhof arbeitete und neben Käse, Quark und Butter auch Frisch-
milch vom Erzeuger direkt zu den Kunden lieferte.*

Svenja lächelte, als sie auf ihre Liste sah und feststellte, wie so unterschiedliche Leute in Verbindung mit ihrem Herzensthema standen: mit Torten, Kuchen und Gebäck.

Tragen Sie jede Person, die Ihnen zu dem Thema einfällt, in eine Kontaktliste ein.

Wer steht in Ihrem Telefonbuch, wessen Leben haben Sie in der Vergangenheit via Facebook verfolgt? Spannende Gesprächspartner gibt es vielleicht auch unter Sandkastenfreunden, unter Gemüsehändlern auf Ihrem Wochenmarkt oder unter Ihren Xing-Kontakten. Alle, die mit dem Thema zu tun haben, kommen auf Ihre Liste, genauso wie jede Person, die ihre hilfreichen Weggefährten beisteuert. Ulla zum Beispiel hat ihre Schwester um Hilfe gebeten:

Liebe Sabine, wie du weißt, möchte ich mich beruflich neu ausrichten. Ich habe für mich geklärt, welcher Bereich mich in der Architektur besonders interessiert, und lande immer wieder beim Erhalt historischer Gebäude. Bevor ich mich jetzt irgendwo blind bewerbe, möchte ich überprüfen, ob dieser Bereich in der Praxis wirklich spannend für mich ist.

Dazu möchte ich erst einmal nur Gespräche mit Menschen führen, die in dem Bereich arbeiten. Meine eigenen Kontakte in der Architektur möchte ich gerade nicht nutzen, weil diese eventuell irritiert reagieren würden. Daher wollte ich dich fragen, ob du vielleicht jemanden kennst, der beruflich mit Architektur zu tun hat, vielleicht sogar mit meinem Spezialthema, und der so nett wäre, mit mir zu reden. Ich verspreche dir, ich werde auch nicht nach einem Job fragen.

Erstellen Sie auch eine Liste von Menschen, die nichts mit Ihrem Thema zu tun haben, Ihnen aber wohlgesinnt sind und die Sie ansprechen könnten, um Ihnen von Ihren Themen zu erzählen und nach Kontakten zu fragen. Das können Familienmitglieder, Freunde und Bekannte, ehemalige Kollegen, aber auch Ihr Bäcker oder Frisör sein. Ich nenne das »30er-Liste«. Diese arbeiten Sie Stück für Stück ab.

Sobald Ihnen drei warme Kontakte eingefallen sind oder Sie diese über Ihre 30er-Liste erhalten haben, gehen Sie diese an. Sollte der Faden abreißen, schauen Sie wieder auf Ihre 30er-Liste und sprechen Sie erneut Menschen aus Ihrem nahen Umfeld an, um neue Kontakte genannt zu bekommen.

Warum schon bei dreien »unterbrechen«? Arbeiten Sie lieber die Kontakte, die Sie bekommen, zeitnah ab. Wenn jemand Ihnen einen Kontakt nennt, dann ist er neugierig, wie das Gespräch laufen wird. Er möchte erleben, dass Sie seinen Tipp zeitnah verfolgen. Wenn zu viel Zeit verstreicht, sind manche Kontaktgeber enttäuscht, nach dem Motto: »Da bemühe ich mich und du machst nichts draus.«

> **Tipp: Nur langsam**
> Generieren Sie immer nur so viele warme Kontakte, wie Sie innerhalb von ein bis zwei Wochen weiterverfolgen können.

Informieren Sie sich bei Ihrem Kontaktgeber nun noch, wie Sie die genannte Person am besten kontaktieren können, und lassen Sie sich natürlich auch die Kontaktdaten geben. Dann geht es los: Sie bereiten Ihre erste Kontaktaufnahme vor.

Schritt 4: Internetrecherche

Bevor Sie einen warmen Kontakt anrufen, um einen Termin zu vereinbaren, recherchieren Sie im Internet und verschaffen sich einen guten Überblick: über den Gesprächspartner selbst, über seinen Betrieb, vielleicht auch über aktuelle Projekte Ihres Gesprächspartners.

Damit wird es Ihnen deutlich leichter fallen, das Schlüsselwort für genau diese Person zu finden. Denn vielleicht interessieren Sie sich für das Thema *Sauna*, Ihr Gesprächspartner nennt es aber *Wellnessoase*.

> **Reminder: Ihr Schlüsselwort ist nicht in Stein gemeißelt.**
> Das Schlüsselwort ist das Thema, für das sich der Mensch, mit dem Sie sprechen möchten, am meisten interessiert. Das heißt, Sie müssen eventuell Ihr eigenes Thema immer wieder neu oder ein klein wenig anders benennen, um das passende Schlüsselwort zu treffen.

Wenn Sie gleich am Anfang bei Ihrem warmen Kontakt das richtige Schlüsselwort nennen, gelingt der Vertrauensaufbau schon bei der Terminabsprache am Telefon. Gemeinsame Themen und Interessen sind die Eintrittskarte ins Gespräch. Das Wort Interesse kommt vom Lateinischen und ist eine Wortbildung aus *inter* = *zwischen* und *esse* = *sein*. Interesse ist das, was zwei Menschen verbindet. Suchen Sie danach und bringen Sie es zum Ausdruck.

Damit Sie nicht durcheinandergeraten, notieren Sie sich am besten in Ihrem Berufsglück-Tagebuch alle Kontakte, die Sie gefunden haben, zum Beispiel:

Thema:	*Erhalt historischer Gebäude*
Betrieb:	*Gebrüder Dach Immobilien*
Kontakt:	*Konrad Dach*
Durch wen?	*Meinen Nachbarn Werner*
Telefonnummer:	*0123/454545*
E-Mail-Adresse:	*konrad@dach-immobilien.de*
Schlüsselwort:	*Altbausanierung*
Hinweis:	*Werner und mein Kontakt kennen sich aus der Grundschule.*
	Werner ruft bei Herrn Dach an und meldet sich dann bei mir.
Termin:	*...*

Die letzte Rubrik »Termin« bleibt zunächst frei.

Schritt 5: Termine vereinbaren

Den Termin vereinbaren Sie jetzt telefonisch: Sie müssen nur noch die Gesprächseinleitung vorbereiten. Sie ähnelt der Gesprächseröffnung aus der Startphase.

»Hallo, hier ist Ulla Schneider. Ich habe Ihren Namen von Werner Kunkel, meinem Nachbarn. Er hat Sie ja schon kontaktiert und angekündigt, dass ich mich bei Ihnen melden werde. Ich bin Architektin, liebe Altbauten und finde daher Altbausanierungen spannend.

Um zu klären, ob dieser Bereich in Zukunft auch beruflich etwas für mich sein könnte, möchte ich persönliche Gespräche mit Menschen aus diesem Bereich führen. Ich habe nur sechs Fragen, das Gespräch muss von meiner Seite nicht länger als zwölf Minuten dauern. Es geht mir nur darum, Informationen zu sammeln, so dass ich eine Entscheidung fällen kann, in welche Richtung ich beruflich gehen möchte.

Hätten Sie Zeit und Lust, mit mir zu sprechen?«

Beim Telefonat legen Sie Ihren Kalender bereit, damit Sie sofort einen Termin absprechen können. Je wärmer der Kontakt, desto höher ist die Wahrscheinlichkeit, dass Sie am Ende einen Gesprächstermin vereinbart haben. Bei lauwarmen oder kalten Kontakten bekommen Sie eher keinen Termin übers Telefon und gehen besser persönlich vorbei.

Auf zwei Dinge sollten Sie bei Ihren Anrufen vorbereitet sein:

1. Sie bekommen einen Termin, der nicht gleich in der nächsten Woche stattfindet. Manche Ihrer gewünschten Gesprächspartner stecken gerade in einem arbeitsintensiven Projekt oder stehen kurz vor dem Urlaub. Bleiben Sie entspannt und nehmen Sie den Termin, der Ihnen angeboten wird. Sie haben ja noch mehr Kontakte auf Ihrer Liste.

2. Ihr Gesprächspartner möchte das Gespräch sofort am Telefon mit Ihnen führen.

Zum zweiten Punkt will ich Sie warnen: Führen Sie auf keinen Fall ein Gespräch am Telefon. Erinnern Sie sich an die Startphase? Wie viele Informationen haben Sie durch das reine Hören der gesprochenen Worte erhalten und wie viele Eindrücke bekamen Sie über alle anderen Sinneskanäle?

Gespräche am Telefon bringen so gut wie nichts. Denn Sie bauen keinen persönlichen Kontakt auf. Der entsteht nur, wenn sich zwei Menschen sehen. Genauso wenig generieren Sie Vertrauen in Ihre Person ohne eine persönliche Begegnung. Und: Sie können nicht »spüren« – fühlen, riechen, sehen, also mit allen Sinnen wahrnehmen –, ob Ihnen solch ein Arbeitsplatz gefallen könnte. Zu guter Letzt wird Ihnen Ihr Gesprächspartner nur dann gute Kontakte nennen, wenn er Sie persönlich kennengelernt hat. Die Wahrscheinlichkeit ist hoch, dass Sie Ihre Gesprächspartner bei Veranstaltungen wie Messen oder Vorträgen erneut treffen, aber ohne ein persönliches Gespräch können Sie nicht damit rechnen, wiedererkannt zu werden.

All diese Faktoren führen dazu, dass Sie sich mit einem reinen Telefonat keine Chancen auf dem verdeckten Arbeitsmarkt erarbeiten. Nehmen Sie deshalb für ein Gespräch auch mal eine längere Anreise auf sich – oder lassen Sie diesen Kontakt erst einmal sein. Alles andere hilft nicht.

Was also tun, wenn jemand Ihnen gleich am Telefon ein Gespräch anbietet? Sie brauchen eine ganz tolle Erwiderung! Und diese sollten Sie sich in großer Schrift ausdrucken und neben das Telefon legen, so dass Sie sie notfalls ablesen können. Ich habe es in meiner eigenen Erkundungsphase so gemacht:

»Oh, das ist ja toll, dass Sie mit mir reden möchten. Wissen Sie, mir liegt viel daran, das Gespräch persönlich zu führen. Vielleicht haben Sie auch schon mal die Erfahrung gemacht, dass Sie Informationen viel besser einordnen können, wenn Sie die Menschen sehen? Daher würde ich das Gespräch wirklich sehr gerne persönlich mit Ihnen führen und (der folgende Teil muss jetzt schnell und in einem Rutsch ausgesprochen werden) *ich verspreche Ihnen, das Gespräch wird auch nicht länger dauern, als wenn wir es hier gleich am Telefon machten, nämlich zwölf Minuten.«*

Es gibt aber auch noch andere Varianten. Hier kommt die Entgegnung meiner Teilnehmerin Anja:

»Das ist ja nett von Ihnen! Wissen Sie, ich bin etwas altmodisch, ich sehe Menschen total gerne, wenn ich mit ihnen rede. Würde es Ihnen was ausmachen, wenn wir persönlich miteinander sprächen? Ich verspreche Ihnen, das Gespräch wird auch nicht länger dauern, als wenn wir es hier gleich am Telefon machten, nämlich nur zwölf Minuten.«

Anjas Variante passte gut zu ihr, denn ihr Thema waren *Antike Segelschiffe*. So, nun sind Sie dran. Versuchen Sie es! Überlegen Sie sich, um welchen Gesprächstyp es sich bei Ihrem Wunschgesprächspartner handelt. Schreiben Sie Ihre Gesprächseinleitung passend dazu – und rufen Sie an!

Es kommt übrigens nicht so sehr auf die Zahl Ihrer Gesprächstermine jede Woche an. Viel wichtiger ist, dass Sie den Faden nicht abreißen lassen und regelmäßig ein Gespräch führen.

Tipp: Machen Sie es sich leicht

Ich erlebe es immer wieder: Die ersten Schritte in der Erkundungsphase fallen schwer. Und das obwohl eigentlich jeder gute bis sehr gute Erfahrungen in der Startphase sammelt. Die Gründe dafür kann ich nur erahnen. Vielleicht liegt es daran, dass es jetzt ernst wird und es in den kommenden Gesprächen wirklich um das Finden des Berufsglücks gehen wird. Wenn Sie nun auch schon seit drei Tagen um das Telefon herumschleichen, dann kommt hier mein Tipp: Machen Sie es sich leicht!

Viele Berufsglücksucher vergessen nämlich an diesem Punkt, gewissenhaft ihren eigenen Bekanntenkreis nach geeigneten Gesprächspartnern zu scannen. Sie sehen ganz einfach den Wald vor lauter Bäumen nicht. Eine Teilnehmerin, die sich für das Thema *Reduktion von Übergewicht* interessierte, kam gar nicht auf die Idee, ein Gespräch mit Ihrem Mann zu führen. Dieser war aber vor einem Jahr bei einer Ernährungsberaterin gewesen. Das hatte sie mir während des Seminars beiläufig erzählt. Als ich sie darauf ansprach, war sie überrascht. Sie hätte nicht gedacht, dass ein Gespräch mit ihrem Mann schon als Erkundungsgespräch zählen würde. Sie dachte auch nicht, dass sie in diesem Gespräch etwas Neues erfahren könne, da sich ihr Mann damals intensiv mit ihr ausgetauscht hatte. Auf mein Anraten hin verabredete sie sich ganz offiziell mit ihrem Mann zu ihrem ersten Erkundungsgespräch und war völlig überrascht, was er ihr alles mitteilte. Noch dazu brachte dieses Gespräch einen Stein ins Rollen. Einmal verstanden, welche Art von Gesprächen seine Frau führen wollte, fielen ihrem Mann nun sechs weitere Gesprächspartner ein. Er rief bei seinen Kontakten an und bereitete diese darauf vor, dass sich seine Frau bei ihnen melden würde. So überwand meine Teilnehmerin ihre erste Hürde und startete in ihre Erkundungsphase.

Schritt 6: Gespräche führen

Sie sind fast so weit, in Ihr erstes Erkundungsgespräch zu gehen! Vielleicht sind Sie aufgeregt, das ist normal, auch wenn es sich um Gespräche mit Bekannten handelt. Ab sofort geht's gefühlt ans Eingemachte, um etwas, das für Sie von Bedeutung ist. Solange Sie keine Routine haben, hilft Ihnen eine gute Vorbereitung dabei, Ihre Gespräche entspannt zu führen. Das Schlüsselwort haben Sie für Ihren jeweiligen Gesprächspartner parat oder sich auf seiner Website informiert. Nun fehlt nur noch die Ausformulierung Ihrer Fragen.

Ihr Skript auswendig lernen müssen Sie auf gar keinen Fall, sonst geraten Sie leicht ins automatisierte »Abspulen« Ihrer Fragen. Bereiten Sie Ihre Fragen vor und merken Sie sich dann einfach nur noch die Symbole und deren Reihenfolge.

Mit Ihren sechs Fragen erfahren Sie Schritt für Schritt das Wichtigste über Ihr Thema und bekommen auch immer wieder Hinweise auf potenzielle Berufsglück-Jobs. Versuchen Sie nicht, alles über einen Bereich von einem einzigen Gesprächspartner zu erfahren. Damit würden Sie Ihren Gesprächspartner überfordern. Bleiben Sie lieber etwas geduldig, bis sich von Gespräch zu Gespräch das Gesamtbild zu einem Thema wie ein Puzzle zusammenfügt. Natürlich dürfen Sie auch mal detaillierter nachhaken. Zum Beispiel möchten Sie bei der ersten Frage erfahren, welche Ausbildungen der Gesprächspartner hat. Falls er die nicht von sich aus nennt, fragen Sie offen nach: *Haben Sie mal irgendwas studiert? Oder eine Ausbildung gemacht?*

Mit der dritten und der vierten Frage – also dem, was gerade nicht so gut ist und wie die Zukunft wohl aussieht – klären Sie ab, was heute und in der Zukunft nicht funktioniert. Damit erfahren Sie den Bedarf. Wenn Sie also hören: »Wir arbeiten hier 16 Stunden am Tag«, fragen Sie ruhig nach, warum. Vielleicht erfahren Sie dann, dass eine Kollegin gerade schwanger ist und bald in Elternzeit geht.

Auch die fünfte Frage nach den benötigten Fähigkeiten ist eine gute Gelegenheit, mehr zu erfahren. Stellen Sie sich vor, Ihr Gesprächspartner antwortet Ihnen nur etwas aus dem Sternenstrahl Wissen. Testen Sie einfach auch die beiden anderen Fähigkeiten-Strahlen Tätigkeiten und Eigenschaften, indem Sie zum Beispiel fragen: *Und was tut man in diesem Aufgabenfeld so typischerweise?* Oder: *Welche Eigenschaften müsste man mitbringen, um in diesem Bereich zu arbeiten?*

Bei der sechsten Frage nach den Kontakten erhalten Sie weitere, zumeist warme Kontakte, so dass Sie entspannt das nächste Gespräch vereinbaren können. So halten Sie Ihre Erkundungsphase am Laufen. Mit Ihren sechs Fragen sind Sie bereit: Sie können jetzt an die Tür Ihres Gesprächspartners klopfen und eintreten!

Bitte eintreten!

Wenn Sie mögen, können Sie auch wie in der Startphase Ihre Vorstellung noch einmal »einüben«. Sie haben mit Ihrem Kontakt zwar bereits telefoniert, aber er sieht und erlebt Sie, falls Sie nicht gerade mit einem Bekannten sprechen, bei Ihrem Termin zum ersten Mal live und hat mit großer Wahrscheinlichkeit noch nie ein solches Gespräch geführt. Bei mir würde das so klingen:

Guten Tag, ich bin Julia Glöer. Es freut mich sehr, dass Sie Zeit für mich haben.

Und klar, es könnte auch hilfreich sein, wenn Sie die Begründung für Ihren Gesprächswunsch noch einmal freundlich wiederholen.

Ich hatte Ihnen ja schon am Telefon berichtet, dass ich mich sehr für das Arbeitsfeld »Übergang Studium/Beruf« interessiere und klären möchte, ob der Bereich auch für mich etwas sein könnte.

Ganz wichtig ist, dass Sie jetzt nochmal den zeitlichen Rahmen festlegen.

Wie schon gesagt, das Gespräch muss von meiner Seite nicht länger als zwölf Minuten dauern!

Falls Sie bei der telefonischen Terminabsprache den Zeitrahmen nicht angesprochen haben, können Sie an dieser Stelle auch fragen, wie viel Zeit Ihr Gesprächspartner für das Treffen eingeplant hat. Damit haben Sie eine freundliche und klare Begrüßung geäußert. Nun können Sie in den Hauptteil einsteigen: Stellen Sie Ihre sechs Fragen.

Sie führen

Erinnern Sie sich dabei an die Symbole und deren Reihenfolge und stellen Sie Ihre Fragen frei und ohne Skript. Wenn Sie etwas aufgeregt sind, ist das normal und kein Problem. Ganz im Gegenteil: Ich habe oft erlebt, dass der Gesprächspartner das sogar sympathisch findet und es ihn entspannt. Auch er befindet sich nämlich in einer Situation, die er noch nie erlebt hat, und ist viel öfter unsicher, als Sie vielleicht annehmen. Machen Sie es ihm leicht, bleiben Sie authentisch und versuchen Sie nicht cooler zu sein, als Sie sind.

Um eine entspannte Atmosphäre zu gewährleisten, gilt wie in der Startphase: Schreiben Sie während des Gesprächs nicht mit, sondern hören Sie Ihrem Gesprächspartner mit voller Aufmerksamkeit zu. Lediglich die weiterführenden Kontakte, die Sie bei der letzten Frage erhalten, notieren Sie sich. Nach zwölf Minuten sollten Sie bereit sein zu gehen.

Ein Seminarteilnehmer, mit dem ich vor Jahren selbst als Teilnehmerin im Kurs saß, hat zu seinen Gesprächen sogar eine lila Eieruhr mitgebracht und diese prominent auf dem Tisch platziert. Zu ihm passte das wunderbar. Seine Gesprächspartner wussten sofort, mit was für einem Typen sie es zu tun hatten, und er behielt im Gespräch ohne Probleme die Zeit und die Zügel in der Hand.

Erinnern Sie wie an Ihrem Starttag an die Zeit. Auch wenn Sie erst bei Frage drei gelandet sind, schlagen Sie nach zwölf Minuten vor, jetzt zu gehen. Wenn Ihr Gesprächspartner Sie bittet, noch zu bleiben, freuen Sie sich und führen Sie das Gespräch zu Ende, aber bleiben Sie auch jetzt nicht zu lange. Gespräche sind immer dann gut gelaufen, wenn Sie sich einerseits an Ihre Verabredung halten und andererseits beide Seiten denken: *Oh, das ist ja spannend, es gäbe doch noch so viel mehr zu erzählen!* In jedem ersten Erkundungsgespräch mit einer Person ziehen Sie also Ihrerseits pünktlich die Reißleine. Und zwar auf dem Höhepunkt des Gesprächs, solange Ihr Kontakt noch so richtig Lust auf den Austausch hat. So bleiben Sie in guter Erinnerung.

Jutta, eine Grafikdesignerin aus meinem Kurs, entdeckte ganz neue Arbeitsfelder und zauberhafte Arbeitsorte während ihrer Gespräche zum Thema Naturpäda-

gogik. Sie unterhielt sich mit einem Zoopädagogen im Tiergarten Nürnberg, der sie sofort mit Zoos und Wildgehegen in ihrer Heimat Hamburg vernetzte. Mit Organisatoren von Naturkindergeburtstagen und grünen Klassenzimmern. Oder mit einer Museumspädagogin, die ein »Museum im Koffer« gestaltet hatte. Alles in allem glückliche, erfüllte Menschen, die in ihrem Beruf aufgehen und sie unglaublich inspirierten. Und die ihr das Gefühl gaben, dass aus ihrer Berufsglück-Idee etwas Großartiges werden kann, und ihr dabei halfen, ihr Netzwerk schneeballmäßig zu vergrößern.

Tipp: Was Sie besser bleiben lassen

Sie müssen nicht jede negative Erfahrung selbst machen. Hier eine Liste, was aus meiner Erfahrung wenig Aussicht auf Erfolg hat:

- Machen Sie nicht zu viele Termine an einem Tag aus! Wenn Sie gerade nicht arbeiten, sind drei bis vier Gespräche in der Woche völlig ausreichend. Wenn Sie berufstätig sind, schaffen Sie vielleicht einen Termin in der Woche oder einen alle 14 Tage. Gerade wenn Sie Gespräche mit oder über Ihren Bekanntenkreis initiieren, können viele Gespräche in der Freizeit, also am Abend oder am Wochenende, stattfinden.
- Gehen Sie nicht spontan und unvorbereitet zu einem Termin! Schauen Sie vorher immer auf die Website und bereiten Sie das Schlüsselwort, die Gesprächseinleitung und die Fragen schriftlich vor.
- Schneiden Sie niemals das Thema Gehalt und Einkommen im ersten Gespräch an. Das schmälert Ihr Interesse am Thema und weckt den Eindruck, dass es Ihnen nur ums Geld geht. Wenn jemand super verdient, wird er es mit hoher Wahrscheinlichkeit bei der Frage nach dem Guten erwähnen. Wenn jemand von seinem Gehalt kaum leben kann, sagt er es wahrscheinlich bei der Frage nach den weniger guten Aspekten seines Jobs.

Vorsicht, Jobangebot!

Es passiert immer wieder, dass Ihre Gespräche *zu gut* laufen. Was meine ich damit? Es kann passieren, dass Sie schon im Erkundungsgespräch mit einem Jobangebot verabschiedet werden. Dafür sind die Gespräche ja auch da. Aber ich kann Ihnen nur empfehlen: Nehmen Sie das Angebot nicht sofort an. Denn damit geben Sie die Führung völlig aus der Hand. Statt Souveränität strahlen Sie im Bruchteil einer Sekunde Bedürftigkeit aus, und der Spieß dreht sich um. Freuen Sie sich ehrlich und entgegnen Sie:

»Das ist ja toll. Ihr Angebot finde ich sehr spannend. Aber wie schon gesagt, es ist mir wichtig, mich erst einmal zu orientieren, um auch wirklich eine gute und passende Richtung einzuschlagen. Ich müsste noch ein paar weitere Gespräche führen, damit ich mich gut entscheiden kann. Bis wann benötigen Sie denn eine Rückmeldung von mir?«

So stoßen Sie niemanden vor den Kopf und halten sich dennoch die Jobofferte offen.

Wohin mit den Informationen?

Nach dem Gespräch gehen Sie dann garantiert mit einem Kopf voller neuer Ideen nach Hause. Und es würde mich gar nicht wundern, wenn Ihnen jetzt der Kopf schwirrt! So viele Informationen, so viele Eindrücke … Darum machen Sie es sich leicht: Schnappen Sie sich Ihr Berufsglück-Tagebuch und schreiben Sie direkt im Anschluss an den Termin die Antworten auf Ihre Fragen auf – und natürlich auch alles andere, was Ihnen durch den Kopf geht und was Sie unbedingt festhalten wollen. Egal, wie gut oder schlecht das Gespräch verlaufen ist. Viele meiner Teilnehmer sprechen sich ihre Erinnerungen auch direkt nach dem Termin als Memo aufs Handy und verschriftlichen sie später. Auch das geht.

Seien Sie nicht enttäuscht, wenn Sie sich nicht jedes Detail aus dem Gespräch merken konnten. Haben Sie auch beim Protokollieren Mut zur Lücke, denn das Wichtigste kristallisiert sich mit der Zeit und von Gespräch zu Gespräch heraus.

Nutzen Sie nun Ihren Elan aus der Unterhaltung und fangen Sie gleich damit an, Ihre Gesprächsergebnisse zu ordnen. Viele meiner Teilnehmer bauen sich eine Excel-Liste mit den wichtigsten Kontaktdaten und Informationen über die Gesprächspartner auf. Diese Liste sollten Sie unbedingt nach Themen unterteilen, um den Überblick zu behalten. Bei mir hat es sich bewährt, dass ich parallel zu dieser Liste einen Ordner anlege, in dem ich wichtige Dokumente wie Kataloge oder auch die Visitenkarten meiner Gesprächspartner sammle und so immer übersichtlich parat habe.

Schritt 7: Danach – Danke!

Jetzt kommt ein weiterer wichtiger Teil der Nachbereitung Ihrer Gespräche. Er wird vor allem Ihren Gesprächspartnern Freude machen, das kann ich Ihnen jetzt schon verraten. Denn Sie bedanken sich bei Ihren Gesprächspartnern. Sie verschicken eine Dankeskarte.

Ja, Sie haben richtig gehört: keine E-Mail und keine SMS. Denn die verschwinden leicht nach einmaliger Lektüre im Papierkorb. Auch vom erneuten Anrufen rate ich ab, denn damit verpflichten Sie Ihren Gesprächspartner, erneut Zeit zu investieren. Nein, Sie bedanken sich richtig analog und persönlich mit einer Karte, die der Briefträger zustellt. So machen Sie Ihrem Kontakt eine Freude und als Nebenprodukt fallen Sie positiv auf und bleiben im Gedächtnis.

Wer bekommt heute schon noch Post – geschweige denn Post, über die er sich freuen kann? Eine Dankeskarte ist kein 08/15-Gruß, sondern eine persönlich gestaltete Nachricht. Lassen Sie Ihrer Kreativität bei der Gestaltung freien Lauf.

Am besten eignen sich Klappkarten. Alle drei Seiten erfüllen einen spezifischen Zweck.

Einkaufsliste für Ihre Dankeskarten
- farbige Klappkarten mit einer hochwertigen Papierstärke
- Motive, Bilder, Fotos zum Aufkleben
- Umschläge
- Briefmarken – wenn Sie mögen, gerne schöne Sondermarken
- Klebestift, Schere, schöner Stift

Wenn Ihnen das Basteln nicht so liegt, dürfen Sie auch schöne Klappkarten kaufen. Doch wählen Sie sie bewusst und mit Sorgfalt aus.

Die Vorderseite

Die Vorderseite macht Freude! Sie können diese ganz individuell gestalten oder eine Karte mit einem schönen Motiv suchen – zum Beispiel passend zum Themenbereich oder zum Büro Ihres Interviewpartners. Vielleicht finden Sie für den Mittelmeerfan in einer Zeitschrift, auf Geschenkpapier oder unter Ihren eigenen Fotoabzügen ein hübsches Bild von einem Fischerboot. Hauptsache, Sie bleiben authentisch! Versuchen Sie deshalb nicht auf Teufel komm raus, etwas Supertolles machen zu wollen. Es reicht auch, wenn Sie sich einen schönen und prägnanten Spruch aussuchen, der die Vorderseite der Karte zieren kann und der zu Ihrem Gesprächspartner passt. Eine Modedesignerin hat sogar schon mal Ornamente aufgenäht. Oder Sie kalligrafieren oder drucken mit Stempelbuchstaben schlicht das Wort »Danke!« … Es gibt unendlich viele Möglichkeiten für Ihr Motiv auf der Vorderseite.

Die Innenseite

Auf der Innenseite steht der Text Ihrer Dankeskarte. Natürlich handschriftlich. Hier signalisieren Sie: Ich danke Ihnen und habe Ihnen zugehört! Dieser Text beginnt mit der Anrede und einer Dankesformel: *Liebe Frau Kintz, von Herzen Danke für das ausführliche Gespräch.* Und jetzt kommt der wichtigste Teil: Formulieren Sie, was Sie besonders interessant an Ihrem Gespräch fanden, was Ihnen speziell im Gedächtnis geblieben ist. Je konkreter sie dies auf die Aussagen Ihres Gesprächspartners beziehen, umso besser.

Zum Beispiel verkaufte einer meiner Gesprächspartner Perserteppiche und erzählte mir, dass er vorher Germanistik studiert hatte. Er hatte im Teppichlager seines Studienfreundes angefangen, um sein Partyleben finanzieren zu können. Ich schrieb ihm:

»Ich fand es ja wirklich spannend, dass Sie Ihr Germanistikstudium unterbrochen haben, um bei Ihrem Studienfreund im Teppichimport zu arbeiten, so dass Sie fei-

ern und Spaß haben konnten. Mich hat darüber hinaus die Vielfalt Ihrer Aufgaben beeindruckt: Import, Verkauf, die Suche nach antiken Teppichen, Teilnahme an Auktionen und das Design neuer Ware.

Dass Sie Ihren Traumjob als Quereinstieg realisieren konnten, hat mich sehr ermutigt, auch meinen Weg weiterzuverfolgen. Vielen Dank!«

Vermeiden Sie Floskeln. Setzen Sie auf Zitate Ihres Gesprächspartners und auf Individualität! Damit signalisieren Sie, dass Sie ihm interessiert zugehört haben und dass gerade er Ihnen wirklich weiterhelfen konnte.

Den Text auf der Innenseite können Sie jetzt mit dem Hinweis auf Ihr weiteres Vorgehen beenden. Wenn Sie zum Beispiel Kontakte bekommen haben, könnten Sie formulieren:

»Als Nächstes werde ich mich mit … in Verbindung setzen.«

Das dürfen Sie allerdings nur dann schreiben, wenn Sie sich zu 100 Prozent sicher sind, dass Sie diesen Schritt auch gehen werden. Nun kommt zum Abschluss noch ein kurzer Gruß:

»Ich wünsche Ihnen weiterhin viel Freude und Erfolg im Teppichland. Herzliche Grüße, Julia Glöer.«

Die Rückseite

Auf die Rückseite kommen Ihre Kontaktdaten, auch Telefonnummer und E-Mail-Adresse, damit Ihr Gesprächspartner unkompliziert in Kontakt treten kann, wenn er Interesse an Ihnen hat.

Warum diese Dankeskarten? Denken Sie einfach mal zurück: Haben Sie in den letzten Jahren eine für Sie persönlich geschriebene oder gar gestaltete Dankeskarte erhalten? Und wo liegt dieses Kärtchen jetzt? Ich frage das regelmäßig in meinen Seminaren. Die meisten meiner Teilnehmer, die noch solche persönlichen Danksagungen erhalten, antworten:*»Naja, erst stand die Karte auf dem Tisch, nach drei Monaten kam Sie in meine Schreibtischschublade, und nun bewahre ich sie in einem Karton auf.«* Ja, genau! Den meisten Menschen fällt es nämlich schwer, eigens für sie gestaltete Karten zu entsorgen. Und genau darum geht es.

Ihre Kontaktdaten sind über einen langen Zeitraum präsent und können jederzeit hervorgeholt werden. Das schafft keine E-Mail!

»Kopf fällt nicht aufs Kissen, bevor Karte im Kasten«
So lautete das Mantra meines Ausbilders John Webb. Schreiben Sie Ihre Dankeskarte gleich nach jedem Gespräch, solange die Atmosphäre und das Gesagte noch präsent sind und Sie Lust darauf haben. Erfahrungsgemäß sinkt am nächsten Tag die Motivation dazu drastisch.

Im Endeffekt ist die Dankeskarte Ihre »Bewerbungsunterlage«. Sie ist das Tool, das zu Ihrer Einstellung führen kann, denn nur durch die Dankeskarte besitzt Ihr Gesprächspartner nun auch Ihre Kontaktdaten und könnte sich bei Bedarf bei Ihnen melden. Überlegen Sie, wie viel Zeit Sie in die Recherche, die Terminvereinbarung, das Führen des Gesprächs und die Dokumentation gesteckt haben. Sollten Sie nun bei der Dankeskarte das Schludern anfangen, wäre das so, als wenn ein Bauer sein Feld bestellt, aber die Früchte nicht erntet.

Und noch eins: Da in einem Themenfeld alle miteinander vernetzt sind, ist es unbedingt notwendig, *allen* Ihren Gesprächspartnern eine Karte zu schreiben, ob sie sie gefühlt verdienen oder nicht. Denn Sie wissen nie, wer Ihre Kontaktdaten weiterleitet und Sie empfehlen wird.

Kerstin war Doktorandin der Biologie in Konstanz. Sie hatte einen miesen Job als wissenschaftliche Hilfskraft an der Uni, und ihr war klar, dass eine Unikarriere für sie aussichtslos ist. Ihr im Seminar gewähltes Thema lautete aus eigener Betroffenheit Krebserkrankungen. Da sie in die Wirtschaft wollte, führte sie ein Gespräch in der Pharmaindustrie, denn nach ihrer Vorstellung war dies der einzige Bereich, der sie einstellen würde. Nach der Begegnung war sie frustriert. Das war offensichtlich nicht die Arbeitswelt, die zu ihr passte. Sie verschickte dennoch ihre Karte.

Sechs Tage später bekam sie einen Anruf. Von einer Stiftung, die sich für Krebserkrankte engagiert. Die Frau am Telefon hatte eine Empfehlung von ihrer Pharmakollegin erhalten. Ob Kerstin nicht Lust hätte, mal vorbeizuschauen. So bekam Kerstin die Stelle der Pressereferentin dieser Stiftung, für die eine wissenschaftsaffine Person gesucht wurde.

Dos und Don'ts beim Verfassen Ihrer Dankeskarten

* Schreiben Sie Ihre Karten handschriftlich, egal wie Ihre Schrift aussieht. Alles andere wirkt wie Massenversand.
* Verwenden Sie ruhig eine farbige Karte samt farbigem Umschlag, um sich – ruhig auch dezent – von der Alltagspost zu unterscheiden.
* Achten Sie bei Ihren Kontaktdaten auf der Rückseite der Karte auf eine vernünftige Mailadresse und vermeiden Sie Kosenamen wie mutzi74@hotmail.com.
* Formulieren Sie in Ihrer Dankeskarte niemals eine Forderung wie: *»Sie wollten mir ja noch mehr Infos geben.«*
* Bleiben Sie entspannt und authentisch. Eine zu 80 Prozent schöne Karte ist besser als das perfekt ausgefeilte Stück, das nicht fertig wird.

Zum Schluss gilt: Erwarten Sie bitte keine Rückmeldung auf Ihre Karte. Vertrauen Sie lieber darauf, dass Ihre Dankeskarten die Empfänger erfreuen – und dass Sie damit einen wichtigen Kontakt in dem von Ihnen angestrebten Segment des Stellenmarkts vertieft haben.

Die letzten Meter im Blick

Sie haben jetzt in Ihrem ersten Themenfeld mindestens zehn Gespräche geführt. Haben Sie genügend Informationen gesammelt? Haben Sie einen guten Überblick über Ihr erstes Thema? Dann dürfen Sie jetzt zu Ihrem zweiten Thema aus der Sternenmitte wechseln und dieses auf die gleiche Weise bearbeiten. Danach wenden Sie sich dem dritten Thema zu.

Ihre Erkundungsphase ist abgeschlossen, wenn Sie für sich Jobideen gefunden haben, für die Sie die drei Fragen vom Beginn dieses Kapitels positiv beantworten können:

* Diese Themenfelder und Jobideen sind tatsächlich so schön, wie Sie sich das ausgemalt haben.
* Sie können Ihr angestrebtes Ziel erreichen.
* In dem Themenfeld gibt es langfristig Bedarf für Personal mit Ihren Fähigkeiten.

Wenn Sie das geschafft haben, werden Sie Themen verworfen, neue gefunden und sich für Ihr Zukunftsthema entschieden haben. Sie haben Arbeitsbereiche aufgetan, in denen Sie sich wohlfühlen könnten und die Ihnen realistisch erscheinen.

So weit waren Sie womöglich noch nie! Denn das heißt ja nichts anderes als: Sie sind auf der Zielgeraden. Der Zielstrich ist in Sichtweite. Sie sind kurz davor, Ihr Berufsglück Wirklichkeit werden zu lassen.

Jetzt geht es nur noch darum, die Informationen, die Sie in der Erkundungsphase gewonnen haben, auszuwerten und zu nutzen. Mit hoher Wahrscheinlichkeit wurde Ihnen unterwegs auch schon ein Jobangebot unterbreitet, das Sie jetzt konkretisieren möchten. Wie meine Teilnehmerin Anne Trepte. Vielleicht erinnern Sie sich? Sie arbeitet heute als Prop-Designerin, weil Sie beim Sprengen Ihres Lieblingsthemas *Insekten- und Tiermodelle* auf die Betriebsart »Theater« kam. Denn dort werden diese Modelle eventuell als Requisiten gebraucht.

In ihrer Erkundungsphase wurde Anne von einem Bühnenbildner an zwei Prop-Designer weitergeleitet. Anne rief bei ihnen an und bekam prompt einen Termin in der Werkstatt.

Als sie mit ihrem Fahrrad in den Hinterhof radelte, war sie wie vom Donner gerührt. Es war, als führe sie in das Szenario ihres perfekten Tages. Eine große Halle, die Holztore weit geöffnet, und zwei Männer in weißen Overalls, von oben bis unten mit Farbe bekleckert, standen im Hof. Etwas unsicher stellte Anne ihre Fragen. Als sie fertig war, fragte der eine Typ trocken: »Und nu?« Anne zuckte mit den Schultern. Dann der andere: »Musst du ausprobieren, oder?« Über Annes Lippen kam nur ein schüchternes: »Ja.«

So kam es, dass Anne vom Fleck weg zum Probearbeiten eingeladen wurde. Daraus wurde ein Praktikum, dann ein Job. Heute ist sie selbstständig.

Wie Sie sich das gleiche Glück erarbeiten, erkläre ich Ihnen im nächsten Kapitel. Es zeigt Ihnen, wie Sie aus Jobchancen Stellen machen und wie Sie Einstellungsgespräche entspannt führen. Lassen Sie sich überraschen, diese Zielgespräche haben wie bei Anne nichts mit den unangenehmen Bewerbungsgesprächen zu tun, die Sie bisher kennengelernt haben.

KAPITEL 13
Mein Angebot an die Welt:
Die Zielphase

So, jetzt wird es konkret. In der Zielphase geht es nicht mehr um Chancen und Möglichkeiten, sondern um eine Stelle. Um Ihre neue Stelle.

> **Tipp: Alles kommt anders**
>
> Die Zielphase, wie ich sie Ihnen in diesem Kapitel beschreibe, funktioniert gut. Nur kann ich Ihnen schon jetzt versprechen: Ihre Zielphase wird ganz anders ablaufen. Die ist bei jedem so individuell, dass ich Ihnen nicht sagen kann, wie sie bei Ihnen aussehen wird. Vielleicht spricht Sie ein Bekannter abends beim Bier an. Vielleicht werden Sie von einem Kontakt weiterempfohlen. Vielleicht stolpern Sie beim Einkaufen über einen neuen Laden, der genau Ihren Vorstellungen entspricht. Wahrscheinlich werden Sie schon in der Erkundungsphase auf eine Stelle aufmerksam gemacht.
>
> Der einzige Grund, warum Sie dieses Kapitel dennoch lesen sollten, ist, dass Sie überhaupt eine Vorstellung von der Zielphase bekommen. Ich habe nämlich immer wieder Teilnehmer, die mir signalisieren: Solange ich nicht weiß, was in der Zielphase kommt, kann ich auch keine Erkundungsgespräche führen.
>
> Diesen Zahn möchte ich Ihnen ziehen, bevor er wehtut.

Wo Ihr neuer Job sein kann, haben Sie mit hoher Wahrscheinlichkeit in Ihrer Erkundungsphase schon erfahren. Ihre neue Stelle ist nämlich da, wo der Bedarf vorhanden ist. Und der ist Ihnen ganz sicher schon begegnet, wenn Sie seine Zeichen kennen.

Die Zeichen

Nicht zu übersehen ist der Bedarf, wenn Ihnen direkt in der Erkundungsphase schon ein Job angeboten wird. Oder wenn Sie Sätze hören wie diese: *»Wir brauchen immer kreative Köpfe.«* oder *»Was, du hast Expertise im Bereich Sanierung? Das brauchen wir in unserem Architekturbüro dringend!«*

Das Gefühl, wenn Sie so etwas hören, ist bombastisch. Vielleicht haben Sie vorher auf alle Ihre schriftlichen Bewerbungen auf ausgeschriebene Stellen immer nur Absagen bekommen – und jetzt *will* Sie jemand haben.

Trotzdem waren Sie hoffentlich standhaft und haben, wie ich es Ihnen geraten habe, geantwortet: *»Das ist ja nett, dass Sie mir das anbieten. Aber ich suche, wie gesagt, aktuell nur Informationen und möchte deshalb noch weitere Gespräche führen. Bis wann sollte ich mich denn bei Ihnen melden?«* Sie haben also freundlich, aber bestimmt signalisiert: Ich habe Interesse, aber so nötig habe ich es nicht, dass ich gleich einschlagen muss. Gleichzeitig haben Sie die Tür offen gehalten, um auf das Angebot in Ihrer Zielphase zurückzukommen.

Neben diesem offensichtlich zur Schau getragenen Bedarf gibt es noch andere Signale. Die winken Ihnen aus Aussagen entgegen wie: *»In Zukunft wird es bei uns auch eine neue Abteilung für XY geben«* oder *»Wir arbeiten zur Zeit 16 Stunden am Tag, weil wir zu wenig Leute haben«* oder auch *»Meine Kollegin ist schwanger, die verlässt uns in zwei Monaten«*.

Tipp: Kein Bedarf?

Der Bedarf ist das A und O für die Erfüllung Ihres Berufsglücks. Ein Unternehmen zu überzeugen, Sie zu nehmen, obwohl es keinen Bedarf hat – das können Sie vergessen. Das Gleiche gilt für den Fall, dass Sie sich selbstständig machen wollen. Es hilft Ihnen nichts, wenn Sie eine schöne Idee haben, vielleicht für einen quietschbunten Popcornladen. Wenn Sie ihn da eröffnen, wo keiner Popcorn braucht – wie in meiner Nachbarschaft vor ein paar Jahren tatsächlich geschehen –, können Sie sich noch so lange hinstellen und rufen: *Bitte, bitte kauft!* Es wird keiner nur aus Mitleid mit Ihnen welches erwerben.

Wenn Sie also eine Jobidee haben, die Sie zu 100 Prozent glücklich machen würde, Sie aber leider kein Unternehmen finden, das Bedarf hat: Haken Sie die Idee ab und wenden Sie sich einer anderen zu. Das Gleiche gilt im Prinzip für ein Unternehmen und ein Thema. Auch wenn es Ihnen noch so sehr gefallen würde.

Und dann ist da noch der Bedarf, den Sie selbst schaffen können: Sie sind in Ihrer Erkundungsphase viel herumgekommen und haben jede Menge Informationen gesammelt. Sehr gut möglich, dass Sie dabei eine Idee entwickelt haben, die das Unternehmen, das gut zu Ihnen passen würde, noch nicht hatte.

Die Idee lautet natürlich nicht: »*Ich bin so sympathisch, deshalb ist es eine gute Idee, wenn ihr mich nehmt.*« Das ist *Ihr* Bedarf, nicht der des Betriebes.

Woran ein Unternehmen *immer* Bedarf hat, ist:

- mehr Gewinn im bekannten Kundenkreis zu machen,
- mehr Gewinn durch neue Kunden zu generieren,
- eine Kostenreduktion zum Beispiel durch Effizienzsteigerung zu erreichen,
- eine Steigerung der Wirksamkeit, also mehr Effektivität, auszulösen,
- mehr Gewinn durch eine neue Angebotspalette oder neue Produkte zu erzielen,
- ein besseres Image zu haben, weil das zu Marketingeffekten und somit zur Umsatzsteigerung führt.

Haben Sie eine Idee für einen der Punkte, dann hat das Unternehmen einen Bedarf an Ihnen, von dem zunächst nur Sie wissen. Das ist ein perfekter Aufhänger, mit dem Sie Zielgespräche initiieren können. Wenn Sie sagen können: »*Hey, ich habe eine Idee, wie euer Unternehmen erfolgreicher wird*«, wird kaum einer antworten: »*Nö, kein Interesse.*«

Mit dem Bedarf im Rücken stellen Sie Ihre eigenen Signale auf Zielphase. Jetzt reden Sie über einen Job oder, wenn Sie selbstständig sein möchten, über Ihren nächsten Auftrag. Doch mit wem?

Ihre Ansprechpartner

Sprechen Sie auf jeden Fall als Erstes mit Ihrem Kontakt im Unternehmen, mit dem Sie bereits das Erkundungsgespräch geführt haben: Es geht gar nicht, dass Sie ihn übergehen, selbst wenn Sie schon erfahren haben, wer der eigentliche Entscheider ist. Schließlich ist Ihr Kontakt wahrscheinlich Ihr Kollege von morgen. Den wollen Sie bestimmt nicht brüskieren. Es ist auch eine gute Sache, wenn Sie die Gesprächspartner, mit denen Sie gut klargekommen sind, zwischendurch wissen lassen, wo Sie stehen. Das schlagen die Kontakte Ihnen oft von sich aus vor: *»Gib doch mal Laut, wie es bei dir weitergeht.«*

Auf diese Weise können Sie sich ganz zwanglos bei ihnen melden und sagen:

»Ich bin jetzt am Ende meiner Erkundungsphase angekommen. Für mich steht jetzt fest, dass ich tatsächlich im Themenfeld XYZ arbeiten möchte. Du hattest ja signalisiert, dass ihr Bedarf hättet. Hättest du Lust, dich dazu noch einmal mit mir auszutauschen?«

Genauso funktioniert das auch, wenn Sie dem Unternehmen eine neue Idee präsentieren möchten. Sie sprechen Ihren Kontakt einfach an:

»Wir haben doch miteinander gesprochen und Sie haben mir den und den Bedarf Ihres Betriebs genannt. Da habe ich eine gute Idee für Ihr Unternehmen. Hätten Sie Lust, sich dazu auszutauschen?« Oder: *»Könnten Sie mir sagen, wer da der Entscheider ist und mit wem ich ins Gespräch kommen könnte? Ich hätte Lust, meine Idee einmal vorzustellen. Was halten Sie davon?«*

> **Tipp: Erst erkunden, dann anbieten**
> Es kann sein, dass Ihr Gesprächspartner selbst keinen Bedarf hat, aber Ihre Kontaktdaten an jemanden weitergibt, der Sie gut brauchen kann. Das ist super. Aber kaufen Sie nicht vor lauter Begeisterung die Katze im Sack: Bitten Sie darum, dass Sie zunächst einmal vorbeikommen und mit jemandem vor Ort sprechen dürfen. Sammeln Sie also wieder erst einmal Informationen, führen Sie ein Erkundungsgespräch. Und

nur wenn Sie zufrieden sind mit dem, was Sie bei diesen Gesprächen erfahren, gehen Sie in die Zielphase über. Diese kommt manchmal schneller, als man denkt.

Mein Teilnehmer Jens führte ein Erkundungsgespräch zum Thema Handball mit seiner Trainerkollegin. Das war leicht, die beiden kannten sich gut. Zwei Tage nach dem Gespräch meldete sich seine Kollegin, die ja nun wusste, wonach Jens suchte, mit dem Hinweis, dass die Schule, in der sie die Sporthalle angemietet hätten, Sportlehrer für den Nachmittagsunterricht suchen. Sie gab ihm den Namen des Schuldirektors und Jens verabredete einen Termin. Ehe er sich versah, saß er in einem Zielgespräch.

Dieser Termin kann der entscheidende für Ihr Berufsglück sein. Also nehmen Sie sich die Zeit, um ihn gut vorzubereiten.

Zielgespräche sind keine Bewerbungsgespräche

In vielen Ratgebern gibt es Empfehlungen dafür, was Sie in einem normalen Bewerbungsgespräch sagen sollen. Sie bieten vorformulierte Antworten auf haarige Fragen, die viele Bewerber dann auswendig lernen und im Gespräch herunterbeten. Dazu möchte ich Ihnen auf keinen Fall raten. Zeigen doch viele Studien, dass Sie in erster Linie authentisch rüberkommen müssen, um zu punkten. Jeder Satz, der nicht nach Ihnen klingt, jeder Anschein, dass Sie nicht offen und ehrlich über sich berichten, irritiert Ihren Gesprächspartner.

Obwohl Zielgespräche in aller Regel so informell verlaufen wie bei Jens, ist es auch hier sinnvoll, sich auf alle Eventualitäten vorzubereiten, damit Sie souverän über sich selbst sprechen können. Meine Empfehlung ist deshalb: Überlegen Sie sich, was Sie bei Ihren Zielgesprächen gefragt werden könnten und entwickeln Sie *Ihre* Antwort auf diese Fragen.

Ganz sicher unterscheiden sich Zielgespräche, wenn Sie mit meiner Methode vorgehen, erheblich von klassischen Bewerbungsgesprächen. Sie werden nicht in Ihrem besten Dress vor einer eindrucksvollen

Firmenvertretung sitzen, sondern sich ganz informell mit einem Entscheider zu einem netten, ungezwungenem Gespräch treffen. Es wird mit hoher Wahrscheinlichkeit eine Empfehlung vorliegen, vielleicht kennen Sie Ihren Gesprächspartner bereits und in der Regel konkurrieren Sie nicht mit einer anderen Person um den Posten, da die Stelle nicht ausgeschrieben war und somit keine anderen Bewerbungen vorliegen. Dennoch handelt es sich um ein Gespräch über einen Job und Sie können sich zur Vorbereitung an den Standardinhalten von konventionellen Bewerbungsgesprächen orientieren.

Daher sollten Sie in jedem Fall darüber reden können, was Sie für das Unternehmen *tun* können. Sie werden sicher auch in Zielgesprächen nach Ihren Fähigkeiten gefragt werden oder, andersrum ausgedrückt, sollten Sie als Stelleninteressent (er)klären können, in welchen Tätigkeitsbereich Sie gerne gehen wollen und warum.

Als nächsten Punkt sollten Sie darstellen können, warum Sie gerade in diesem Unternehmen arbeiten wollen. Das sind Überlegungen zu Ihren Wo-Faktoren, also Ihrer Vorstellung von Chefs, Kollegen und Kunden sowie von Ihrem Arbeitsplatz, dem Firmenumfeld und den Werten des Unternehmens.

Es könnte auch Fragen danach geben, wie Sie sich Ihre Zukunft vorstellen: »*Wo sehen Sie sich in fünf Jahren?*« Hier können Sie Ihrem Gesprächspartner Miniszenarien präsentieren. Diese entwerfen Sie, wie Sie es in Kapitel 11 gelernt haben. Bereiten Sie ruhig pro Job ein neues Szenario vor.

Und dann kommt – neben dem Fachlichen – noch der persönliche Teil: »*Erzählen Sie doch mal etwas Persönliches von sich!*« Der Teil macht vielen »normalen« Bewerbern in klassischen Bewerbungssituationen Stress, weil sie immer bemüht sind, das zu sagen, was die Entscheider hören möchten. Aber an diesem Punkt kann ein Bewerber unmöglich wissen, was er korrekterweise antworten soll. Sie hingegen können sich entspannen. Sie sitzen nicht in einem Bewerbungsgespräch, sondern in einem Zielgespräch und Sie suchen nach einem Job, der gut zu Ihnen passt. Erzählen Sie von den Themen, die Sie interessieren, und den Werten, die Ihnen am Herzen liegen. Die haben Sie für Ihren Berufsstern schon definiert. Also schildern Sie einfach, welche Themen und Werte Ihnen wichtig sind, private und berufliche.

Klar kommt irgendwann auch in Zielgesprächen auf dem verdeckten

Arbeitsmarkt die Frage nach dem Geld. Dieses Thema hat ein paar eigene Gesetze, deshalb komme ich gleich noch gesondert darauf zu sprechen. Jetzt wissen Sie also, worauf Sie sich vorbereiten können, denn all diese Antworten haben Sie schon für Ihren Berufsstern oder Ihre Ergebnisseiten erarbeitet. Und falls es tatsächlich hier und da noch einer Anpassung Ihrer Ergebnisseiten an den konkreten Job bedarf: Sie haben darin inzwischen so viel Übung, dass es eine Kleinigkeit für Sie ist, vorzubereiten, *was* Sie sagen wollen. Aber wissen Sie auch, *wie* Sie es sagen?

Pyramidal gut

Keine Sorge: Es geht nicht darum, dass Sie sich verstellen müssen. Im Gegenteil: Je authentischer Sie sagen, was Sie können, was Sie wissen und was Sie möchten, desto besser. Wenn Sie das gut können, dann schlage ich Ihnen vor, es einfach so zu machen, wie Sie es gerne tun. Falls es Ihnen aber schwerfällt, biete ich Ihnen nachfolgend eine Methode, mit der Sie üben können, über sich selbst zu sprechen.

Mein erster Tipp lautet: Achten Sie auf die Reihenfolge. Die ist wichtig, um klar und verständlich zu kommunizieren. Es geht in Berufsglück-Gesprächen darum, den Arbeitgeber *wirklich* kennenzulernen und zu zeigen, wer Sie sind.

Ich empfehle Ihnen dafür die Methode der »pyramidalen Präsentation«. Entwickelt hat diese Technik eine ehemalige McKinsey-Beraterin namens Barbara Minto.

Für das Minto-Prinzip vergessen Sie am besten alles, was Sie jemals darüber gelernt haben, wie Sie eine Argumentation aufbauen sollen: Der Standard möchte, dass Sie Argument an Argument reihen, um ganz am Ende eine Schlussfolgerung daraus zu ziehen. Damit lassen Sie jeden Zuhörer bis zum Schluss im Unklaren. Das ist okay bei wissenschaftlichen Arbeiten, weil dort der Prozess wichtiger als das Ergebnis ist. Aber hier? Im Arbeitskontext zählt natürlich das Ergebnis am meisten!

Was Barbara Minto vorschlägt, ist, dass Sie mit dem Ende beginnen: Sie nennen also ganz zu Beginn Ihre Kernaussage. Und ausgehend von dieser »Spitze« der Pyramide fächern Sie alle Argumente auf, die diese Kernaussage untermauern. Ihr Gesprächspartner weiß dann vom ersten Satz an, worauf sich alle Ihre nachfolgenden Argumente beziehen. Das gibt ihm Struktur und er kann nachvollziehen, wie ihre Argumente ihre Kernaussage begründen.

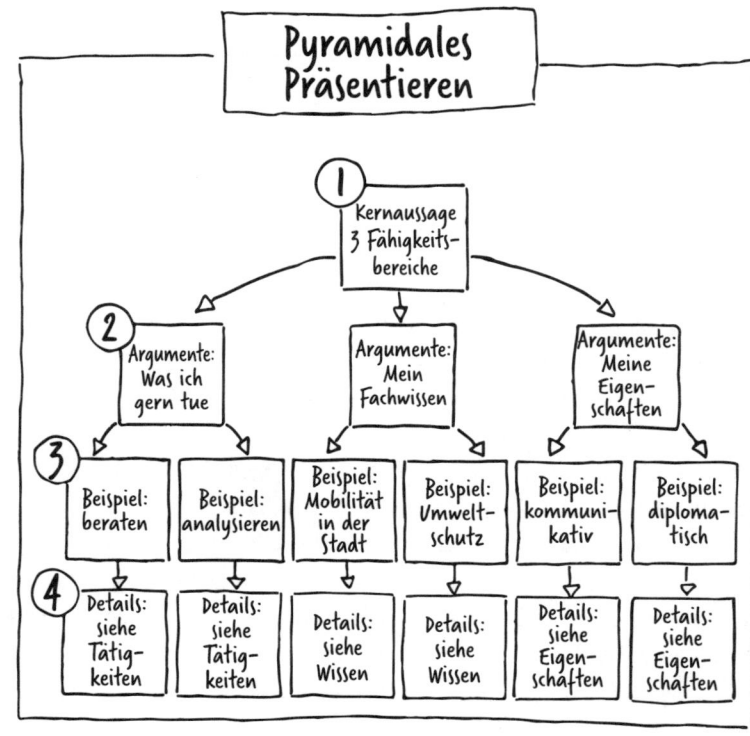

Diese Pyramiden können Sie ganz hervorragend zu Hause vorbereiten. Malen Sie sich wirklich eine Pyramide auf und schreiben Sie ganz oben Ihre Kernaussage hinein. In den Etagen darunter gehen Sie immer mehr ins Detail. Immer wenn Sie im Gespräch eine »Etage tiefer« gehen, können Sie eine kurze Pause machen. Das erlaubt Ihrem Zuhörer erstens die Einordnung (»*Aha, jetzt geht es bei diesem Punkt noch mehr in die Einzelheiten.*«) und zweitens die Gelegenheit nachzufragen, worüber er noch mehr wissen möchte.

Dröseln Sie Ihre Pyramide jedoch nicht in mehr als drei oder maximal vier Unterpunkte auf, sonst wird es für Sie und Ihr Gegenüber unübersichtlich.

Ich will Ihnen das am Beispiel der Frage erläutern: »*Welche Fähigkeiten bringen Sie denn mit?*« Darauf könnten Sie antworten (Achtung: Spitze der Pyramide): »*Es gibt bei meinen Fähigkeiten drei Bereiche, über die ich Ihnen etwas erzählen kann: darüber, was ich gerne tue, mein Fachwissen und meine persönlichen Eigenschaften.*«
Pause.

Dann – oder auf Nachfrage – fahren Sie fort: »*Beim Wissen zum Beispiel interessieren mich besonders die Bereiche XY und YZ.*«
Pause.

Jetzt beziehen Sie sich auf Ihre Ergebnisseiten zum Wissen, also das, was Sie unter dem Symbol »Weg« geschrieben haben: »*Zu XY bin ich gekommen, als* ...« Erzählen Sie auch von dem, was Sie zu Ihrem Smiley-Symbol geschrieben haben: »*YZ mag ich besonders gerne, weil* ...« Und vergessen Sie nicht zu erwähnen, was Sie unter dem traurigen Smiley notiert haben: »*Was mich an YZ nicht so begeistert, ist* ...«

Nach diesem Prinzip bringen Sie alles, was Sie im Laufe des Buches bereits erarbeitet haben und in diesem Gespräch darstellen möchten, in solchen Präsentationspyramiden unter. Sie können sie für jeden Gesprächstermin für einen konkreten Job, für eine konkrete Firma neu erstellen.

Üben Sie Ihre Präsentation vorher, ruhig auch mal mit einem Partner. Das macht Sie noch sicherer und somit authentisch. Wie gesagt: Es geht in Zielgesprächen anders als bei Bewerbungsgesprächen nicht darum, etwas einzuüben, was Ihr Gegenüber hören möchte, sondern darum, dass Sie das, was Sie ausmacht und Ihnen wichtig ist, auch ausdrücken zu können. Kommen Sie damit nicht gut an, dann ist der Job mit großer Wahrscheinlichkeit auch nicht der richtige für Sie. Kurz gesagt lautet mein Rat: Trauen Sie sich, Sie selbst zu sein.

Tipp: Machen Sie's wie Politiker
Sie dürfen für Ihre Pyramiden genau das aus Ihrem Berufsstern heraus-greifen, was Sie erzählen *möchten*. Aber auch in Zielgesprächen werden Sie manchmal auf Themen angesprochen, auf die Sie keine Antwort wissen oder die Ihnen eher unangenehm sind. Gehen Sie dann ruhig in Führung.

Ich weiß noch, wie ich meine erste Interviewanfrage bekam. Ich war ganz aufgeregt und rief einen Kollegen mit Interviewerfahrung an: »Oh oh oh! Manfred, ich weiß ja gar nicht, was die mich fragen werden.« Er antwortete: »Reg dich nicht auf. Du bereitest einfach das Thema vor, das du wichtig findest und über das du gerne sprechen möchtest. Und wenn die etwas anderes fragen, dann machst du es wie eine gute Politikerin. Du antwortest so etwas wie: ‚Ja, das ist eine sehr spannende Frage, die Sie da stellen. Ich habe in meiner Arbeit einen etwas anderen Fokus und zwar …' und dann erzählst du etwas zu deinem Thema.«

Das können Sie dezent auch im Zielgespräch wunderbar machen. Wenn es aber unpassend ist, antworten Sie einfach ehrlich auf die gestellte Frage. Sie werden sehen, nach all der Arbeit mit diesem Buch werden Sie auch ohne große Vorbereitung sehr viel souveräner und klarer über sich sprechen können als zuvor.

Sie können alle Besprechungspunkte Ihres Zielgespräches mit Pyramiden vorbereiten, außer einen: den, der sich ums Geld dreht.

Jetzt geht's ums Geld: Die Vorbereitung

Über diesen unvermeidlichen Punkt gibt es einiges zu sagen. Lesen Sie alles gut durch, denn die nachfolgenden Informationen sind mehr als bares Geld wert: Ihr Berufsglück kann davon abhängen. Denn wir haben ja schon darüber gesprochen: Ihr Job muss Ihnen genug Geld bringen, damit Sie ein Leben führen können, mit dem Sie zufrieden sind. Ich bin allerdings der Meinung, dass Sie immer eine Win-win-Situation anstreben sollten. Keinesfalls empfehle ich Ihnen hier, für so viel Geld wie möglich zu »kämpfen«, sondern das zu fordern, was angemessen ist, und eine Absprache zu treffen, bei der sich auch Ihr Gegenüber wohlfühlen kann. Klar sollten Sie auch mal für sich einstehen – nicht alle Gesprächspartner haben gleichermaßen auch Ihr Wohl im Fokus –, aber eine einseitige Abzocke sollte in keinem Fall Ihr Anliegen sein.

Wie viel Sie dafür mindestens, angemessenerweise und wunschgemäß brauchen, haben Sie sich bereits in Kapitel 7 bei Ihren Rahmenbedingungen überlegt.

1. Ihre Gehaltstabelle

Schauen Sie sich dazu Ihre Gehaltstabelle mit Ihren Zahlen – Ihr Minimum, Ihr Mittelmaß und auch das Maximum in brutto und netto, sowohl als Jahresgehalt als auch als Monatsverdienst – noch einmal an und drucken Sie sich diese am besten aus. Sie müssen diese Richtwerte parat haben, wenn Ihnen Ihr potenzieller Arbeitgeber eine Zahl nennt. Wie sollen Sie sonst wissen, was die für Ihr Leben bedeutet?

2. Offizielle Gehaltstabellen

Und noch eine weitere Zahl können Sie vorbereiten: Recherchieren Sie im Internet, was Menschen in vergleichbaren Jobs verdienen. Detaillierte Gehaltstabellen werden regelmäßig auf der Website www.gehaltsvergleich.com veröffentlicht. Auch auf den Seiten etablierter Zeitschriften wie dem *Focus* oder dem *Spiegel* finden Sie wertvolle Informationen. Das wird natürlich nur bei Stellen mit gängigen Jobtiteln möglich sein. Wenn Sie sich zum Beispiel für das Durchschnittsgehalt eines Krankenhaus-Clowns interessieren, werden Sie hier nicht fündig. Bei allen Berufsnischen müssen Sie andere Wege gehen. Schauen Sie dann auf die Liste Ihrer Gesprächspartner Ihrer schon geführten Erkundungsgespräche. Gibt es hier vielleicht einen geeigneten Ansprechpartner, den Sie nach dem Durchschnittsverdienst in diesem Spezialbereich fragen können?

Eine solche Vorbereitung macht Sie sicherer, wenn es um die Einschätzung von Gehaltsvorschlägen geht. Sind Sie im Internet fündig geworden, können Sie, wenn Sie mögen, auch einen Ausdruck von den Angaben mit ins Gespräch nehmen, offen auf den Tisch legen und sagen: »Also, im *Focus* steht, dass man in dem Job so und so viel verdient.« Damit nehmen Sie das Persönliche aus Ihrem Gehaltswunsch raus, denn die Zahl stammt ja nicht von Ihnen, sondern vom *Focus*.

3. Ihre Torte

Ein Drittes gehört noch in Ihre Vorbereitung: Es ist die Übersicht über die Eckpunkte des Jobs im Detail, soweit sie für Sie relevant sind und Sie sie noch nicht geklärt haben. Es sind genau fünf:

1. Ihre Aufgaben,
2. Ihre Beförderungsaussichten,
3. Ihre Aus- und Weiterbildungsmöglichkeiten,
4. Ihre Extras
5. und am Ende: Ihr Gehalt.

Sie können sich dafür ein großes Tortendiagramm malen und die Torte in fünf große und kleine Stücke teilen – je nachdem, wie wichtig ein Punkt ist. Oder Sie schreiben sich ganz simpel eine Liste mit Stichpunkten.

Unter den einzelnen Punkten dürfen ruhig viele Detailfragen stehen, denn es geht darum, dass Sie ein genaues Bild bekommen, was bei diesem konkreten Job von Ihnen erwartet wird – und was Sie im Gegenzug erwarten dürfen. Bevor Sie davon keine glasklare Vorstellung haben, können Sie auch nicht gut über Geld reden.

Und überhaupt: Beim Reden über Geld ist das Timing nicht nur wichtig, sondern der alles entscheidende Punkt. Es gibt zwei goldene Timing-Regeln. Damit werden Sie genau den richtigen Zeitpunkt erwischen.

Lassen Sie uns über Geld reden

Timing-Regel Nr. 1

Die erste Regel hat einen sprechenden Namen: Es ist die Nie-Regel.

Die besagt, dass Sie niemals am Anfang über Geld reden, bevor nicht alle anderen Aspekte des Jobs geklärt sind. Bleiben Sie standhaft, selbst wenn Ihr Gegenüber Sie auffordert: »*Sagen Sie doch mal, was Sie verdienen möchten.*« Nein, niemals!

Denn stellen Sie sich vor, Sie arbeiten im Supermarkt. Ein Kunde kommt rein und fragt Sie sofort: »*Was kostet es denn, bei Ihnen einzukaufen?*« Und Sie antworten: »*Naja, das kommt schwer darauf an, was*

Sie haben wollen.« Der Kunde erwidert: *»Ja, aber sagen Sie doch mal so einen durchschnittlichen Preis!«* Genauso ist es, wenn Ihr potenzieller Arbeitgeber sofort über Ihren »Kaufpreis« reden möchte.

Klar können Sie auf eine entsprechende Ansage nicht erwidern: *»Sag' ich dir nicht.«* oder *»Weiß nicht.«* Winden Sie sich eleganter aus so einer verfrühten Frage heraus. Dafür schlage ich Ihnen zwei Möglichkeiten vor:

Erstens: Appellieren Sie an die Vernunft Ihres Gesprächspartners. Sagen Sie zum Beispiel: »Wir müssen bestimmt über Geld reden, aber ich fände es schön, wenn wir vorher erst die anderen Aspekte des Jobs klären. Dann wissen wir beide genau, worum es geht.«

Zweitens: Wenn die Vernunftvariante nicht geht, dann nennen Sie eine unsinnige Spanne. Sie sagen: »Wenn Sie unbedingt eine Zahl brauchen: Die wird irgendwo zwischen 10 und 10 000 Euro liegen. Wenn Sie mich zum Beispiel nur einmal im Monat für ein Telefonat brauchen, sind wir bei 10 Euro. Wenn ich hier im Büro schlafen muss und Sie mich mit Haut und Haaren einsacken, dann sind wir eher bei 10 000. Also wollen wir nicht erstmal über die anderen Faktoren reden, die die Frage Geld beeinflussen?« Wenn alles gut geht, lacht Ihr Gegenüber jetzt.

Mit dem Geld tarieren Sie am Ende quasi die Waage zwischen Ihnen und dem Arbeitgeber aus: Sie beide sollen sich auf lange Sicht gut fühlen mit Ihrer Vereinbarung. Das geht nur, wie schon gesagt, wenn Sie aus diesem Gespräch mit einer Win-win-Einigung rausgehen. Und die hängt nun mal vom Gesamtpaket ab.

Die Nie-Regel schützt Sie also vor der verfrühten Geldverhandlung. Doch wann ist der richtige Zeitpunkt gekommen? Dafür halten Sie sich an die Regel des maximalen Interesses.

Timing-Regel Nr. 2

Ihr Arbeitgeber wird Ihnen in dem Moment das beste Angebot machen, in dem er richtig Lust hat, für Sie Geld auszugeben. Das ist der richtige Zeitpunkt für Sie, mit ihm über das Thema zu reden.

Damit Sie erkennen, wann es so weit ist, habe ich Ihnen in der Abbildung aufgemalt, wie sich typischerweise das Interesse eines Arbeitgebers über vier Grade hinweg entwickelt.

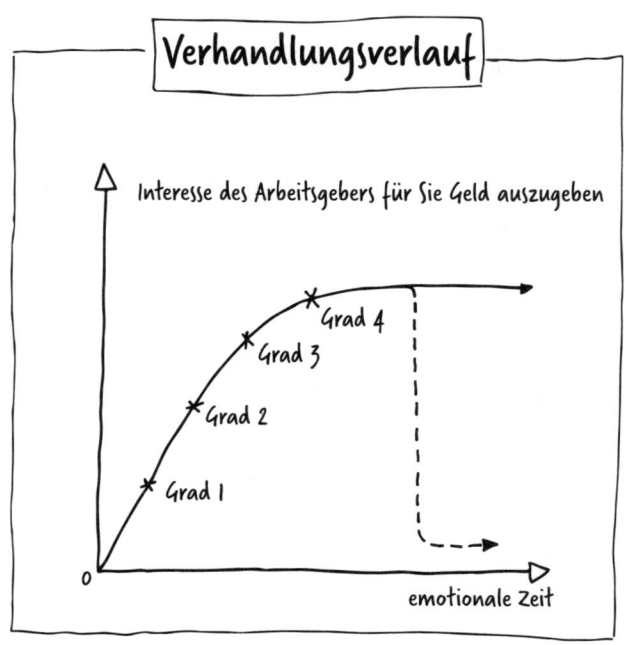

(*Diese Grafik basiert auf dem Modell von Paul Hellman, President, Express Potential;* www.expresspotential.com)

Ganz zu Beginn an Punkt 0, wenn Sie sich kennenlernen, hat der Arbeitgeber null Interesse, Geld für Sie auszugeben. Warum auch? Er kennt sich ja noch gar nicht.

Sie fangen an zu erzählen, präsentieren vielleicht Ihre Idee – und sein Interesse steigt an. Dass Sie Grad 1 erreicht haben, erkennen Sie daran, dass er so etwas sagt wie: »*Das ist ja interessant, was Sie da für Gedanken haben.*«

Sie reden weiter, stellen Ihre Fähigkeiten und Interessen dar. Wenn Sie dann hören: »*Mensch, was Sie da können, kann ja echt nicht jeder. Spannend …*«, wissen Sie, dass sein Interesse auf Grad 2 angestiegen ist.

Den Übergang zu Grad 3 erkennen Sie an der Sprache: Auf einmal wechselt Ihr Gesprächspartner in den Konjunktiv. Er sagt zum Beispiel: »*Also, wenn Sie bei uns arbeiten* würden, *dann* sähe *Ihr Büro so und so aus.*« Er redet so, als würden Sie in diesem Szenario schon vorkommen. Sie können daraus schließen, dass er Sie vor seinem inneren Auge schon bei sich arbeiten sieht.

Ab diesem Punkt können Sie anfangen, über Geld zu sprechen. Ab hier ist es okay. Noch besser ist es, wenn Sie noch eine Schippe drauflegen können und das Interesse Ihres zukünftigen Arbeitgebers auf den maximalen Punkt (Grad 4) steigern. Der sagt dann beispielsweise: »*Sie werden garantiert irgendwo unterkommen. Das kann ich mir lebhaft vorstellen.*« Dann wissen Sie: Der hat so richtig Lust auf Sie als Mitarbeiter.

Wie schnell diese Kurve nach oben geht, ist sehr unterschiedlich. Das kann innerhalb von einer halben Stunde passieren, das kann sich aber auch mal über mehrere Gespräche und Monate hinziehen. Bleiben Sie also geduldig, auch wenn es nicht ruckzuck geht.

Aber Achtung: Sie sehen in der Abbildung auch eine gestrichelte Linie, die steil abfällt …

Zu spät

Das Interesse des Arbeitgebers, für Sie mehr Geld auszugeben, erlischt in dem Moment, in dem Sie Ihren Arbeitsvertrag unterzeichnen. Und es wird auch nie wieder von selbst ansteigen.

Diese Erkenntnis kommt vielen zu spät, denn viele denken, es sei auch bei einem geringen Anfangsgehalt gut, erstmal einen Fuß in der Tür zu haben. Sie glauben, sie könnten später noch nach mehr Gehalt fragen, wenn sie nur genügend Leistung zeigen. Doch das ist nach meiner Erfahrung in den meisten Fällen ein Irrglaube. Auch wenn Sie sich noch so reinhängen: So viel Geld wie vor der Vertragsunterzeichnung werden Sie nach Vertragsabschluss nicht mehr herausholen. Warum? Ihr Chef hat einfach gar keinen Anlass, mehr Geld für Sie in die Hand zu nehmen. Sie sind ja schon da. Es ist die Ausnahme, dass ein Vorgesetzter einmal im Jahr zu Ihnen kommt und sagt: »*Es wird Zeit für eine Gehaltserhöhung.*«

Nach der Vertragsunterzeichnung wird es mit Ihrem Gehalt in den meisten Fällen nur noch in kleinen Schritten aufwärts gehen. Handeln Sie daher ein für Sie passendes Gehalt aus, *bevor* Sie unterschreiben.

> **Tipp: Festschreiben**
>
> Wenn Sie Ihrem Arbeitgeber für den Anfang entgegenkommen müssen, können Sie durchaus anbieten, zunächst für weniger Geld zu arbeiten. Bestehen Sie dann aber auf jeden Fall darauf, dass im Vertrag steht, wann Ihr Gehalt auf den für Sie angemessenen Betrag steigt. Lassen Sie zum Beispiel einen Passus hineinschreiben: *»Wenn wir den Arbeitsvertrag im beiderseitigen Einvernehmen nach der Probezeit weiterführen, steigt die Vergütung auf … Euro an.«*
>
> Geben Sie sich nicht mit mündlichen Wischi-Waschi-Versprechungen zufrieden.

Gut! Sie wissen jetzt, dass Sie frühestens ab Grad 3 anfangen, über Geld zu sprechen. Bevor Sie das tun, holen Sie Ihre vorbereitete Torte oder Liste zu den Rahmenbedingungen raus.

Was Sie vorher noch klären müssen

Sagen wir, Ihr potenzieller Arbeitgeber fragt Sie jetzt nach Ihrem Gehaltswunsch. Dann antworten Sie ihm: *»Ich stelle mir das weniger als eine Zahl vor, sondern vielmehr als ein Paket aus mehreren Aspekten.«* Legen Sie Ihre vorbereitete Torte vor sich auf den Tisch und nehmen Sie einen Stift zur Hand. Sprechen Sie alle Punkte an, über die Sie sich noch nicht im Klaren sind.

Fangen Sie mit Ihrem ersten Tortenstück an: *»Ich wollte Sie mal zu meinen Aufgaben fragen: Ich weiß noch gar nicht, wie oft ich denn verreisen müsste.«*

Er antwortet: *»So zwei oder drei Tage die Woche. Manchmal auch mit Übernachtung auswärts.«*

Wichtig: Sie diskutieren nicht, Sie notieren nur seine Antworten auf Ihrem Blatt.

Sie fragen weiter: *»Muss ich denn auch Kaffee kochen?«*

Er nickt, Sie notieren.

So gehen Sie Detailfrage für Detailfrage durch. Sie fragen natürlich nur Sachen, die Sie interessieren oder die noch unklar sind.

Dann gehen Sie zu Ihrem nächsten Tortenstück über, den Beförderungsaussichten: »*Welche Aufstiegschancen gibt es denn bei Ihnen? Denn ich würde mir wünschen, in ein oder zwei Jahren ein kleines Team zu leiten.*« Schüttelt er den Kopf, dann schreiben Sie auf Ihr Blatt: *Keine Chance, in zwei Jahren ein Team zu leiten.*

Sind Sie mit diesem Tortenstück durch, gehen Sie zum nächsten: Haben Sie zum Beispiel eine konkrete Weiterbildung im Kopf, die Sie machen möchten, fragen Sie unbedingt schon hier: »*Gäbe es da Unterstützung in Form von Zuschüssen oder dass ich da freibekomme?*«

Und Sie fragen auch die Extras ab, die sich nicht so leicht in Geld ausdrücken lassen: die Zahl der Urlaubstage, die Möglichkeiten zum Homeoffice und Ähnliches. Und die Extras, die sich direkt auf den Geldbeutel auswirken: Dienst-Bahncard, Kantinenkarte, Gesundheitsförderung, Firmenhandy oder Altersvorsorge. Diese Liste können Sie ganz nach Ihren Bedürfnissen erweitern. Informieren Sie sich zum Beispiel vorab, was ein Kinderhort in Ihrer Stadt kostet. Vielleicht kann Ihr Arbeitgeber die Hortkosten übernehmen.

Alles, was Ihnen wichtig ist, bringen Sie *jetzt* zur Sprache. Also unbedingt *vor* dem Geld. Das kommt erst dran, wenn *alles* andere geklärt ist. Haben Sie Ihre Torte aber komplett ausgefüllt, dann gibt es nichts mehr zu bereden – außer dem Gehalt oder Honorar.

Jetzt geht es wirklich ums Geld

Sie schauen auf Ihre ausgefüllte Torte und stellen fest: Aha, es gibt nur das Minimum an Urlaubstagen, Parkplatzgebühren tragen Sie selbst und ein Handy gibt es auch keines. Sie bekommen also neben dem Gehalt keine Leistungen, die Ihr Budget entlasten. Sie können somit keinesfalls unter Ihrem Minimalbudget landen.

Stellen Sie aber fest: Sie erhalten eine Altersvorsorge, kriegen Berufskleidung gestellt und können jeden Tag bezuschusst in der tollen Kantine essen, somit können Sie Ihr Mittelmaß auch ein Stück unterschreiten, ohne dass es finanziell eng wird.

Deshalb ist es so wichtig, dass Sie Ihre Zahlen als ausgedruckte Tabelle parat haben. Ab hier geht es nur noch um Zahlen.

Wenn Sie von sich aus eine Zahl in den Raum stellen: Seien Sie nicht zu bescheiden. Legen Sie auf Ihre gedachte Zahl ruhig noch ein Schippchen drauf. Wer im Eröffnungsangebot hoch anfängt, endet signifikant häufiger mit einem Ergebnis, das ihm entspricht. Das ist der Ankereffekt.

Und noch eine Empfehlung: Je krummer die Zahl ist, die Sie nennen, desto besser. Sie signalisieren damit: *Ich weiß, was ich wert bin – und zwar auf den Euro genau.* Studien belegen, dass Sie dann nur in kleinen Schritten runtergehandelt werden.

Nennt Ihr potenzieller Arbeitgeber dann eine Zahl, mit der Sie zufrieden sind: Sagen Sie ja!

Falls Sie in dem Moment noch mehr Eisen im Feuer haben, müssen Sie sich entscheiden: Welcher ist wirklich Ihr Lieblingsarbeitgeber?

Bei aller Theorie und coolen Tipps hoffe ich, Sie werden die Erfahrung machen, dass es auch mal so gehen kann: freundschaftlich und nett. Es ist nicht mehr das blöde Spiel »Ich nutze dich aus, so gut es geht, und du nutzt mich aus, so gut es geht«, weil Ihr neuer Arbeitgeber wirkliches Interesse an Ihnen hat. So gehört es sich für einen guten Job, und den haben Sie jetzt.

Zumindest ist dies das Ziel. Allerdings ist es möglich, dass nicht Ihr allererster neuer Job schon Ihr ultimatives Berufsglück bietet ...

Praxis schlägt Theorie

Alles, was ich Ihnen in diesem Kapitel vorgestellt habe, ist erst einmal nur Theorie. In den allermeisten Fällen laufen Zielgespräche bei meinen Teilnehmern ganz individuell und somit anders ab. Meist treffen Sie bei Ihrer Stellensuche auf einen netten Menschen, den das gleiche Thema bewegt, und schon im ersten Gespräch ist klar: Die Chemie stimmt. Dann sind Zielgespräche geprägt von dem beiderseitigen Wunsch, zusammen etwas zu bewegen. Dennoch kann ein wenig Theorie für die Zielgespräche von Nutzen sein. Auch ich bereite bei jedem neuem Auftrag mein Tortendiagramm vor und liste für mich die Punkte auf, die ich ansprechen und klären möchte: Wer ist verantwortlich für die Teilnehmerakquise, die Einladungen, die Kopien und die Raumvorbereitung? Stehen Parkplätze zur Verfügung? Kann ich den Raum durchgehend nutzen oder muss ich diesen abends oder am Wochenende abbauen? Nachdem ein Auftraggeber meine Rechnung erst nach zwei Monaten beglichen hat, frage ich nun auch nach dem Zahlungsziel. Sie sehen, so eine Liste ist wichtig, aber je nach Job und Auftrag höchst individuell gestalt- und verhandelbar.

Immer besser

Wenn der Weg zu Ihrem Ziel weit ist, werden Sie ihn wahrscheinlich nicht mit einem Schritt bewältigen können. Schauen Sie sich die Abbildung »Wege ans Ziel« an.

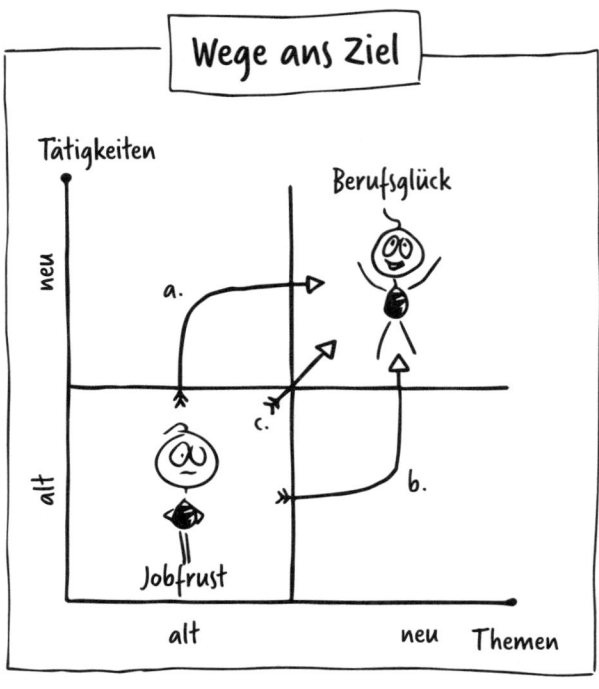

Es gibt drei Wege von Ihrem jetzigen Job mit seinen Tätigkeiten und Themen zu Ihrem Berufsglück-Job, der Ihrem Berufsstern entspricht. Entweder Sie wählen Weg a), indem Sie im alten Themenfeld einen neuen Tätigkeitsbereich übernehmen. Oder Weg b), bei dem Sie erst das Thema wechseln, aber zunächst dieselbe Tätigkeit ausüben. Oder Sie gehen Weg c) und ändern beides auf einmal. Das ist definitiv die schwerste Variante.

Nehmen Sie sich deshalb den Druck. Auch wenn Sie jetzt in die Zielphase gehen: Ihr neuer Job muss »nur« besser sein als Ihr jetzige Situation Er muss noch nicht die maximale Erfüllung Ihres Berufssterns sein.

Ich habe Seminarteilnehmer, die denken, dass sie nur dann Ja zu einem neuen Job sagen sollten, wenn der *absolut* perfekt ist. Das ist die falsche Perspektive! Ja, Sie müssen Ihren Minimalbedarf decken können. Ja, er sollte besser sein als Ihr alter Job oder Ihre jetzige Situation. Und: Ja, er sollte Sie in die Richtung Ihres Sterns führen. Mehr aber muss er nicht. Mehr muss der erste Job auf der Reise zum Berufsglück nicht bieten.

Lassen Sie sich Zeit bei dieser Reise. Es ist normal, wenn es ein längerer Weg ins Berufsglück ist, mit kleinen Schritten, in kleinen Etappen. Lassen Sie sich nicht hetzen, und hetzen Sie sich auch nicht selbst. Erwarten Sie nicht zu viel von sich.

Schauen Sie, welche Aspekte Sie in Ihrem jetzigen Job am meisten quälen, und suchen Sie sich einen Job, der in diesen Punkten besser ist. Wenn Ihr Chef Sie wahnsinnig macht, finden Sie eine Stelle mit einem netteren – und lassen alle anderen Kriterien erst einmal außen vor. Dann sind Sie schon einen Schritt weiter. Und als Nächstes finden Sie einen Job, in dem auch noch das Thema besser passt. Hauptsache, Sie verlieren Ihr Ziel nie aus den Augen.

KAPITEL 14

Hürden überwinden:
Mit guten Gefühlen leichter ans Ziel

Gerade am Anfang ist es möglich, dass es Ihnen schwerfällt, ins Rollen zu kommen und jeden Tag, jede Woche das zu tun, was Sie sich vorgenommen haben. Es wird Tage geben, an denen Sie die feste Absicht hatten, etwas für Ihr Berufsglück zu unternehmen, und am Abend feststellen: *Mist, heute ist mir schon wieder so viel Anderes dazwischen gekommen, dass ich es nicht geschafft habe, mein Ziel weiter zu verfolgen.*

Ich kann Ihnen sagen, woran das liegt: Ihr Verstand und Ihr Bauchsystem, also Ihr emotionales Erfahrungsgedächtnis, verfolgen unterschiedliche Ziele. Erinnern Sie sich? Lassen Sie mich hier noch einmal kurz die Unterschiede der beiden Systeme skizzieren:

- Ihr Verstand verarbeitet Informationen bewusst, Ihr Bauchsystem unbewusst.
- Ihr Verstand kommuniziert über Sprache, Ihr Bauchsystem dagegen über Gefühle und Körperreaktionen, also somatische Marker.
- Während der Verstand langsam arbeitet, ist Ihr Bauchsystem schnell unterwegs.
- Verstandesmäßig unterscheiden Sie nach »richtig/falsch« (= logisch), mit dem Bauch nach »mag ich/mag ich nicht« (= hedonistisch).
- Der Zeithorizont Ihres Verstandes ist die Zukunft, Ihr Bauchsystem sieht nur das Hier und Jetzt.

Ein Boot, zwei Richtungen

Ihr Verstand und Ihr Gefühl sitzen in einem Boot – in Ihrem. Wenn Sie langfristig Ziele erreichen wollen, sollten beide in die gleiche Richtung rudern. Sonst kommen Sie nicht an.

Wenn Ihr Verstand sagt: *Das ist die richtige Entscheidung, das machen wir jetzt!*, Ihr Bauchsystem diesen Schritt aber nicht mit angenehmen Gefühlen verbindet, dann schießt es quer. Es mag nicht! Sie spüren massive Unlust.

Klar können Sie sich zur Ordnung rufen und trotzdem tun, was Ihr Verstand sagt. Das nennt sich dann Disziplin. Aber was heißt Disziplin eigentlich? Nichts anderes, als dass Ihr Verstand die Signale des Bauchsystems zu ignorieren versucht. Sie wollen also mittels Verstandeskraft die Fluchtimpulse des Bauchsystems unterdrücken. Der Fluchtimpuls kommt daher, dass das Vorhaben in Ihnen keine positiven somatischen Marker auslöst.

Das alles geschieht unter der Oberfläche des Bewusstseins. Es macht sich höchstens über irritierend negative Emotionen bemerkbar, gegen die Sie ankämpfen müssten, wenn Sie Taten folgen lassen möchten.

Gleichzeitig empfangen Sie ständig wesentlich lustvollere Impulse: Die Espressomaschine blinkt verheißungsvoll in der Sonne, die durch Ihr Küchenfenster scheint. Das frische Croissant, das Sie sich für später geholt haben, duftet so herrlich. Und Ihre Couch ist so gemütlich. Manchmal erscheinen Ihnen sogar putzen, Keller aufräumen oder Obst einkochen als angenehmere Alternativen. Solange Sie diszipliniert sind, setzen Sie sich trotzdem nicht auf Ihr Sofa und lümmeln dort eine Runde, sondern tun, was auf Ihrem Plan steht. Im Selbstdisziplinmodus widersetzen Sie sich also Ihren Lustgefühlen.

Die gleiche Situation entsteht, wenn Sie keine Lust auf Ihren jetzigen Job haben und sich dennoch jeden Tag hinschleppen. Ihr Verstand sagt:»Du musst!«, Ihr Bauchsystem sagt:»Ich will aber nicht!«Das geht nicht lange gut.

Aber warum könnte Ihr Bauchsystem eigentlich dagegen sein, aktiv etwas für Ihr Berufsglück zu tun? Das hat Ihnen doch geholfen, Ihren Berufsstern zu füllen und damit die verlockenden Eckpunkte Ihres Berufsglücks zu entwickeln. Warum hindert es Sie jetzt daran, es zu erreichen?

Gut gemeint

Auch wenn Sie es im ersten Moment vielleicht nicht glauben: Ihr Bauchsystem meint es nur gut mit Ihnen. Es möchte, dass Sie sich in jeder Sekunde wohlfühlen und glücklich sind. Und: Es will Sie beschützen. Immer!

Hirnphysiologisch ist das Gerede von dem sogenannten inneren Schweinehund, den Sie überwinden müssen, völliger Blödsinn. Dieses Tier gibt es gar nicht. Es ist Ihr emotionales Erfahrungsgedächtnis, das Sie vor weiteren schlechten Erfahrungen beschützen möchte. Deshalb löst es Aufschieberitis, Unkonzentriertheit und Sprunghaftigkeit aus, sobald eine Aufgabe ansteht, die Sie emotional in Schwierigkeiten bringen könnte. Sie sehen: Ihr Bauchsystem hat nur Gutes mit Ihnen im Sinn.

Falls Sie also Mühe haben, gerade in der Erkundungsphase in die Gänge zu kommen, dann bedeutet dies nichts anderes, als dass die anstehenden Aufgaben von Ihrem Unbewussten mit negativen somatischen Markern bewertet werden.

Leider können Sie Ihr Unbewusstes zu den genauen Gründen dafür nicht einfach befragen – es arbeitet ja auf unbewusster Ebene. Ich habe aber ein paar Vermutungen für Sie: Vor allem in der Erkundungsphase tun Sie Dinge, die Sie noch nie getan haben. Sie hatten also auch noch keine Gelegenheit, positive Empfindungen damit abzuspeichern.

Für das Bauchsystem ist die Aufgabe, sich ins Berufsglück zu stürzen, vielleicht mit Angst belegt: Werde ich die Aufgabe gut genug bewältigen können? Werde ich eine Abfuhr bekommen? Werden die überhaupt mit mir reden? Und werde ich meine Existenz sichern können?

Vielleicht haben Sie auch ein Burn-out hinter sich. Dann werden bei Ihrem Bauchsystem die Alarmlampen angehen, wenn Sie jetzt wieder Vollgas geben wollen. Oder Sie haben im Zusammenhang mit Ihrem Job schon viel Schlimmes erlebt, so dass Ihr Bauchsystem Sie jetzt daran hindert, sich einen neuen Job zu suchen: Es will nicht, dass Sie wieder negative Erfahrungen machen. Das erlebe ich öfter bei Ratsuchenden:

Nach der beruflichen Neuausrichtung bei mir im Seminar konnte sich Kristin zu keinerlei Bewerbungsaktivitäten durchringen. Sie kämpfte mit sich, aber sie schaffte es nicht.

Wir erkannten: Sie musste auf Spurensuche gehen.

Also stellte ich ihr die Frage:»Was meinst du, Kristin, welche guten Absichten könnte dein Bauchsystem wohl damit verfolgen?«

Und tatsächlich fanden wir den Grund: Über die letzten drei Jahre hatte Kristin massives Mobbing durch die Chefin ausgehalten, bevor sie kündigte.

Gehen Sie also davon aus: Ihr Bauchsystem will nur Ihr Bestes. Der Haken daran ist, dass Ihr Bauchsystem Aktivitäten im Hier und Jetzt beurteilt. Ob diese langfristig gesehen sinnvoll und positiv für Sie sind, ist ihm egal. Es hat heute keine Lust auf Sport, obwohl der langfristig zu mehr Fitness und Gesundheit führt. Es hat keine Lust, die Erkundungsphase anzugehen, obwohl die vorgeschlagenen Gespräche langfristig ganz sicher zum Berufsglück führen.

Also: Was tun?

Seien Sie nett!

Holen Sie Ihr Bauchsystem auf Ihre Berufsglück-Seite. Das geht. Ihr Bauchsystem braucht nur eine positive Ansprache.

Damit es Sie unterstützt, sollte es die Ziele mögen, die Sie sich setzen. Nicht nur die großen, langfristigen, sondern die vielen kleinen jeden Tag. Lassen Sie Ihre Gefühle die Aufgaben gut finden, die vor Ihnen liegen. Und wenn erst Ihr Verstand und Ihr Bauchsystem gemeinsam sagen: *Das ist eine gute Idee!* und *Mögen wir!*, steht Ihrem Erfolg nichts mehr im Weg.

Dafür, wie Sie Ihrem Bauchsystem Lust machen, gibt es die verschiedensten Methoden. Diejenigen, die sich für mich und meine Seminarteilnehmer bewährt haben, werde ich Ihnen nun vorstellen.

Das Zürcher Ressourcenmodell

Die tollste Methode ist für mich das Zürcher Ressourcenmodell (ZRM). Das wurde in den 1990er Jahren für die Universität Zürich von Dr. Maja Storch und Dr. Frank Krause entwickelt. Sie haben darin viele wissenschaftliche Erkenntnisse zusammengefasst, wie wir Motivation aufbauen können.

Mit diesem Modell entwickeln Sie in sechs Schritten Ihr ganz persönliches Motto, mit dem Sie Ihr Bauchsystem immer wieder begeistern. Verlassen Sie sich jeweils ganz auf Ihr Gefühl: Darum geht es schließlich.

Für den *ersten Schritt* überlegen Sie sich, was denn eigentlich Ihre Baustelle ist: Wo wird es bei Ihnen immer wieder eng? Woran hakt es? Können Sie sich zum Beispiel schlecht konzentrieren? Oder fällt Ihnen in Ihrer Wohnung ständig etwas ins Auge, was Sie dringend erledigen müssen, wie der Staub auf den Möbeln oder der ungemähte Rasen? Oder haben Sie jedes Mal ein schlechtes Gewissen, weil Sie fürchten, dass Ihre Kinder zu kurz kommen, wenn Sie sich jetzt Zeit für sich nehmen?

Im *zweiten Schritt* ziehen Sie daraus den Umkehrschluss: Was benötigen Sie denn, damit Sie Ihr Vorhaben umsetzen können? Vielleicht brauchen Sie, um sich besser zu konzentrieren, mehr Planungsfähigkeit und Fokus. Oder einfach nur ein bisschen Ruhe oder Abgrenzung.

Und jetzt wird es spannend, denn im *dritten Schritt* überlegen Sie sich, wer oder was diese Eigenschaften besitzt, die Sie brauchen. Dieses »Wunschelement« kann ein Tier sein, eine Pflanze oder auch eine Fantasiefigur. Wer verfügt zum Beispiel über die Planungsfähigkeit und den Fokus? Oder die Gelassenheit? Oder das Selbstbewusstsein?

Erika, die Möbelexpertin, die Sie schon aus Kapitel 10 kennen, hatte das Problem, dass sie ihr Licht immer unter den Scheffel stellte. Sie glaubte einfach nicht an ihre Kompetenzen.

Sie erkannte: Sie braucht Mut, Stärke und mehr Zutrauen, dass sie etwas Besonderes ist.

Sie überlegte, welches Tier aus ihrer Sicht genau diese Eigenschaften besitzt, und kam auf die … Giraffe.

Was ihr an der Giraffe gefiel, war, dass eine Giraffe mit ihren Beinen auf der Erde steht und dennoch alles überblicken kann. Zudem mochte sie, dass eine Giraffe so friedliebend ist und ein so freundliches Wesen hat.

Für den *vierten Schritt* schreiben Sie alles auf, was Ihnen an Ihrem Wunschelement gefällt und welche positiven Assoziationen Sie in Bezug auf Ihr Thema dazu haben. Fragen Sie auch unbedingt Ihre Unterstützer, denn gerade sie können unbewusste Bedürfnisse zutage fördern.

Und wie immer in diesem Buch: Je länger Ihre Liste ist, desto besser. Sie sollen auch hier aus dem Vollen schöpfen können.

Erika notierte mit Hilfe anderer Seminarteilnehmer für die Giraffe unter anderem: ist außergewöhnlich, ist groß, ist stark, ist selbstständig, ist königlich, hat Freiheit, ist schön, hat etwas Erhabenes, ist unabhängig, ragt aus der Menge heraus, ohne sich hervortun zu müssen, kann, was andere nicht können, hat einen weiten Blick.

Unterstreichen Sie in *Schritt 5* die Worte, die Ihnen besonders gut gefallen. Damit Sie einen groben Anhaltspunkt haben: Diese Worte sollen eine tolle Affektbilanz haben. Das heißt, auf zwei Skalen von 0 bis 100 hat der Begriff auf der Plus-Seite einen Ausschlag von mindestens 70, auf der Minus-Seite von 0. Das sind dann Ihre – wie ich dazu sage – *Tiramisu-Worte*, weil sie einfach unwiderstehlich sind.

Im sechsten und letzten Schritt bauen Sie sich aus diesen Worten Ihren Mottosatz für die Jobsuche. Dieser Zielsatz macht Ihrem Bauchsystem Lust, wirklich loszulegen. Er lässt Sie den Staub auf den Möbeln und den langen Rasen vergessen, er gibt Ihnen Fokus, er verschafft Ihnen das Selbstbewusstsein, Ihr Ding zu machen.

Erikas Satz war: Go big or go home!

So klingt ein Motto-Ziel. Das wirkt ganz anders als das nüchterne Verhaltensziel *Ab heute führe ich drei Erkundungsgespräche.* Das eine drückt aus, was Sie machen *müssen*, das andere, was Sie machen *wollen*.

Ich hatte eine Seminarteilnehmerin, die hat sich das Motto-Ziel gegeben: *Ab heute flirte ich mit der Berufswelt, wo immer ich kann.* Das machte ihr nicht nur mehr Lust, sondern hatte noch einen anderen Effekt. Wenn sie am Montagmorgen aufwachte, fragte sie sich nämlich: So, mit wem flirte ich heute? – und nicht: Oh Mist, ich muss noch diese Frau Maier anrufen, weil ich einen Termin brauche.

Sie gehen mit einer ganz anderen Haltung auf Ihre Aufgabe und die betreffenden Menschen zu, wenn Sie Ihr Bauchsystem mit einem Motto begeistert haben. So ein Satz ist keine Voraussetzung dafür, um während der Erkundungsphase einen Gesprächstermin zu bekommen. Aber mit ihm gehen Sie garantiert mit einer positiven Haltung an die Sache heran.

Eine andere Seminarteilnehmerin kämpfte mit einer Benimmregel, die ihre Eltern ihr mit auf den Weg gegeben hatten. Die hatten ihr eingebläut, sich niemals in die erste Reihe zu stellen und sich nicht zu wichtig zu nehmen. Sie gab sich den Mottosatz: Ich trage meine Begabungen wie eine Edelsteinkrone. Prompt stand nur ein paar Wochen später ein lobender Bericht über sie im Hamburger Abendblatt. Weil sie sich getraut hatte, sich in die erste Reihe zu stellen.

Ich selbst hatte mir damals auch einen Slogan formuliert – lange bevor ich das ZRM kannte und wusste, dass die Wissenschaft dafür positive Effekte nachgewiesen hat. Mein Satz lautete: Jammern gibt's nicht. Der ist nicht besonders glorreich und wissenschaftlich gesehen eigentlich nicht positiv genug, aber er hat funktioniert. Er hat mich von meinem hinderlichen Verhalten abgebracht, immerzu über meinen Jobfrust zu jammern. Stattdessen habe ich getreu meinem Motto etwas dagegen getan!

Tipp: Wenn-dann-Helfersätze
Sie können Ihrem Mottosatz noch unterstützende Sätze zur Seite stellen. Besonders wirksam sind dabei Wenn-dann-Sätze. Der Sozial- und Motivationspsychologe Peter Gollwitzer hat in über 90 Studien nachgewiesen, dass Sie damit die Wahrscheinlichkeit erhöhen, dass Sie wirklich tun, was Sie sich vorgenommen haben.
So ein Helfersatz könnte lauten, wenn zum Beispiel mehr Sport auf Ihrem Programm steht: *Wenn es sieben Uhr ist, dann ziehe ich meine Joggingschuhe an und laufe los.* Mit dem Satz verknüpfen Sie eine Gelegenheit oder Situation (»wenn«) mit einem konkreten Verhalten (»dann«). Wann immer die beschriebene Situation eintritt, brauchen Sie nicht lange zu überlegen. Sie haben einen Automatismus formuliert, der eine Handlung anstößt. Das ist wie ein Plan, in dem der richtige Moment für die Aktion eingraviert ist. Solche Wenn-dann-Pläne kennen und haben Sie: Wenn die Ampel rot ist, brauchen Sie auch nicht mehr zu überlegen, was Sie tun sollen. Sie halten automatisch an. Wenn Sie jemanden anrempeln, was sagen Sie? Was wäre das Leben anstrengend, wenn Sie jedes Mal über so etwas nachdenken müssten!
Machen Sie es sich leicht und denken Sie sich einen Wenn-dann-Plan

für Ihre Jobsuche aus. Meiner war übrigens: *Wenn mir jemand etwas anbietet, sage ich ja.* Mit diesem Vorsatz hatte ich meine Angst ausgehebelt und habe nie wieder einen Auftrag abgelehnt, nur weil ich dachte, ich sei noch nicht gut genug.

Reizend

Haben Sie ein schönes Motto, dann bringen Sie es sich immer wieder in Erinnerung. Bieten Sie Ihrem Gehirn Reize an, die diesen Gedächtnisinhalt aktivieren. So »lernen« Sie die schönen Gedanken unbewusst und verstärken sie. In der Psychologie heißt dieser Vorgang Priming.

Erika bekam schon im Seminar einen schönen Bleistift in Form einer Giraffe geschenkt. Sie kaufte sich eine großartige Holzgiraffe des dänischen Designers Kay Bojensen und stellte diese gut sichtbar in ihre Wohnung. Eine Bluse mit Giraffen fand sie auch und trug diese zu ihren wichtigsten Gesprächen. Hinzu kamen jede Menge Postkarten, die sie von Freunden und ihrer Familie bekam und an passenden Stellen platzierte.

Als besonderen Trick änderte Erika ihre sämtlichen Passwörter auf dem Computer. So tippt sie heute noch jeden Tag ihre Zauberworte ein, aktiviert damit ihr Ziel und bekommt immer wieder Lust, weiter an ihrem Berufsglück zu arbeiten.

Sie können Ihr Gehirn nicht nur mit Bildern anstupsen: Auch Gerüche wie ein tolles Parfüm können Sie positiv aufladen, ein Lied, das Sie hören, oder sogar eine Bewegung, die Sie beim Ausführen an Ihr Motto-Ziel erinnert. Es kann aber auch ganz simpel eine Karte mit Ihrem Spruch darauf sein.

Die Bilder, die Sie für sich aussuchen, dürfen übrigens auch ganz andere Motive haben als nur das Ihres Wunschelements. Eine Collage Ihrer Zielvorstellungen vielleicht? Wählen Sie, was Sie wollen, Hauptsache, es bringt Sie in Wallung. Jedes »Erinnerungsding« muss bei Ihnen sofort das Gefühl auslösen *Ja, das will ich!* und *Ich habe Lust, mich darum zu kümmern.*

Statten Sie Ihre ganze Umgebung damit aus: Ihren Nachtisch, Ihr

Auto, Ihre Handtasche, Ihr Handy-Display, Ihren Geldbeutel und natürlich auch Ihren Arbeitsplatz. Gönnen Sie Ihrem Gehirn überall diese freudigen Reize.

> **Tipp: Ihre Mutmacher-Hilfen**
>
> Nutzen Sie Ihr Erinnerungshilfen auch als Mutmacher für Situationen, vor denen Sie Angst haben oder in denen Sie erfahrungsgemäß der Mut verlässt. Stellen Sie zum Beispiel ein Bild Ihres Wunschelements neben Ihrem Telefon auf, wenn Sie den nächsten Anruf zur Terminvereinbarung machen. Oder ziehen Sie wie Erika ein Kleidungsstück an, das Sie stärkt. Tragen Sie einen »Mut-Ring«, den Sie berühren können, um sich an Ihr Selbstvertrauen zu erinnern. Es gibt viele Möglichkeiten.

Eine Seminarteilnehmerin hat sich eine ganz besondere Sorte Erinnerungshilfe ausgedacht: Sie hatte das Wunschelement »Pipi Langstrumpf« und den Mottosatz *In der Villa Kunterbunt gehe ich gelassen an mein Werk.* Zuvor bremste sie sich ständig mit irgendwelchen Verpflichtungen selbst aus. Als Erinnerungshilfen an ihr Motto hat sie sich einen ganzen Stoß roter Kärtchen gedruckt, auf denen nur ein einziges Wort stand, das dafür aber in Großbuchstaben: *EGAL!* Diese Kärtchen hat sie überall da platziert, wo ihr etwas ab heute egal sein sollte: auf dem Korb mit der Bügelwäsche, an die Türen der unaufgeräumten Kinderzimmer, im übervollen Papierablagekorb, neben dem ungeputzten Fenster. So hat sie sich mit ihrem Motto täglich drei Stunden Zeit für ihr eigenes Business freigeschaufelt. Die Kärtchen haben sie daran erinnert: *Das ist für den Augenblick egal. Du darfst dich nur um dich kümmern.* Das lief super.

Sie merken: Diese Methoden versorgen Ihr Bauchsystem mit der positiven Ansprache, die es braucht, um Sie freudig bei Ihrem Abenteuer Berufsglück-Suche zu unterstützen. Und das tut auch die nächste …

Gib mir mehr!

Unser Bauchsystem wiederholt gerne Dinge, die Ihnen gut getan haben. Also sorgen Sie dafür, dass es sich gut merkt, wenn Sie nach Ihrem Motto gehandelt und Aufgaben erledigt haben, die Sie Ihrem Berufsglück näherbringen. Das geht ganz einfach: Loben Sie sich für jede kleine Sache, die Sie erfolgreich in die neue Richtung tun. Kräftig und ausführlich! Sie machen sich damit die positiven Erfahrungen bewusst, verstärken diese und Ihr Bauchsystem speichert ab: *Ja, das haben wir super gemacht. Das können wir beim nächsten Mal wieder tun.*

Je häufiger Sie mit Ihrem neuen Verhalten positive Erfahrungen machen, desto leichter fällt Ihnen die Wiederholung. Das funktioniert, weil das menschliche Hirn lernfähig ist und sich in Abhängigkeit von seiner Benutzung verändert.

Diese Erkenntnis geht auf die Forschungen des Verhaltenspsychologen Donald Olding Hebb zurück. Er gilt als der Entdecker der synaptischen Plastizität. Der Neurobiologe Gerald Hüther hat für diese Erkenntnis ein Bild geprägt: Durch Wiederholung und Benutzung wird ein schmaler neuronaler Trampelpfad im Gehirn breiter getreten, bis er die Dimensionen einer Autobahn angenommen hat. So bildet das Hirn neue Automatismen. Dann müssen Sie sich nicht mehr überwinden, sondern können sich kaum noch zurückhalten, wenn es um anfangs ungewohnte Aufgaben geht. Deshalb verlieben sich manche meiner Seminarteilnehmer auch regelrecht in ihre Erkundungsphase und sind fast traurig, wenn sie in die Zielphase wechseln sollen.

Dafür, wie Sie sich Ihr Lob selbst spenden, gibt es viele Möglichkeiten: Malen Sie Lobpunkte auf ein Kärtchen und erfreuen Sie sich daran, dass es immer voller wird. Schreiben Sie Ihre Errungenschaften in ein Tagebuch: Auch das füllt sich zusehends. Berichten Sie einem Unterstützer von Ihren Taten und lassen Sie sich von ihm loben. Legen Sie für jede gute Erfahrung einen kleinen Stein in ein schönes Glas und erfreuen Sie sich daran. Erika hängt sich übrigens jede ihrer Messeeintrittskarten in der Ausweishülle am Schlüsselband gut sichtbar an einen Haken in ihrer Wohnung. Das erinnert sie an ihre Berufsglücks-Reisen nach Frankfurt, Indien, Finnland, Dänemark – und macht ihr jeden Tag Lust auf mehr. Egal, wie Sie es tun: Machen Sie Ihre Erfolge für sich sichtbar.

Helfereinsatz

Ihren Unterstützerkreis haben Sie bisher als Ideengeber für das Füllen Ihres Berufssterns in Anspruch genommen. Sie können sich darüber hinaus aber auch einzelne Unterstützer als Motivationshelfer an die Seite holen. Vielleicht bitten Sie einen darum, Ihnen um fünf Minuten vor 9 Uhr nochmal Ihren Mottosatz aufs Handy zu schicken, wenn Sie zur vollen Stunde einen Anruf starten wollen.

Oder Sie bitten einen Freund, Ihr »Coach« zu sein. Er soll Ihnen jede Woche für 20 Minuten sein Ohr leihen, damit Sie ihm erzählen können, was Sie in den letzten Tagen alles getan haben und was Sie in der nächsten Woche tun wollen.

Sie können sich auch mit Gleichgesinnten zusammentun und sich gegenseitig von Ihren Erfahrungen und Ihren Plänen berichten.

Auf gar keinen Fall darf Ihr Gegenüber aber versuchen, Sie anzuschieben. Ansagen wie *Jetzt fang doch endlich an!* oder Fragen wie *Hast du noch immer kein Erkundungsgespräch geführt?* kann Ihr positiv getriebenes Bauchsystem definitiv nicht brauchen.

Was tun?

Bei aller Gefühlsbetontheit: Ein bisschen Planung gehört auch dazu. Denn in der Zeit Ihrer Berufsglück-Suche fallen zu den alltäglichen noch jede Menge andere To-dos an. Entsprechend beobachte ich bei meinen Seminarteilnehmern sehr oft, dass sie sich gerade in ihrer Erkundungsphase verzetteln. Wenn ich sie frage, wie sie an ihr Ziel kommen wollen, antworten sie: *Ich müsste sicher noch ein weiteres Szenario schreiben. Ich will unbedingt auch mein Tagebuch nochmal durcharbeiten. Oder ich recherchiere mal im Netz nach geeigneten Fortbildungen, denn die brauche ich sicher noch. Ich sollte in jedem Fall als Erstes einen Businessplan schreiben.*

Und ich antworte: Das dürft ihr alles erst einmal zur Seite schieben! Das ist Grübeln. Wichtig ist, dass ihr ins Handeln kommt, damit ihr etwas Neues erlebt. Und das ist, Gespräche zu führen!

Wenn Sie viele To-dos haben, von denen Sie glauben, sie alle machen zu müssen, hilft nur eines: Sie müssen Prioritäten setzen. Dafür sollten Sie unterscheiden lernen, was davon wichtig ist. Wichtig in Bezug auf Ihr Ziel.

Wenn Sie mit Aufgaben überschüttet sind, sehen Sie oft den Wald vor lauter Bäumen nicht und fangen irgendwo an. Dann waschen Sie schnell Ihre Lieblingssocken. Dabei ist das allerhöchstens dringend, aber bestimmt nicht wichtig für Ihre Jobsuche.

Sie brauchen also den Durchblick, welche der anstehenden Aufgaben in diesem Moment für Sie wirklich wichtig sind. Ich mache das für mich so: Ich schreibe alle To-dos auf Kärtchen und lege sie vor mich hin. Dann schiebe ich sie in eine Reihenfolge: Ganz oben rangieren die To-dos, die wichtig und dringend sind. Es folgen die, die nur wichtig sind. Der Rest landet in einem Irgendwann-vielleicht-Stapel – oder direkt im Papierkorb.

Erst dann gehe ich ans Abarbeiten. Und zwar stur von oben nach unten.

Dübeln statt Grübeln

Stellen Sie sich am besten ganz am Anfang die entscheidende Frage: *Wann ändert sich* wirklich *etwas in meinem Leben?* Das hält Sie nämlich erfolgreich davon ab, stunden- und tagelang im Internet oder sonst wo vor sich hin zu recherchieren. Sie müssen einfach rausgehen und loslegen. Das ist das Einzige, was wirklich Ihr Denken verändert. Wer glaubt, durch weiteres Grübeln käme er irgendwann auf die Lösung, irrt sich meiner Erfahrung nach gewaltig. Nur dort draußen bekommen Sie gespiegelt, wo Bedarf ist. Und das ist, worauf es ankommt. Dann halten Sie die Lösung in der Hand.

Setzen Sie Ihren Hintern in Bewegung, gehen Sie raus auf die Straße und reden Sie mit den Leuten. Machen Sie es sich leicht dabei und nutzen Sie Ihre »30er-Liste«. Sie müssen nicht kalt Fremde ansprechen, sondern einfach nur Ihr nächstes Umfeld über Ihr Vorhaben informieren und so die ersten Gesprächskontakte generieren. So entdecken Sie Neues. Und dann ändert sich alles, auch Ihr Denken!

KAPITEL 15

Traumberufe fallen nicht vom Himmel

Sie finden massenhaft Ratgeber, die Ihnen versprechen, dass Sie im Handumdrehen Ihren Traumjob finden können: einfach eine Vision erarbeiten, fest daran glauben und allerhöchstens noch einen kleinen Hüpfer machen – und schon fällt Ihnen Ihr ewig währendes Berufsglück quasi in den Schoß. Und die, denen das nicht gelingt, bleiben mit dem unguten Gefühl zurück: Wahrscheinlich bin ich einfach unfähig.

Aus meiner Sicht ist der Anspruch, *umgehend* den Traumjob zu finden, gleichbedeutend mit: persönlicher Überforderung. Die Gefahr dabei ist groß, dass Ihr Berufsglück an diesem Anspruch scheitert.

Dafür gibt es zwei Gründe: Erstens bauen sich gute Karrieren fast immer Schritt für Schritt auf. Wenn Sie Ihren Erfolg daran messen, dass morgen schon alles fantastisch ist, sind Sie schnell frustriert. Sie unterschätzen die Power Ihrer kleinen Schritte und haben keine Freude daran. Und in der Folge schmeißen Sie womöglich gleich die ganze Suche hin.

Und zweitens brauchen Sie für Ihr Berufsglück nicht 100 Prozent. Wenn Sie zu 80 Prozent mit Ihrem Job zufrieden sind, reicht das aus meiner Perspektive vollkommen aus, um glücklich zu sein. Ein bisschen Quälerei gehört aus meiner Erfahrung immer dazu. Ich rücke auch vor jedem tollen Seminar doof die Stühle und setze mich immer wieder an die lästige Steuererklärung. Aber das ist okay, denn insgesamt ist mein Zufriedenheitslevel hoch.

Wenn Sie sich mit Ihrem Perfektionismus selbst unter Druck setzen, könnten Sie sich den Weg ins Glück glatt verderben. Außerdem muss der für immer selig machende Traumjob auch gar nicht sein.

Was gestern noch galt

Ich liebe meinen Job heiß und innig. Und die ersten Jahre fand ich es großartig, dafür quer durch die Republik ständig auf Achse zu sein und neue Orte zu erkunden. Doch mit der Zeit fing es an, mich anzustrengen, dass ich so viel aus dem Koffer lebte. Immer befürchtete ich, etwas vergessen zu haben. Für ein eintägiges Seminar war ich drei Tage unterwegs. Es war schwierig, meine Hobbys zu pflegen. Meine damals kleinen Nichten und Neffen sah ich zu wenig. Und als dann auch noch mein Freund zu mir nach Hamburg zog, ich aber dauernd unterwegs war, verwandelte sich dieser ehemals schöne Wo-Faktor in einen, der mich anstrengte.

Solche Veränderungen gehören zum Leben dazu. Wenn Sie Kinder bekommen, Ihr neuer Freund in einer anderen Stadt lebt, wenn Ihre Eltern pflegebedürftig werden und Sie näher bei ihnen sein wollen, wenn Sie krank werden, wenn Sie gesund werden – es gibt viele Umstände, die dazu führen, dass Ihr Leben anders aussieht als geplant. Wirkliches Berufsglück ist aber nur möglich, wenn es zu Ihrem Leben passt.

Sie entdecken ein neues zeitintensives Hobby und wünschen sich auf einmal, in Teilzeit oder an einem anderen Ort zu arbeiten. Vielleicht entwickeln sich in Ihrem Themenfeld auch spannende neue Möglichkeiten, die es vorher noch nicht gab. Oder es entstehen Unternehmen, die ganz neue Organisationsformen ausprobieren, die Ihnen sehr gut gefallen.

Auf all das können und sollen Sie beruflich reagieren.

Wie oft, wie stark und wie nachhaltig Sie etwas beruflich verändern wollen, liegt ganz bei Ihnen. Sie können Ihr Berufsleben kontinuierlich umgestalten, Sie müssen aber nicht. Doch es ist auch ein sehr menschlicher Zug, wenn Sie immer wieder den Drang nach Neuem verspüren.

Ich habe fertig?

Wenn Sie Schokoladenkuchen lieben und einen bekommen, dann freuen Sie sich. Wenn Sie ihn aber ab heute jeden Tag vorgesetzt kriegen, wird Ihre Begeisterung ziemlich sicher schnell nachlassen. Und nach einiger Zeit können Sie keinen Schokoladenkuchen mehr sehen oder erfreuen sich zumindest nicht mehr so sehr daran.

Wir Menschen empfinden es als Glück, wenn wir ab und zu etwas anderes machen können. Die US-amerikanische Psychologieprofessorin Sonja Lyubomirsky hat das in vielen Studien nachgewiesen. Beim einen tritt dieser Wunsch nach Abwechslung schneller ein, beim anderen langsamer. Doch die allermeisten möchten irgendwann weiter. Glück entsteht auch durch Veränderung.

Selbst die sehnlichsten Wünsche, die Sie sich erfüllt haben, werden fad: Die gehobene Position reizt nicht mehr, der Porsche vor der Tür wird normal, die endlose Karibikkreuzfahrt langweilig.

Es ist schon ein bisschen paradox: Wir sind davon getrieben, etwas zu erreichen, und gleichzeitig ist es das Schlimmste für das Glücksempfinden, irgendwo endgültig angekommen zu sein. Warum sollten wir dann morgens noch aufstehen?

Deshalb darf es für unsere Motivation immer Platz nach oben geben. Wir können uns eigentlich nur wünschen, nie am Ziel unserer Träume angekommen zu sein. Ich freue mich jeden Tag über neue, inspirierende Ideen und wünsche mir für mich, dass ich nie »fertig habe«. Ich arbeite zwar nun schon seit über 15 Jahren als Trainerin für Berufsglück, ohne dass der Job sich grundlegend verändert hat. Aber ich integriere ständig lustvoll immer neue Ideen und Lösungen. Wenn Sie mir sagen würden, dass ich ab jetzt alles nur noch genauso machen müsste, wie ich es heute tue, wäre es auch mit meinem Berufsglück bald vorbei.

(Berufs-)Glück braucht einen Antrieb. Das können private Wünsche sein wie das Wohnmobil, um damit durch Frankreich zu fahren und für das Sie mehr Geld verdienen wollen. Oder auch berufliche und soziale, wenn Sie zum Beispiel ein eigenes Unternehmen mit Mitarbeitern und Firmensitz anstreben oder sich mehr für Ihre Nachbarschaft engagieren möchten.

Der Antrieb kann allerdings auch und heute mehr denn je von außen kommen.

Ein Kommen und Gehen

Der Arbeitsmarkt entwickelt sich sehr dynamisch: Die Megatrends wie Globalisierung, Digitalisierung, künstliche Intelligenz, Klimawandel,

Urbanisierung und demografischer Wandel erzeugen immer komplexere Arbeitsbeziehungen und tragen dazu bei, dass Veränderungen sich so beschleunigen, dass wir sie kaum noch nachvollziehen können. Unternehmenssterne gehen auf und verglühen schneller, als wir schauen können. Stellen »for a lifetime« gibt es fast nicht mehr. Das finden viele beängstigend, weil sie sich eine Sicherheit wünschen – die es so nicht mehr gibt. Wir können dem aber eine andere Sicherheit entgegensetzen, und die habe ich Ihnen in diesem Buch hoffentlich vermittelt. Denn das Einzige, was Sie auf diesem dynamischen Arbeitsmarkt brauchen, ist Ihre »Employability«. Das heißt, Sie brauchen eine Methode, mit der Sie sich auf diesem Markt immer wieder ins Spiel bringen können. Ganz egal, wie er sich gerade wandelt.

Jederzeit!

Wenn Sie diese Methode beherrschen – eine funktionierende Methode halten Sie in den Händen –, haben Sie eine wesentlich größere Sicherheit, als wenn Sie sich an Ihren Job von heute klammern und nur darauf hoffen, dass Sie keiner entlässt. Das ist Ihre Berufsglück-Versicherung, denn Sie wissen: *Wenn es für mich hier irgendwann nicht mehr passt, kann ich gehen und mir etwas Neues suchen.* Sie können ganz entspannt an Ihr Berufsglück herangehen.

Einer meiner Seminarteilnehmerinnen wurde eine Stelle angeboten: Standardmäßig konnte sie wählen zwischen einer Befristung auf ein oder auf zwei Jahre.

Sie sagte, was wohl niemand erwartet hätte:»Okay, ich nehme die einjährige Befristung. Dann kann ich ja nach einem Jahr schauen, ob es mir bei Ihnen immer noch gefällt.«

So bekam Sie die Stelle und hat sie schließlich langfristig behalten.

Sie brauchen keine Angst vor einem Chefwechsel oder der Pleite Ihres Arbeitgebers, vor mobbenden Kollegen oder der Fusion mit einem Großkonzern haben: Sie können jederzeit wieder losgehen und Gespräche führen. Sie wissen ja jetzt, wie Sie Ihr Berufsglück immer (wieder-) finden können.

Das ist es, was ich Ihnen mit meiner Methode, mit meinem Buch mitgeben möchte: den Mut und das Selbstvertrauen, dass Berufsglück auch für Sie möglich ist. Heute und auch morgen.

Ich wünsche Ihnen von Herzen, dass Sie Ihre Talente in die Welt bringen und sich aufmachen in ein erfülltes Berufsleben!

Und dafür werde ich bezahlt!

Ich sitze am Flughafen und warte darauf, dass mein Flug aufgerufen wird. Die Menge um mich herum erscheint mir wie ein Schwarm grauer Fische. So viele Menschen im dunklen Businessdress mit Kabinenkoffer und Laptoptasche unter dem Arm. Ich schnappe lose Gesprächsfetzen auf von Kennzahlen, Meetings und Abgabeterminen.

Meine klassischen Kostüme sind schon lange in der Altkleidersammlung verschwunden. Ich hatte mich darin immer ein wenig unwohl und verkleidet gefühlt. Mein Ziel ist auch nicht Frankfurt, Genf oder Chicago. Sondern Korfu.

Unglaublich, aber dort arbeite ich inzwischen. Seit fünf Jahren ist der Juni reserviert für Seminare auf der Ferieninsel, die ich dort gemeinsam mit meinem Partner halte. Wir sitzen zusammen in der Abflughalle und lachen uns an, während wir uns die nächsten Wochen ausmalen: den Seminarraum mit den bodentiefen Fenstern und dem Blick auf die blaue Bucht, das Gruppenfrühstück mit Sonnenstrahlen und Meerblick, die tollen Stunden des gemeinsamen Arbeitens, die vielen intensiven Gespräche mit unseren Teilnehmern.

Unvorstellbar, dass das Arbeit ist. Und auch wenn mein Job den Rest des Jahres etwas »normaler« aussieht, ist mein Berufsleben doch noch viel schöner geworden, als ich es mir genau vor 17 Jahren in meinem Szenario ausgedacht habe. Denn jedes Mal, auch wenn ich in Deutschland morgens einen Seminarraum betrete, kann ich es nicht glauben, dass ich dafür tatsächlich bezahlt werde.

»Die Passagiere von Flug LH3825 nach Korfu werden zu Gate 44 gebeten. Ihr Flugzeug steht nun zum Einsteigen bereit.«

Beim Aufstehen spüre einen kleinen Widerstand in meiner Jackentasche und muss lächeln. Ich muss die Postkarte gar nicht herausholen, um zu wissen, was darauf steht – ich habe mir die Worte oft angesehen, seit ich den Umschlag aus meinem Briefkasten geangelt habe.

Eine Seminarteilnehmerin hat mir die Karte geschickt. Sie hatte eine Beamtenlaufbahn angestrebt und wurde dann noch nicht mal zur Prüfung zugelassen. Ihr ganzes Leben fiel in sich zusammen, sie fühlte sich zutiefst entmutigt und perspektivlos. Doch im Seminar legte sie richtig los. Und innerhalb eines Monats nach Seminarende hat sie ihren perfekten Job gefunden. Das hatte sie vor dem Seminar für absolut unmöglich gehalten.

Auf ihrer Postkarte an mich steht: »Sei realistisch, erwarte ein Wunder.«

Danksagung

Das, was ich in meinem Leben am allerwenigsten erwartet habe, ist: dass ich einmal ein Buch schreiben würde. Ich hatte als Kind eine ausgeprägte Legasthenie und lernte erst mit zehn Jahren so richtig lesen und schreiben. Deshalb fühlt es sich total verrückt an, dass ich heute hier sitze und die Danksagung für mein eigenes Buch schreibe. Ich staune immer wieder, was im Leben alles machbar ist.

Das heißt nicht, dass ich das, was ich bis hierher geschafft habe, im Alleingang hinbekommen hätte. Mir standen immer viele Menschen zur Seite, die an mich und meine Talente glaubten, lange bevor ich es selbst tat. Und oft habe ich mir auch proaktiv Unterstützer gesucht, die mir in den richtigen Momenten unter die Arme griffen. Diesen Menschen danke ich aus tiefstem Herzen.

Die in diesem Buch vorgestellten Methoden basieren auf den Erkenntnissen großer Arbeitswissenschaftler. Die meisten von ihnen sind oder waren sehr viel schlauer als ich und ihnen gilt meine größte Hochachtung. Mein besonderer Dank gilt Richard Nelson Bolles (Dick), der zwar nicht, wie er selbst sagt, der Urheber der kreativen Jobsuche ist, dem es aber dennoch zu verdanken ist, dass diese Ansätze nicht verloren gegangen sind. Natürlich hat er selbst auch großartige Vorgehensweisen und Strategien entwickelt und ich schulde ihm großen Dank und Respekt, denn auf seinen Überlegungen baut sich vieles auf, was ich heute in meinen Seminaren weitergebe und in diesem Buch beschreibe. Dick war neben seiner ungeheuren Klugheit der warmherzigste und gleichzeitig humorvollste Lehrer, den ich jemals hatte.

Mein größter Dank gilt John Carl Webb, der mir als Erster die Tools von Bolles in einem großartigen Seminar vermittelt hat. Bolles lachte, als ich ihm sagte, ich käme von John: »*Bei John? Was willst du dann hier? Er hat dir sicher mehr beigebracht, als ich es jemals könnte!*« John hat mich zur Trainerin ausgebildet und sein Wissen und seine Einsichten so großzügig mit mir geteilt, dass mir viele Runden »Trial & Error« erspart blieben. Vieles, was ich in diesem Buch vermittle, baut auf dem auf, was ich bei ihm gelernt habe.

Dank auch an Maja Storch. Sie hat mich zur Trainerin für das Zürcher Ressourcenmodell ausgebildet. Maja hat wie keine andere wissenschaftliche Erkenntnisse aus den Neurowissenschaften und der Zielpsychologie in alltagstaugliche Methoden übersetzt, die für jeden, der von sich selbst geplagt wird, absolut geniale Werkzeuge fürs Selbstmanagement darstellen. Sie ist für mich ein großartiges Vorbild und alles, was ich von ihr lernen durfte, eine absolute Bereicherung.

Großer Dank geht an Dr. Julius Kuhl, der mich zur PSI-Kompetenzberaterin ausgebildet hat. Julius Kuhl ist für mich einer der schlausten und zugleich bescheidensten Menschen, die ich getroffen habe. Ich bin froh, dass ich bei ihm lernen durfte, auch wenn wir alle ganz sicherlich nur ein Bruchteil dessen jemals erfassen können, was Kuhl im Kopf hat.

Bei manchen Menschen reicht ein Danke einfach nicht. Zu ihnen zählt Chungliang Al Huang, mein Tai-Ji-Lehrer und Mentor, seitdem ich 18 Jahre alt war. Kein Anderer bekräftigte mich so sehr, meinen eigenen Weg zu gehen. Als ich 30 war, sagte er zu mir: »*Wenn du morgens zur Arbeit fährst und einen schlechten Abend hattest, dann wird es Zeit, den Partner zu wechseln. Wenn du abends nach der Arbeit nach Hause kommst, und du hattest einen schlechten Tag, dann wird es Zeit, den Job zu wechseln.*« Recht hat er.

Ich danke Uwe Lange, der die ersten Kurse mit mir in Bremen machte und Unglaubliches ermöglichte. Für die Begleitung in diesen ersten Jahren möchte ich mich bei Marc Buddensieg und Rüdiger Hoff bedanken.

Folgende wunderbare Bücher haben mir sehr geholfen: *What Color is Your Parachute* (auf Deutsch: *Durchstarten zum Traumjob*) von Richard Nelson Bolles, *The Career Counselor's Handbook* von Richard Nelson Bolles und Howard Figler, *The Pie Method for Career Success: A Unique Way to Find Your Ideal Job* von Daniel Porot, *Die 7 Wege zur Effektivität: Prinzipien für persönlichen und beruflichen Erfolg* von Stephen R. Covey und Angela Roethe, *Selbstmanagement – ressourcen-*

orientiert: *Theoretische Grundlagen und Trainingsmanual für die Arbeit mit dem Zürcher Ressourcen Modell (ZRM)* von Dr. Maja Storch und Dr. phil. Frank Krause, *Business Model You: Dein Leben – Deine Karriere – Dein Spiel* von Tim Clark und Alexander Osterwalde, *Das Café am Rande der Welt: Eine Erzählung über den Sinn des Lebens* von John Strelecky.

In meinen ersten Jahren habe ich wunderbare Kurse im Ruhrgebiet anbieten können. Dafür danke ich insbesondere Reinhard Völzke, Manfred Brauers und Petra Syring. Vielen Dank an Axel Weidehoff. Es war eine große Bereicherung, mit einem so engagierten und zugleich professionellen Berater zusammenzuarbeiten.

Ich danke der LVQ Weiterbildung gGmbH, die als erster Weiterbildungsträger meine Seminare für die Agentur für Arbeit zertifiziert hat. Mein besonderer Dank gilt Lars Hahn, der zunächst mit seiner besonderen Begeisterung und Fähigkeit zum Netzwerken meine Impulstage füllte und später mit ungebremster Willenskraft so ungewöhnliche Kurse, wie ich sie mache, tatsächlich für die Agentur für Arbeit anbieten konnte. Das alles wäre nicht möglich gewesen ohne Dr. Winfried Jäger, Ursula Neumann und Martin Salwiczek. Ein ganz großer Dank von Herzen für den wundervollen Support, der mir zuteil wurde.

Ohne Rainer Thiel, Barbara Schütt und Sybille Ahlborn wären Seminare im Norden ganz sicher nicht gelungen und wenn, dann hätte ich so viel weniger Spaß daran. Es braucht immer ein ganzes Team von Menschen, ungewöhnliche Gedanken und Ansätze in die Welt zu tragen. Ihr seid solch wunderbare Wegbegleiter und Wegbegleiterinnen, dass ich euch von Herzen danken möchte.

Es gibt so viele Unterstützer meiner Angebote vor Ort, die mit Kunden arbeiten und einfach auch wissen, dass es in vielen Fällen mit einfachen Bewerbungsschreiben nicht getan ist. Ich kann sie unmöglich alle hier erwähnen, aber danke.

Danke an die gesamte Elbcampus-Mannschaft. Wirklich alle Mitarbeiter, sei es am Empfang, in der Cafeteria, im Marketing und Kurs-Management, in der Weiterbildungsberatung, in der Haustechnik oder bei der Raumreinigung, geben mir immer wieder das Gefühl, genau am richtigen Ort zu sein. Wie schafft ihr das alle nur, immer so nett, so interessiert und gleichzeitig so professionell zu sein? Besonders danken möchte ich Wolfgang Reich und Julia Arff, die schon am Anfang meine Idee unterstützten.

Ein dickes Dankeschön geht an Christian Tobler. Gerade als die Idee für dieses Buch geboren war und ich noch keine Idee hatte, wie ich alle Hürden meistern könnte, kam seine Unterstützung – spontan, ohne Zweifel, ohne Fragen und von Herzen. Diese Geste war bedeutungsvoll, zeigte sie mir doch, dass es da draußen viel mehr Unterstützer gibt, als ich mir vorstellen kann.

Großen Dank schulde ich auch Axel Culmsee für die treue Begleitung all die Jahre. Es ist so schön, wenn man sich auf Menschen zu 100 Prozent verlassen kann und sie selbst dann noch mitdenken, wenn man es selber schon aufgegeben hat.

Meinen Eltern gilt ein sehr besonderer Dank. Während ich 20 Jahre lang meinen Weg suchte, haben sie sicher mehr als einmal tief durchatmen müssen. Inzwischen fiebere ich selber mit den jungen Erwachsenen aus meiner Familie mit. Meine Eltern haben mich unterstützt und an mich geglaubt, auch wenn ich es nicht tat. Sie waren für mich da, wenn ich sie brauchte und mal wieder in eine Sackgasse lief, von der ich überzeugt war, dass sie den Ausweg böte. In meiner Familie war immer klar: Beruf kommt von Berufung. Für die eigenen Werte und Ziele einzutreten, war etwas, das mir vorgelebt wurde. Angetrieben von diesem Vorbild habe ich durchgehalten und gefunden, was mich erfüllt und glücklich macht. Mein Vater war es, der mir damals das Buch von Richard Nelson Bolles in die Hand drückte. Ich bin froh, dass ihr jetzt schon seit so vielen Jahren erleben könnt, dass alles gut gegangen ist.

Ohne meine vielen Teilnehmerinnen und Teilnehmer würde es dieses Buch nicht geben. Ihre Erfahrungen in der Anwendung meiner Methode machen einen Großteil dessen aus, was in die Berufsglück-Methode eingeflossen ist. Dass sie die Schritte erproben, zu denen ich ihnen in meinen Seminaren rate, ist ein großer Vertrauensbeweis und jedes Mal wieder ein Geschenk für mich. Viele von euch haben mich gedrängt, dieses Buch zu schreiben, und fiebern gerade mit. Ihr seid es, die mein Herz erfüllen und meinen Beruf zum großen Glücksfall machen. Von Herzen danke ich euch für das Vertrauen, die geteilten Erfahrungen, Anregungen und Hinweise sowie für all die wundervollen Momente, die ich mit jedem Einzelnen erleben durfte und darf. Dass sich so viele von euch auf den Weg machten und machen, um im Berufsglück zu landen, verleiht meiner Arbeit Sinn.

Ina Begina Hellert schulde ich ein Dankschön von Herzen für ihren Scharfsinn und die freundschaftliche sowie kollegiale Unterstützung.

Sehr dankbar bin ich Achim Gralke und Susanne Hörth und allen anderen aus dem Gorus-Team. Ohne ihre kompetente Begleitung wäre das Popcorn in meinem Kopf niemals so verdaulich in Buchform erschienen.

Von Herzen Danke an Frau Hetjens und dem gesamten Team vom Campus Verlag.

Zu guter Letzt danke ich meinem langjährigen Kollegen, Freund und Wegbegleiter Ralf Haake. Ohne dich hätte ich vieles gar nicht erst gedacht, sicher nichts davon auf Papier gebracht und mich sowieso nicht aus der Deckung getraut. Gut, dass es dich gibt. Das nenne ich Glück!

Die Autorin

Als Julia Glöer vor vielen Jahren selbst noch nicht wusste, wie sie ihr Berufsglück finden könnte, folgte auch sie den üblichen Ratschlägen: studieren, fortbilden, bewerben, arbeiten, durchhalten ... Dass sie dabei zunehmend unglücklich wurde – ja, sogar krank –, hätte sie am Anfang ihres Berufsweges nicht gedacht. Dass ihr das Berufsglück lange verborgen blieb, lag vor allem an den tradierten Vorgehensweisen, mit denen sie versuchte, ihre Berufsschmerzen zu heilen.

Ihr wahres Berufsglück fand Julia Glöer deshalb erst, als sie begann, die konventionellen Verfahren der Berufsplanung und Stellensuche infrage zu stellen. Neugier und der Glaube daran, dass es anders gehen muss, ließen sie nach neuen Wegen fernab der ausgetretenen suchen. Sie begann, sich intensiv mit den Methoden von Richard Nelsons Bolles sowie mit wissenschaftlich fundierten Verfahren aus der Motivationspsychologie und der modernen Hirnforschung auseinanderzusetzen. Sie verstand tiefer, was es braucht, damit Menschen berufliche Erfüllung finden.

Basierend auf dem erworbenen Wissen, neuen Ausbildungen und ihren Erfahrungen entwickelte Julia Glöer die Berufsglück-Methode und gründete 2003 das PLB Institut. Sie ist damit zur Vorreiterin auf dem Feld der kreativen Jobsuche geworden und hat in den vergangenen fast 20 Jahren in mehr als 220 Seminaren über 3000 Menschen den Weg ins Berufsglück gezeigt. Heute gilt sie als die Profi-Frau für die Berufsplanung mit System und die Stellensuche auf dem verdeckten Arbeitsmarkt.

Julia Glöer glaubt fest daran: Wir alle kommen schneller voran, wenn wir unser Wissen teilen. Daher freut sie sich über Ihr Feedback zu diesem Buch: Welche Erfahrungen haben Sie mit den vorgestellten Methoden gemacht? Haben Sie Fragen oder Ergänzungen?

Sprechen Sie mit Julia Glöer über Ihr Berufsglück! Oder lernen Sie sie in einem ihrer Seminare kennen.

E-Mail: berufsglueck@julia-gloeer.de
www.julia-gloeer.de
www.plb-institut.de